U0563608

家庭碳排放与减排政策研究

Research on
Household Carbon Footprints and
Emissions Reduction Policies

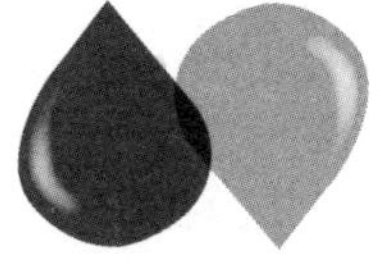

刘长松 著

社会科学文献出版社
SOCIAL SCIENCES ACADEMIC PRESS (CHINA)

序　一

消费水平的提升与消费结构的变化是影响碳排放发展路径的重要因素，能否实现低碳消费对于我国2030年能否实现碳排放峰值目标具有重大影响。作为一个负责任的大国，中国高度重视消费与可持续发展问题。早在1994年，政府就发布了《中国21世纪议程》，明确提出要建立可持续消费模式。由于我国的国情和所处的发展阶段，以及经济发展动力由出口转向内需，与发达国家相比，中国在消费方面的碳排放总体上还处于较低水平。近年来，随着居民收入水平提高，家庭消费规模快速增长，消费结构不断升级，居民消费对能源、环境以及碳排放的影响日益凸显，消费方式与生产方式相互推动，导致我国碳排放总量迅速上升。目前我国温室气体排放总量已位居全球第一，人均排放也超过了世界平均水平。与此同时，消费面临的不可持续问题日益突出：私家车保有量出现了爆炸式增长，引发严重的城市交通拥堵问题，推动能源需求激增；城市生活垃圾产生量高速增长，2013年全国城市生活垃圾清运量达到约1.72亿吨，远远超过了现有的垃圾设施处理能力，“垃圾围城”问题时有发生。然而，我国能源和节能减碳政策对家庭部门和居民消费问题的重视还很不够。对于我国来说，家庭部门和消费能否实现低碳成为低碳发展的关键。

十八大报告把生态文明建设纳入中国特色社会主义事业“五位一体”总布局，提出要着力推进绿色发展、循环发展、低碳发展；十八届三中全会通过《中共中央关于全面深化改革若干重大问题的决定》明确提出用制度保护生态环境，确立生态文明制度体系；十八届四中全会强调全面推进依法治国，用严格的法律制度保护生态环境。2015年5月，中共中央、国务院印发了《关于加快推进生态文明建设的意见》（以下简称《意见》）。作为我国生态文明建设的纲领性文件，《意见》明确指出要推进生活方式的绿色化，加快形成勤俭节约、绿色低碳、文明健康的生活方式和消费模式，并强调人人有责、共建共享。在工作层面，2014年，国家发改委发布了《关于开展低碳社区试点工作的通知（发改气候〔2014〕489 号)》，提出大力推动低碳社区试点工作，要求在“十二五”末，全国开展的低碳社区试点争取达到1000个左右。从国家的战略需求和实际工作来看，未来推动消费的低碳化将是低碳发展的关键内容，家庭部门消费和生活用能的低碳发展对于我国碳排放的发展路径以及实现排放峰值都具有重要意义。目前，我国关于该领域的研究还十分薄弱，从政策实践层面来看，亟须加强对相关政策的研究。

本书从低碳消费和生活用能两个维度探索分析了家庭部门的节能减碳路径和政策体系。从低碳消费的角度，作者归纳了国外低碳发展的主要途径以及我国消费的现状和发展趋势，提出了通过建设低碳社区、完善低碳基础设施建设以及建立低碳行为体系三个方面来推进我国低碳消费的发展，结合我国消费结构转型升级以及处于城镇化快速发展阶段的基本国情，提出了我国低碳消费的发展思路与政策框架。从生活用能的角度，作者分析评估了与生活用能相关的主要减排政策及其社会福利影响，通过案例研究得出了生活用能碳排放的基本格局及其政策含义，并按照社会福利最大化和社会公平的原则研究探讨了生活用能减排政策的目标定位、政策方向与工具选择等问题。最后，作者针对生活用能低碳化以及如何推动低碳消费提出了对策建议。

尽管作者的分析不尽完美，但我相信，本书的出版必将有助于推动智库和学术研究部门对家庭部门低碳化领域的深入研究。作者对我国建设低碳社区与推动低碳消费等相关工作提出的一些思路和建议，也具有一定的参考价值。作为刘长松博士论文的指导老师，我很高兴看到本书的出版，希望本书的相关信息、分析结论和政策建议能够为我国的低碳转型产生一些积极作用。

是为序。

中国社会科学院城市发展与环境研究所所长 [signature] 教授

序　二

政府间气候变化专门委员会（IPCC）第五次评估报告指出，观测到的1951～2010年全球地表平均温度的上升，有一半以上是由人为温室气体浓度增加和其他人类强迫共同导致的，这一结论具有95%以上的可能性。为实现到21世纪末全球地表温度控制在比工业革命前上升2℃以内的目标，需要加快推动国际减缓气候变化的进程。在2015年底即将举行的巴黎气候变化大会上，国际社会将努力就2020年后全球应对气候行动达成新协议。应对气候变化也是中国科学发展的内在要求。从我国国内应对气候变化的政策来看，国务院已发布我国控制温室气体排放行动目标和《国家应对气候变化规划（2014～2020年）》，《中美气候变化联合声明》也提出了温室气体减排的中国计划。应对气候变化问题，已成为生态文明建设的重要内容。

减缓气候变化需要政府、社会和个人的积极参与和行动。其中，个人的行为和生活方式对能源使用和相关排放具有显著影响。通过改变人们的消费方式（如交通方式、家庭能源使用、耐用品的选择）、饮食结构和生活方式（特别是发达国家的），可以大幅度降低温室气体排放。

目前，我国仍处于城镇化率30%～70%的快速发展阶段。未来随着城镇化进程的推进，消费领域中交通和建筑能源需求将快速增长。根据《国家新型城镇化规划（2014～2020年）》（以下简称《规划》），目前我国常住人口城镇化率为53.7%，不仅远低于世界主要发达国家80%的平均水平，也低于人均收入与我国相近的发展中国家60%的平均水平。《规划》提出要努力实现1亿左右农业转移人口和其他常住人口在城镇落户。因此，随着城镇化水平持续提高，城镇消费群体不断扩大、消费结构不断升级、消费潜力不断释放，这必然导致交通和建筑用能需求和碳排放大幅度增加。为实现2030年左右CO_2排放达到峰值且努力早日达峰的目标，降低我国消费领域的能源需求和碳排放，推动消费的低碳转型势在必行。

然而，目前家庭消费在我国应对气候变化和低碳发展中的地位和作用并没有得到充分认识。从媒体报道来看，国内节能减排与绿色、低碳发展战略和政府文件均将重点放在生产领域，针对重点和规模较大的企业开展专项行动，对清洁生产和绿色生产等已经形成了较为完善的政策支持体系；加上我国按照行业和部门设置的管理体制，重点行业都有对应的主管部门，行业低碳发展易于得到政策支持。而家庭部门并没有明确的行业主管部门，这导致了家庭消费的低碳化难以得到有效的政策支持。现有的节能减碳政策通常只在最后提及该问题，仅提出一些鼓励性措施，如建立节能环保生活方式，积极开展宣传教育等。久而久之，消费低碳化的问题就积重难返：一方面，低碳消费缺乏政策支持，难以得到实质性推进；另一方面，由于家庭部门的减碳成效不显著，相关政策也不愿将其作为重点领域给予支持。这两方面问题相互影响和相互叠加，导致了当前我国家庭消费成为节能减碳领域“食之无味、弃之可惜”的“鸡肋”，以至于到了“乏人问津”的地步。

综观一些发达国家的政策取向，无论是国家战略还是相关政策，均将家庭部门及生活消费作为实现可持续发展的关键领域，给予重点支持。发达国家的发展历程表明，随着收入水平和城镇化水平的提升，居民消费将会不断增加。发达国家居民消费导致的能源消费和 CO_2 排放量已超过了工业用能消费及 CO_2 排放量，成为国家能源消费和 CO_2 排放的主要推动力，因此，推行低碳消费十分必要。一方面，消费者是否采取低碳行动受制于自身的认知和行动意愿；另一方面，产品和服务的价格水平以及公共政策也是影响家庭消费的重要因素。OECD 国家从 20 世纪 90 年代就开始推行可持续消费政策，广泛运用经济手段，制定政策工具组合，推动消费的低碳转型。通过发动利益相关者，推动改变消费和生产方式，提高资源利用效率，减少环境污染排放，最终降低家庭消费碳排放。OECD 国家可持续消费政策非常注重政策的执行、实施及有效性，针对家庭消费行为设计了十分完善的政策体系，家庭节能减碳也取得了较好的成效。

从中国家庭消费的发展趋势来看，家庭部门对低碳发展的作用和贡献不容忽视，其面临的绿色、低碳发展形势十分紧迫。消费是我国碳排放增长的重要推动力，随着人均收入的提高、人口年龄结构以及生活方式的改变，家庭消费模式将发生较大变化，未来 20 年我国家庭消费水平的提升与消费结构的变化将成为决定我国碳排放发展路径的重要因素。收入和消费习惯对碳排放具有较大影响，尤其是一些不合理的消费习惯以及盲目消费，会导致大量的能源浪费，这些问题亟须解决。为此，加强对消费碳排放的管控将是我国实现低碳发展的重要途径。政府要加大低碳消费宣传力度，提升居民的低碳意识，引导居民参与低碳行动，改变家庭浪费行为；大力推动低碳产品认证，引导企业开展低碳产品研发，积极推动产品结构升级，为低碳消费提供技术和产品支撑。

本书的出版有助于深化国内对家庭消费在低碳发展中的定位与作用的认识，同时有助于推动我国减排政策设计的科学化与合理化进程。书中提出了按照社会福利最大化和气候公平的理念进行气候政策的设计，以及推动低碳消费的途径、思路与政策框架等，将对今后我国推行家庭部门的低碳化发挥重要的借鉴作用。本书提出的政策措施也有利于推动政府完善有关家庭消费和生活用能的政策体系，对于家庭的消费和生活方式向低碳化转变以及低碳社会的建立等均有裨益。

清华大学地球系统科学研究中心　罗勇（签名）　教授

前　言

消费作为实现可持续发展的重要途径，在全球可持续发展进程中占有重要地位。1987 年，世界环境及发展委员会发布的《布伦特兰报告》提出了可持续发展理念，明确提出“既满足当代人的需求，又不对后代人满足其自身需求的能力构成危害”的消费理念。2002 年，联合国可持续发展首脑峰会达成的《约翰内斯堡协议》，首次明确提出了可持续消费概念，随后启动的“马拉喀什进程”有力地推动了可持续消费在全球范围内的发展，国际组织和发达国家推动了可持续消费的实践探索，为可持续消费在全球范围内的推广和实施奠定了重要基础。

近年来，随着人民生活水平的提高，家用电器和小汽车逐渐普及，居住条件不断改善，中国家庭生活用能需求迅速增加。根据发达国家的经验，随着生活水平的提升，生活用能的比重也将上升，并最终超过工业用能。因此，中国未来生活用能的发展路径将成为决定中国能否实现减排目标的关键因素之一。根据麦肯锡公司对减排成本的研究，家庭部门减排成本较低，有些甚至是负成本，说明生活用能减排具有经济性。结合当前中国所处的发展阶段及节能减排的战略需求，本书选择生活用能碳排放作为研究对象，分析生活用能碳排放的基本格局与减排政策选择，以期为未来减排政策的设计提供参考。

与发达国家相比，我国在消费的可持续性方面还存在很大差距，相关工作进展十分缓慢，节能减碳政策对家庭部门和消费问题的重视和支持力度不够，发展不平衡问题加大了制定应对气候变化政策的难度。如何使社会各阶层都获得充分的资源与发展机遇，实现减缓气候变化成本的合理分担，是完善减排政策的关键。家庭部门的能源需求主要包括两部分：一是直接的生活用能；二是家庭消费间接导致的能源需求。相应的，家庭部门的低碳化分为消费的低碳化和生活用能的低碳化。对于消费的低碳化，其重点在于探索实现途径，本书通过分析国外推动低碳消费的发展途径，明确了从低碳社区建设、低碳基础设施建设以及建立低碳行为体系三个方面推动我国低碳消费的发展。考虑到我国区域发展不平衡的基本国情，低碳消费的相关工作应结合新型城镇化建设分阶段逐步推进，推动消费的低碳转型，需要从强制性政策、激励性政策和引导性政策等方面建立完善的低碳消费政策框架；对于生活用能，通过国际对比，发现未来我国的生活用能规模和结构将发生较大变化，并且由于家庭部门自身的特点，其减排的复杂性远远超过工业部门，这对减排政策的选择和设计提出了更高的要求。本书评估了主要减排政策工具对社会福利的影响，发现针对消费端碳排放进行规制比较容易解决社会公平问题，通过对北京生活用能消费的基本格局做案例研究，发现不同收入家庭生活用能碳排放存在较大差距，而当前的减排政策仅仅从经济有效性进行政策评价，对社会福利和气候公平的考虑不足。本书提出要在可持续发展的框架下考虑减排问题，按照社会福利最大化和气候公平的理念进行生活用能减排政策的目标定位、政策工具选择，保护社会弱势群体的发展权益。最后，本书提出了针对生活用能低碳发展和推动低碳消费发展的对策建议。本书的主要结论如下。

（1）北京生活用能的案例研究表明，当前不同收入人群间的碳排放差距较大，高收入家庭人均 CO_2 年排放量约为 6.88 吨，低收入家庭人均 CO_2 年排放量约为 1.02 吨，前者是后者的 6.75 倍。家庭收入与消费模式的差异是导致碳排放差距的主要原因，高收入家庭年户均用电量是低收入家庭的 12.27 倍，户均交通用能是低收入家庭的 6.86 倍。当前生活用能消费的不合理格局应在减排政策的设计中得到考虑。

（2）减排政策的选择对生活用能及社会福利具有显著的影响。减排政策的累退性不仅引发分配问题，也对生活用能碳排放的分布格局产生影响。因此，如何保障个体的碳权益成为减排政策设计的关键问题之一。生活用能实行普遍补贴，受益者是高收入家庭。碳税的累退性，使低收入人群受到较大的负面影响。对家庭部门推广可再生能源应用、提高能效标准会提高低收入家庭的选择成本，能效补贴对社会福利的影响取决于谁得到补贴。住宅用能和交通用能的消费格局与需求弹性存在显著差异，对交通用能征收碳税可以有效实现减排目标，而不产生分配问题；对住宅用能运用标准管制可以获得较好的减排效果，但需要解决存量房的改造问题。从排放权界定来看，通过个人碳交易直接界定排放权能最有效地保护低收入人群的碳权益，但可行性较差；间接界定排放权，如采用累进碳税或累进价格，可行性较高，但对收入分配改善的作用较小。

（3）应该按照社会福利最大化原则，对减排政策进行优化设计。生活用能减排面临市场失灵、行为失灵与管制失灵等问题，能源市场垄断等增加了家庭部门减排的难度，减排需要政策组合，通过经济激励、政府管制与行为干预来实现减排、经济与社会分配的目标。简单的碳定价或价格市场化，会导致社会弱势群体承担不合理的政策成本，不符合社会福利最大化的原则。个人碳交易虽可以较好地解决社会分配问题，但实施条件尚不具备，累进碳税的设计较为复杂，同时所需要的完善的监测体系也不宜实现；由于住宅能耗的需求弹性较小，通过标准管制和生活用能的阶梯价格，可以获得较好的减排效果；建议对私人小汽车汽油消耗试点征收碳税，并将所得用于完善公共交通服务体系。为降低生活用能价格改革与减排对低收入人群的负面影响，拟通过目标能效补贴的方法帮助低收入家庭进行能效改造，以保障其能够获得基本的能源服务。

本书的创新点在于对家庭部门的低碳化问题做了较为系统的研究，从家庭消费和生活用能两个方面探讨节能降碳的主要途径和政策体系。运用社会福利分析方法探讨生活用能减排的设计与政策工具选择，通过案例研究明确了生活用能消费格局及其政策含义，从社会福利最大化和气候公平的原则出发，提出了生活用能减排政策的目标定位以及主要的政策工具。家庭和消费者具有很强的异质性，导致消费行为模式差异很大，政府如何制定分类干预措施，对政策设计提出了更高要求。再如，某项具体的减排政策对社会福利的影响究竟有多大，还需要在有完善数据的基础上进行分析、评价，从而提高减排政策的科学性。以上问题均值得进一步深入研究。

本书适合政府，能源、消费与可持续发展等领域的研究人员，大专院校能源、消费与可持续发展相关专业的师生，以及其他对可持续发展问题感兴趣的社会公众阅读。

Foreword

Consumption as an important way to achieve sustainable development, it plays an critical role in the process of international sustainable development. In 1987, the World Commission on Development and Environment published the report of "Our Common Future", and put forward the concept of sustainable development, it clearly stated, "Sustainable development is development that meets the needs of the present without compromising the ability of future generations to meet their own needs", which means reasonable consumption. In 2002, the United Nations Summit on Sustainable Development reached the "Johannesburg agreement", for the first time explicitly put forward the concept of sustainable consumption, and then launched the "Marrakech Process", to push the development of sustainable consumption all over the world, international organizations and developed countries did more practice to promote sustainable consumption, and laid an important foundation for the promotion and implementation of sustainable consumption worldwide.

With the rapid improvement of living standards in China, the ownership of household appliances and cars is increasing quickly in past two decades, further pushing up the residential energy demand. According to the experience of developed countries, the proportion of residential energy will surpass industrial energy consumption, so the residential sector will be a key factor in determining whether emission reduction target could be completed or not. Based on McKinsey Company's abatement cost estimation, the cost of abatement in residential sector is very low, even negative, so the mitigation of residential energy is economical. Combined with China's stage of development and the strategic needs of the energy saving, we have chosen carbon emissions from residential energy use as study object, and discuss policy choices, in order to provide a reference for the mitigation policy design in the future.

Compared with developed countries, China's sustainable consumption has a big gap, and its practice is in very slow progress, the carbon reduction policy neglects the household sector and relative support is very little. China's regional imbalances also exacerbate the difficulty of formulating policies to address climate change. The key to the development of emission reduction policies is to make all people are given adequate resources and opportunities to achieve mitigation of climate change and reach reasonable cost-sharing is. The household Energy demand includes two major parts: First is direct residential energy; the second is the indirect energy of the household consumption. Accordingly, the decarbonation of household sector also divided into low-carbon consumption and low-carbon development of residential energy. For low carbon consumption, its focus is to explore the ways of how to achieve this, the book analysis the development of low-carbon consumption abroad, and forward low carbon community building, low-carbon infrastructure and low-carbon behavior to promote the development of low-carbon consumption, taking into account the China's regional unbalanced development, low-carbon consumption related work should be combined with the process of new urbanization, to carried out step by step, to promote the consumption of low-carbon transformation, we need to establish a sound policy framework including mandatory, incentive and guidance policies . By international comparison, we can predict that China's residential energy scale and structure will undergo significant changes in the future, meanwhile, the carbon emission of household sector has own unique characteristics, its emission reduction is more complex than the industrial sector, which put forward higher requirements for selection and design of policy. This book assesses the impact of the major reduction policies on social welfare, and find the regulate on consumption carbon emissions is easier to solve social justice issues, to make the case study of Beijing's residential energy, and find there is a big gap on carbon emissions among different income families, the current emission reduction policies only consider the cost-effectiveness in the policy evaluation, but without considering social welfare and climate justice, this book proposes to consider the issue of emission reduction within the framework of sustainable development, based on the principles of maximization of social welfare and climate justice to determine the policy targets, and choose the policy to protect the development rights of vulnerable families, Finally, the book presents a proposal to develop low-carbon energy development strategies and low-carbon consumption. The book's main conclusions are as follows:

First, the result of case studies of Beijing household residential energy have shown that, currently, carbon emissions gap among different income groups is significant, per capita annual emissions of high-income families is approximately 6.88 tons of CO_2, as for low-income families is only 1.02 tons of CO_2, per capita emissions of rich is 6.75 times that of the poor. Differences in income and household consumption patterns contribute to the carbon emissions gap, the average annual electricity consumption of the high-income families is 12.27 times of low-income families, and is 6.86 times that of low-income families in transport energy. The irrational energy consumption pattern should be taken into account in the design of emission reduction policies.

Second, the choice of emission reduction policies has significant impact on residential energy and social welfare. The regressive emission reduction policies not only lead to distribution dilemma, but also have impact on the distribution pattern of the carbon emissions. Universal subsidies of residential energy will benefit high-income families. Regressivity of the carbon tax will cause low-income people to undertake greater negative impact. The promotion of renewable energy in household sector, or improve energy efficiency standards will limit the choice of low-income families; the social welfare impact of energy efficiency subsidy will depend on who receive the money. Energy consumption patterns and the demand elasticity of dwelling energy and transport energy is significant different, taking carbon tax for transport energy can be effective to achieve emission reduction targets without causing the social problem. The use of standard control can get better reduction of residential energy consumption, but need to address the retrofit of the stock of housing. From the definition of emission rights, through personal carbon trading directly can be the most effective way to protect low-income families, but the policy feasibility is weak; by progressive carbon tax or progressive pricing is more feasible, but has smaller effect on income distribution improvement.

Third, based on the principle of maximization of social welfare to design and optimize the emission reduction policies. The emission reduction in household sector faces market failure, behavior failure and regulatory failure, energy supply monopoly also increase the difficulty of emission reduction. It is necessary to make policy mix to achieve the emission reduction, economic and social distributional objectives. Simple carbon pricing or market-oriented price reforms will cause social vulnerable families to bear the unreasonable policies cost, does not comply with the principle of social welfare maximization. Personal carbon trading can solve social distribution problem, but the implementation is very hard, progressive carbon tax is facing the same question. As the demand elasticity of dwelling energy consumption is low, standard control combined with progressive pricing can reduce emission effectively. We proposed a pilot carbon tax for private car petrol consumption, and recycle the revenue to improve the public transport service system. To offset the negative impact of energy price reform and reduction for low-income families, targeted energy efficiency subsidies will be needed, ensuring their access to basic energy services.

The innovation of this book is to make systematic study for the low-carbon of household sector, from the two ways of household consumption and residential energy to explore the energy saving and carbon reduction, using the methods of social welfare analysis to design and choose residential energy policy, to reveals the residential energy consumption patterns and their policy implications by case studies. In the future, this study can be deepen, for example, due to strong heterogeneity of families and consumers, and leading to very different consumption behavior patterns, this should be considered in policy design; for the specific mitigation policies impact on social welfare, we can do more quantitative analysis and evaluation on the basis of sound data, so as to improve the scientific basis of policy.

This book is suitable for the government, energy, consumption and sustainable development researchers, universities and other public interested in sustainable development issues to read.

目　录

Contents

第一章　研究背景与意义

第一节　国际可持续发展进程非常关注消费问题

消费作为实现可持续发展的重要途径，在全球可持续发展进程中占有重要地位。1987 年，世界环境及发展委员会发布的《布伦特兰报告》将可持续发展界定为“既满足当代人的需求，又不对后代人满足其自身需求的能力构成危害的发展”。发达国家的实践表明，尽管各国对消费的不可持续问题的认识已经非常清楚，但相关政策的实施仍非常困难，消费对环境、碳排放的影响和推动作用并未得到根本性扭转。当前我国消费正处于升级、转型的关键时期，借鉴国外可持续消费的经验与教训，对于提高我国消费的可持续性以及实现经济社会可持续发展具有重要意义。

一　《约翰内斯堡协议》与可持续消费的提出

世界各国对解决消费的不可持续问题达成了共识，1992 年，在里约热内卢举行了联合国环境与发展大会，该会议作为重要的里程碑，通过了题为《21 世纪议程》的全球性方案和《环境与发展里约宣言》，提出了可持续发展的新议程。2002 年，可持续发展问题世界首脑会议通过了《约翰内斯堡协议》（*Johannesburg Agreement*），明确提出可持续消费概念，并将可持续消费确定为可持续发展的重要目标，与消除贫困以及保护和管理经济与社会发展的自然资源基础一起构成了可持续发展的基本要求。为实现全球的可持续发展，需要使生产和消费方式得到根本变革，所有国家都应转向可持续的消费和生产模式。2012 年，在里约 +20 联合国可持续发展大会（UNCSD）上，《环境与发展里约宣言》《21 世纪议程》《进一步实施 21 世纪议程的方案》《约翰内斯堡协议》等提出的可持续消费原则得到了重申，按照里约原则推动经济、社会以及环境保护的协调发展。

自2002年以来，全球各地区就可持续消费做出了一系列强有力的政治承诺，非洲、拉丁美洲、欧洲和阿拉伯等地区举行了可持续消费和生产的区域圆桌会议，通过制定国家可持续消费和生产方案，将可持续消费纳入经济社会发展计划。最新修订的《2011～2020年生物多样性战略计划》以及爱知生物多样性指标也纳入了可持续消费指标，提出到2020年，各级政府、企业界和利益相关方都应采取步骤实现可持续生产和消费，或执行可持续生产和消费计划，并将使用自然资源的影响控制在生态安全的范围内。

二　马拉喀什进程与全球可持续消费的发展

自2002年可持续发展问题世界首脑会议以来，多个可持续消费和生产的倡议得以提出，迄今为止的各项进程都被作为临时性措施，有效吸引了各利益相关者的参与，促进了国际和区域间的交流，但各项倡议十分零散，相互间缺乏协同作用，尚未形成可持续消费的正式机制。《约翰内斯堡协议》在2003年发起了马拉喀什进程，该进程是志愿性质的，作为一个全球性和非正式的多方利益相关者平台，其目的是促进可持续消费和生产政策及能力建设的执行，并支持制定十年方案框架。联合国环境署（UNEP）与经济和社会事务部共同为马拉喀什进程秘书处提供支持，各国政府、发展机构、私营部门、民间社会和其他利益相关方积极参与。2003年，环境署理事会批准了可持续消费和生产的第一个决定。此后，可持续消费和生产成为环境署工作方案的六项核心优先事项之一，环境署与不同的利益相关者开展合作，把制定、执行可持续消费和生产办法、措施及政策纳入主要业务领域并为其提供支助。

发达国家率先开展可持续消费的实践探索。自20世纪80年代以来，可持续消费成为国际论坛的重要话题，20世纪90年代末以来，出现了不少重要的研究成果，主要有：①1994年挪威环保部组织的《生态生产和消费会议》；②2002年经合组织编写的《迈向可持续家庭消费》报告；③维也纳可持续欧洲研究所（SERI）开展的研究项目，以及在该框架下Lorek和施潘根贝格对可持续消费率的研究；④2002年美国麻省理工学院和耶鲁大学共同创办了《工业生态杂志》，其主要关注可持续消费问题。从发达国家的实践来看，可持续消费涉及面广且较为复杂，与经济、社会和心理等问题相关，需要运用跨学科、综合性的解决方案。

三 2015 年后发展议程与可持续消费的深化

消费的可持续问题在2015年后发展议程中占有重要地位[①]。里约+20峰会出现了一系列可持续发展的科学和政策评估报告，其中，可持续消费是重点内容。为了推动该工作，需要综合考虑气候—土地—能源—水—发展问题。《约翰内斯堡协议》也提出了新的可持续消费和生产模式十年方案框架，设立了覆盖2012~2022年的可持续消费和生产模式十年方案框架。整体上，2015年后发展议程对整个社会—经济—环境的系统性解决方案给予了充分关注，并非常重视不同利益群体的参与，强调政府、私营和公共机构之间结成强有力的伙伴关系，共同推动可持续消费的深化与发展。

第二节 我国家庭消费可持续发展的形势十分紧迫

第一，家庭消费对我国碳排放增长的推动作用日益显现，未来消费水平的提升与消费结构的变化将会成为我国碳排放发展路径的重要因素。随着消费观念的逐渐改变和消费能力的提高，我国居民消费水平已经有了较大提升，并已经逐步进入快速增长期。消费需求档次上升，消费结构升级加快。改革开放以来，我国居民消费结构改善明显，城镇居民家庭恩格尔系数由1957年的58.4%下降到2013年的35.0%，农村居民家庭恩格尔系数由1954年的68.6%下降到2013年的37.7%。彩电、洗衣机、电冰箱、空调等耐用消费品在城镇地区逐步普及，汽车、家用电脑等高档消费品拥有量大幅提高。近年来，私人汽车、移动通信、住房、教育、旅游等新兴消费领域正迅速扩张，拉动社会消费零售总额快速增长。根据2014年国民经济和社会发展统计公报，2014年全社会消费品零售总额达26.2394万亿元，比上年增长12.0%，其中，城镇消费品零售额为22.6368万亿元，增长11.8%；乡村消费品零售额为3.6027万亿元，增长12.9%。消费购买力明显提升，2014年全国居民人均可支配收入为20167元，比上年增长10.1%。城镇居民人均消费支出为19968元，增长

① Freeman, C., Wisheart, M., "REACHING THE UNREACHED: Cross-sector partnerships, business and the post-2015 development agenda", World Vision International Policy Paper, 2014.

8.0%。农村居民人均消费支出为8383元，增长12.0%。新的消费热点和消费方式不断呈现。2014年末全国私人轿车保有量为7590万辆，增长18.4%。2014年中国国内旅游36亿人次，增长10%，出境旅游首次突破1亿人次大关，达到1.09亿人次。网络消费高速增长，2014年网上零售额为27898亿元，比上年增长49.7%，预计未来仍将保持高速增长态势。伴随着城乡居民收入稳步增长，以及城镇化进程加快，社会医疗保障制度逐步完善，居民消费升级态势将持续加强。与此同时，随着居民生活水平的不断提高，我国过度消费、奢侈浪费等问题十分突出，导致能源的大量消耗和温室气体排放的快速增长。未来随着居民消费水平不断提高，消费结构升级对碳排放的推动作用不断显现，很可能成为影响我国碳排放发展路径的重要因素。

第二，生活用能总量快速增加，但不同收入家庭的消费差距不断拉大。近年来，中国的生活用能在能源消费中的比重不断上升，其主要原因为消费结构的升级转型。当前居民的消费结构正从生存型消费（包括食品和衣着类）向发展享受型消费（包括居住类、交通通信类、文化教育娱乐、医疗保健类、旅游）转变，汽车、家用电器等耐用品日益普及，导致生活用能需求大幅增加。2008年中国居民生活用能占一次能源消费的比重为11%，工业用能占能源消费的比重为71.81%①。北京市经济发达程度高于全国其他城市水平，2010年其生活用能占能源消费总量的18.44%，工业用能占比则为35.01%②。未来生活用能仍将在较长时间内持续增加。根据美国劳伦斯伯克利能源实验室的预测，到2020年，中国住宅能源消费量将翻一番甚至更多。在生活用能总量迅速增加的同时，不同收入阶层的消费差距逐渐拉大。2010年，对北京市5000户城镇居民家庭消费支出的调查结果显示，20%的高收入户的年平均电费支出为414元，而20%低收入户的年平均电费支出为244元，前者约是后者的1.7倍；在水电燃料及其他方面支出上，高收入户是低收入户的1.76倍③。按照“北京市推动绿色消费机制和效益研究”项目组委托国家统计局北京调查总队在2010年8~9月对北京市1000户城镇家庭进行入户调查的结果，2008年3%收入最低的家庭户均年耗电量为97度，3%收入最高的家庭年户均耗电量为

---

① 中国国家统计局：《中国统计年鉴（2009）》，中国统计出版社，2010，第240页。
② 北京市统计局：《北京统计年鉴（2010）》，中国统计出版社，2010，第205页。
③ 北京市统计局：《北京统计年鉴（2010）》，中国统计出版社，2010，第205页。

4940 度，后者约是前者的 51 倍，2009 年这一比例扩大为 431 倍。家庭人均汽油消耗量的差异也非常显著，5% 收入最低的家庭平均汽油消耗量为 9.6 升，而 5% 收入最高的家庭的平均汽油消耗量则高达 213.7 升，后者约是前者的 22.3 倍。导致当前这种生活用能消费差距形成的可能原因之一是生活用能定价不合理。普遍补贴不仅造成了巨大的资源浪费，还造成了社会不公，加剧了减少温室气体排放的难度。怎样科学合理地改革生活用能定价政策成为十分迫切的问题。

第三，可持续消费已经从科学研究的重要课题，逐步转变为世界各国的政策实践。消费者在选购物品时所持的批判态度、对交通方式的选择和如何利用空闲时间正在影响生产企业和服务提供者，进而影响到社会需求，从而迫使生产者根据消费者的意愿行事。可持续消费已经从科学研究的重要课题，逐步演变为世界各国的政策实践，各国政府、国际组织等采取了大量行动来推动低碳消费的发展。发达国家已经转变了能源管理思路，除了传统的对能源供给方的管理外，还加强了对能源需求方的管理。控制温室气体的排放必须从生活消费着手，从转变居民的消费方式入手。发达国家的发展历程表明，居民消费所产生的碳排放不断增加，发达国家居民消费导致的能源消费和 CO_2 排放量已超过了工业用能消费量及 CO_2 排放量，成为国家能源消费和 CO_2 排放新的主要推动力。如果不能控制消费增长所引起的碳排放增长，技术进步和产业升级实现的减碳效果就会大打折扣，因此推行低碳消费十分必要。

分析发达国家推行低碳消费的政策思路，对于促进我国的低碳消费大有裨益。我国“十二五”规划纲要明确提出，要倡导文明、节约、绿色、低碳消费理念，推动形成与我国国情相适应的绿色生活方式和消费模式。2011 年，商务部、财政部和中国人民银行联合下发《关于“十二五”时期做好扩大消费工作的意见》，提出要处理好扩大消费与资源环境承载能力的关系，形成与国情相适应的文明、节约、绿色、低碳的消费模式，实现消费的可持续发展。当前的碳排放管制政策主要集中在生产环节，而对家庭消费没有给予足够的重视。为改变家庭消费行为、降低消费对碳排放的压力，需要综合考虑经济、技术、人口结构和文化等因素，采取多种工具以及跨学科的方法，建立综合性、系统性的低碳消费政策体系。政府机构、商品和服务提供者、非政府组织以及消费者作为利益相关者，都可以在政策形成过程中发挥积极的作用。

第三节 我国推行绿色低碳消费具有重要意义

针对资源能源紧张、环境污染严重、气候变化带来的严峻挑战，目前，世界各国尤其是发达国家都在大力推行低碳消费，将消费的低碳化作为实现低碳发展的重要组成部分和重要环节。对于我国来说，推行低碳消费也是生态文明的必然要求，转变经济发展方式的重要抓手，实现低碳发展的重要途径，因此，推动低碳消费具有十分重要的意义。

一 推进低碳消费是生态文明建设的重要内容

党的十八大报告提出把生态文明建设作为五位一体总体布局的重要组成部分，并把应对气候变化作为建设生态文明、为全球生态文明做出贡献的重要内容。低碳消费是推进生态文明建设的重要途径，一方面，低碳消费倡导节约、绿色、环保的消费理念，有利于在全社会树立尊重自然、保护自然的生态文明理念，形成节约资源、保护环境以及合理消费的社会风尚；另一方面，低碳消费需求的增长会有效刺激低碳产品的生产和销售，促进低碳经济的快速发展，为实现中国的经济转型、形成节约资源和保护环境的产业结构及生产方式创造良好的条件。因此，低碳消费是推动生态文明建设、促进节能减排的有效抓手。2015 年 5 月，中共中央、国务院印发了《关于加快推进生态文明建设的意见》（以下简称《意见》），《意见》明确指出要推进生活方式的绿色化，加快形成勤俭节约、绿色低碳、文明健康的生活方式和消费模式，并强调人人有责、共建共享。

低碳消费作为一种理性的、健康科学的、生态化的消费方式，反映了生态文明的道德观和价值观，是人类对自身行为进行自律的结果以及人与自然和谐相处的必然要求，体现了人类社会可持续发展的根本要求，以及尊重自然、保护自然的内在动力。低碳消费本质上是一种环境良知的具体体现，它要求人们在处理人与自然的关系时，应当约束自己的行为，摆正自己在自然界中的位置，关注自然的内在价值。同时要求人类在满足自身生存和发展的同时，将社会发展和人的需要与生态环境融合在一起，有意识地控制自身的消费行为，合理地控制消费规模，这正是生态文明的核心价值所在。

二　低碳消费是转变经济发展方式的重要推动力

当前，全球气候变化给人类的生存和发展带来严峻挑战，世界各国都把发展低碳经济作为应对气候变化和资源能源问题的根本途径。我国经济长期高速增长靠的是高投入、高消耗、高污染的粗放型经济增长方式，这种粗放型经济增长方式带来了资源能源的大量消耗和生态环境的污染破坏，在很大程度上导致了自然资源的过度开发和高碳排放。要实现中国经济社会的可持续发展，必须实现经济发展方式的根本性转变。低碳消费是低碳经济的重要环节，消费不仅是低碳生产的最终目的，也是再生产的起点。发达国家的发展经验表明，改变居民消费方式比提高建筑物、采暖空调系统、汽车等系统及设备的能源效率对能源消费和资源环境的可持续发展所产生的影响更为显著和深远。消费模式和消费发展取向不仅影响和日常生活直接相关的能源消费，还将通过终端消费内容的变化，间接影响整个产业结构，对能源消费结构和总量产生重大影响。引导消费者进行低碳消费，对于实现低碳生产和消费的良性互动、发展低碳经济具有重要意义。当前我国由于低碳意识不强、购买力弱等因素限制了低碳消费的发展，进而影响到经济增长方式的转变。因此，积极倡导低碳消费、推动消费方式向低碳转型是推动中国经济发展方式转变，由传统的高投入、高消耗、高污染的粗放型经济增长方式向低投入、低消耗、低污染的集约化经济发展模式转变的迫切需要。

三　低碳消费是推动低碳发展的重要途径

随着经济与城市化的快速发展，我国居民收入水平和消费水平大幅提升，居民消费方式和消费结构也发生了很大变化：居民生活直接能源消费已成为我国能源消费增长的重要推动力；消费结构发生了很大改变，粮食和蔬菜消费量呈现下降态势，奶制品的消费增幅最大，油类和肉类食品消费快速增长推动了食物碳排放量的增加；交通方面，我国民用汽车的数量突飞猛进，其中，私人轿车总量从 1990 年的 81.62 万辆增加到 2013 年 1051.68 万辆，尤其是近几年来私人小轿车和微型小轿车的数量出现爆炸式增长，未来仍将保持较高的增速。2013 年全国城市生活垃圾清运量约为 1.72 亿吨，同时保持较高增速，远远超过了现有的垃圾设施处理能力，

“垃圾围城”现象时有发生。高碳消费方式与高碳生产方式交织在一起，导致我国碳排放总量迅速上升，目前已位居全球第一位，人均排放超过世界平均水平，经济发展的环境压力和节能减排的国际压力持续上升。因此，迫切需要推动低碳消费，通过消费结构低碳化、树立低碳消费生活方式引导经济社会发展方式转变。

低碳消费是发展低碳经济的重要环节和促进手段。新消费需求的出现往往可以催生新的产业，社会大众的消费心态、消费偏好、消费选择和消费内容是影响市场价值取向的重要因素，进而引导着企业的生产和经营。低碳消费必然会通过消费将需求信息反馈到生产企业中去，成为企业生产与决策过程中需要考虑的重要因素，有助于激励企业推动低碳技术和低碳产品的研发。低碳消费要求更新消费观念、调整消费结构、节约消费数量，有助于推动形成合理的消费态度和消费习惯，从而直接或间接地带动低碳技术的创新与应用。传统消费方式的变革，如公交出行、节约用电、适度消费等渗透于民众的日常生活中，有助于引领消费的社会潮流，不仅能为低碳技术和产品的应用提供更为有利的环境，还能够为低碳技术的发展提供强大推动力。

发达国家的发展历程表明，消费对碳排放的推动作用将超过生产，未来能否实现低碳发展，消费将起到非常关键的作用。发达国家居民消费所产生的碳排放不断增加，已成为国家能源消费和 CO_2 排放增长的重要驱动因素。居民消费导致的能源消费和 CO_2 排放量已超过了工业用能消费量及 CO_2 排放量。如果不能控制生活消费引起的碳排放增长，就难以实现整个经济体系的低碳化。为此，发达国家在能源管理和控制温室气体排放方面也转变了思路：一是除了强调传统的对能源供给侧的管理，还加强了对能源需求侧的管理；二是从生活消费着手控制排放，推动居民的消费行为向低碳化转变。

从国内情况来看，随着经济实力的不断提升，居民生活水平的不断提高，我国也出现了过度消费、不合理消费、奢侈浪费等问题，导致能源消费和温室气体排放快速增长。当前，我国仍处于城镇化率 30% ~70% 的快速发展区间。《国家新型城镇化规划（2014 ~2020 年)》提出，到 2020 年要解决 3 个“1 亿人”的问题，第一个“1 亿人”就是要解决好 1 亿已经进入城市的农民工的落户问题，即农民工的市民化问题；第二个“1 亿人”就是要解决好 1 亿人居住的城镇棚户区和城中村的改造问题；第三个“1

亿人”就是要解决中西部 1 亿人的就地城市化问题。伴随快速的城镇化进程，巨大的消费需求和公共服务需求会持续释放出来。未来，我国消费增长的潜力巨大，将成为碳排放增长的重要驱动因素。当前我国有关能源消费和碳排放政策的焦点多集中于工业生产领域，忽视了居民消费对能源消费和碳排放的推动作用，如何引导实现低碳消费，已经成为转变发展方式、控制能源消费和碳排放增长的重要途径。

第四节　减排政策的选择对能源消费格局与社会福利具有重要影响

气候变化是 21 世纪人类面临的重大挑战，政府间气候变化专门委员会（Intergovernmental Panel on Climate Change，IPCC）在发布的评估报告中已明确指出，气候变化对世界各国人民的生存与发展产生了巨大的影响。中国作为发展中国家，在应对气候变化的进程中所遇到的问题和矛盾尤为突出。区域发展不平衡的问题，加剧了制定应对气候变化政策的难度。如何使社会各阶层都获得充分的资源与发展机遇，实现减缓气候变化成本的合理分担，是制定减排政策的关键。

自 20 世纪 90 年代中期以来，中国城乡间、区域间、各社会阶层间的发展不平衡逐渐扩大，成为中国经济转型亟须解决的重要问题之一。根据世界银行和其他研究人员的计算，中国 1980 年的基尼系数为 0.32，2001 年则达到了 0.45。中国已经转变为一个收入差距很大的国家，有关经济指标甚至与拉美和非洲国家相当。收入分配差距过大对社会公正提出了挑战，导致社会冲突增加，并影响到未来经济社会的可持续发展①。IPCC 在第四次评估报告中指出，贫困、不公平、粮食安全、经济全球化、区域冲突等其他方面的压力加剧了气候变化的脆弱性。气候变化对不同地区和人群的影响差异较大，一般来说，贫困人口和生态脆弱地区的人口，尤其是女性和儿童受气候变化影响更大。贫困人口通常享受到的教育和卫生等基本社会服务水平低，基础设施落后，且条件差，应对气候变化的能力较差，因此，在面临气候变化风险时更为脆弱。一旦气候变化的影响超过了

① 王小鲁、樊纲：《中国收入差距的走势和影响因素分析》，《经济研究》2005 年第 10 期，第 24 页。

社会弱势群体自我恢复的阈值，这些人就可能陷入“低人类发展陷阱”。目前中国发展不平衡的问题十分突出，气候变化使社会弱势群体面临更大的风险，因此在进行气候政策设计时，需要考虑对社会弱势群体的保护。

减排政策的选择与设计对社会福利影响较大。我国政府在“十一五”规划中首次设定了节能减排目标，并通过行政命令手段强力推进，部分地区为完成任务，采取强制性的拉闸限电措施，切断供暖和生活用电，使得人民群众的正常生活受到了严重的影响。减排行政措施的经济社会成本较高，严重损害了社会福利。欧盟排放交易系统对企业免费发放碳配额，但能源供应企业一方面提高了能源价格转嫁成本，另一方面通过出售配额获得额外暴利（windfall profit），导致居民生活成本提高，从而引发了社会分配问题。由此可见，强制性的行政减排，以及市场减排机制设计不当，都会使社会弱势群体受到较大影响。当前国内提出的碳税方案仅关注碳税对宏观经济的影响，忽视了减排对居民生活与社会分配的影响，也没有从社会福利原则角度设计减排政策，例如，将维护社会弱势群体的利益、保护个体发展机会纳入减排政策的目标。选择何种减排政策、管制范围如何界定、碳收益如何使用、补偿机制如何设计，都是生活用能减排政策需要解决的重要问题。

从我国能源研究文献来看，关于工业用能的研究比较充分，而有关生活用能的研究非常匮乏。从发达国家能源发展的历程来看，随着社会经济发展，生活用能在能源消费中的比重不断上升，相应的，生产用能的比重不断下降，建立合理的管制政策是削减家庭消费碳排放的重要途径。当前，中国人民的生活水平正在大幅提高，与发达国家相比，人均生活用能消费仍处于较低水平，未来仍有较大的增长空间和发展潜力。因此，未来家庭消费模式的演变将对我国能源需求与碳排放产生重要影响。为了控制能源消费和 CO_2 排放，减排政策设计需要按照社会福利最大化原则，推动社会公平正义的实现。

第二章　研究概念界定、基本框架与研究方法

第一节　基本概念界定

一　能源与生活用能

目前国内外对能源的定义多达20种，主要有《科学技术百科全书》："能源是可以获得热、光和动力等能量的资源。"《大英百科全书》："能源是一个包括所有燃料、流水、阳光和风的术语，人类用适当的转换手段便可让它为自己提供所需能量。"《日本大百科全书》："在各种生产活动中，我们利用热能、机械能、光能、电能等来做功，可利用来作为这些能量源泉的自然界中的各种载体，被称为能源。"中国《能源百科全书》："能源是可以直接或经转换提供人类所需光、热、动力等任意一种形式能量的载能体资源。"综上，能源是自然界中为人类提供某种形式能量的物质资源。能源分为一次能源和二次能源，一次能源即天然能源，指在自然界现成存在的能源，如煤炭、石油、天然气、水能等；二次能源指由一次能源加工转换而成的能源产品，如电力、煤气、蒸汽及各种石油制品等。一次能源又可分为可再生能源（水能、风能及生物质能）和非可再生能源（煤炭、石油、天然气、油页岩等）。

国外学者普遍从家庭能源需求的角度，将生活用能界定为直接能源需求和间接能源需求。直接能源需求包括电力、天然气、热力、汽油等，间接能源需求为生产非能源产品和服务所需要的能源。国内学者对生活用能的界定通常指居民在炊事、热水、照明、室温调节等生活起居方面的直接能源消费，不包括交通能耗。部门分析法（工业、交通、商业、住宅部

门）仅反映以住宅为载体的家庭排放，没有包括住宅以外的家庭相关活动的碳排放，因此，部门碳排放分析法不能全面反映家庭用能需求，大城市小汽车能耗虽然是家庭用能的重要部分，但由于缺乏数据而难以准确计算。国外界定的间接用能的计算方法需要大量的微观数据，从数据可获得性及中国生活能源消费特征出发，本书生活用能包括两部分：一是直接的生活用能；二是家庭消费间接导致的能源消费。更进一步，直接生活用能可分为住宅用能（建筑运行能耗）和交通用能，主要包括住宅炊事、热水、照明、室温调节、家用电器等生活能耗，以及私人交通出行所消耗的能源，能源消费载体主要有电力、热力、天然气和汽油①。本书第五、第六章重点研究家庭消费用能（即间接用能）及其低碳化的途径和政策，第七、第八、第九章针对直接生活用能进行减排政策的设计。

二　直接与间接排放

家庭生活用能直接碳排放是指为了获得能源服务，例如，室内供暖、热水、照明、家用电器、炊事和汽车燃料等，家庭购买和消费的能源载体（煤炭、石油、天然气和电），使用后所产生的碳排放。间接碳排放是指某种商品在生产过程中或服务在被消费之前即发生的能源消费所导致的碳排放。直接碳排放计算较为简便，按照 IPCC 公布的各种燃料的碳排放系数，即可计算出各类生活用能的直接碳排放。而间接能源需求及能源碳排放的计算则复杂得多，在方法论上仍存在争议，且需要大量数据支持。本书第五、第六章重点考察家庭消费的间接排放，第七、第八、第九章重点考察消费的直接排放。

三　消费与低碳消费

消费是家庭做出的一系列选择和行动，包括选择、购买、使用、维护、修理及废弃物处置等，它不仅仅是个体消费行为，也是社会行为。消费行为至少包括四个层面：首先是个体和家庭层面，这是消费行为的问题；其次，消费涉及社会层面，个体行为会受到社会规范和社会文化的影响和制约，同时也会影响社会规范的形成；再次，消费与经济联系紧密，一

① 刘长松：《北京市家庭生活用能消费的基本格局与政策取向》，《北京社会科学》2011 年第 5 期，第 41 页。

方面消费是经济发展的动力，另一方面消费还受到经济发展水平与生产条件的制约；最后，消费对生态环境与气候系统产生重要影响。影响家庭消费的宏观因素主要有：①经济因素，经济增速会影响消费需求的增长；②技术因素，包括能源和水供应技术、废弃物管理与处置等；③人口因素，主要包括人口结构、家庭规模和构成等；④社会文化，主要是节俭的文化对消费具有影响。

迄今为止，国内外对低碳消费尚无统一的界定。从国外实践来看，低碳消费与绿色消费、可持续消费、生态消费等概念较为接近。20 世纪 70 年代以来，为解决工业文明造成的资源环境与生态危机，人们先后提出了“绿色消费”“可持续消费”“生态消费”“低碳消费”等相关理念。1992 年在里约热内卢召开的联合国环境与发展大会就认识到了消费导致的环境问题，大会通过的文件《21 世纪议程》明确将全球环境持续恶化的根源归于不可持续的生产与消费模式。1994 年，奥斯陆会议首次提出可持续消费与生产（SCP）的定义。2002 年，可持续发展问题世界首脑会议（WSSD）通过了《约翰内斯堡协议》，号召全球行动起来并拟定十年方案框架，支持各国家和地区加快向可持续消费与生产模式转变的步伐①。这些有关消费的概念均涉及环境保护、资源节约、人与自然和谐相处等问题，它们的提出背景、侧重点及理论形态均有所不同：绿色消费主要关注化学农药的广泛使用对生态环境和人类健康造成的威胁，而对消费行为及其过程本身是否符合生态环境要求缺乏关注；可持续消费、生态消费考虑了人类行为对生态环境造成的影响，从经济、社会与生态系统可持续发展角度对人类消费行为进行反思；与这些概念相比，低碳消费的指向更明确，从碳排放的角度来解决消费的不可持续问题，不仅关注产品层面，也考虑消费行为与过程，对消费具有更强的约束作用。结合我国国情，本书将低碳消费的范围和内涵界定如下。

第一，本书所述低碳消费的范围是指生活消费。一般认为，消费可分为广义消费（包括生产消费和生活消费）和狭义消费（仅指生活消费）。国内的低碳政策在生产领域已经较为成熟，而对生活消费领域鲜有涉及，因此，本研究将低碳消费界定为生活消费。按照国家统计局的定义，居民

① UNEP, “Global Outlook on Sustainable Consumption and Production Policies: Taking action together”, 2012.

生活消费包括食品、衣着、家庭设备用品及服务、医疗保健、交通和通信、教育文化娱乐服务、居住及杂项商品与服务八大类，相应的，低碳消费要求上述各类消费实现低碳化。

第二，低碳消费是一个相对的概念，并不存在统一、绝对的判定标准。低碳消费是消费低碳化的渐进过程，低碳消费实现程度的高低与经济社会所处的发展阶段、社会消费文化和生活方式、技术水平等因素有关，推进低碳消费是一个不断深化、逐步改进的过程。各地消费差异较大，因时、因地而异，因此并不存在统一、绝对的低碳标准。

第三，低碳消费与提高生活品质并行不悖。与国外相比，我国居民生活水平还有较大的提升空间，不能把低碳消费与提高生活质量对立起来，低碳消费不是以牺牲或降低居民消费质量为代价的，而是促进文明消费、合理消费的有效抓手。保障人民的基本消费需求和提高我国居民的生活水平是当前我国全面建设小康社会的重要内容。应在满足居民生活质量提升需求的基础上，通过长期不懈的努力，引导消费结构进行合理调整，努力削减高碳消费，逐步过渡到低碳消费，最终实现生活质量提升和碳排放的同步下降。

第四，低碳消费强调全生命周期的低碳化。从全生命周期来看，低碳消费并非只针对消费过程而言，生产的低碳化以及后续处理的低碳化同样重要。低碳消费强调整个生命周期内的低碳化，如果一件低碳消费品在生产过程中排放大量的 CO_2，尽管消费过程的碳排放较低，但从全生命周期角度来看，消费过程的减碳效果已经被生产过程的高碳排放所抵消，那么这也是不可取的；同样，如果对废弃物的后续处理是非低碳化的，那也会影响到低碳消费的实现。因此，低碳消费应包括消费品生产、使用过程以及废弃物后续处理的低碳化。

第五，低碳消费不仅涉及生活方式，也涉及经济、社会、环境、发展等诸多方面。它不是简单的节能减排，而是强调发展与减排的有机统一。低碳消费作为以低碳为导向的生活方式，要求消费者在消费过程中坚持低碳的理念，践行科学、文明、健康的消费方式。它不局限于消费者的自我满足，更强调通过低碳消费获得更高层次的消费体验及更大的经济、社会、环境效益，追求他人与社会环境的共同满足与和谐发展。低碳消费将当代人的需求与后代人的需求有机统一起来，使人类消费行为与消费结构更具可持续性。

第六，由于消费造成的碳排放压力持续增加，家庭可以通过减少能源与水消费、减少废弃物的产生、选择不同的交通方式来减少家庭碳足迹，进而改变当前不可持续的消费模式。家庭消费模式是影响能源消费和碳排放量的重要因素，通过评估发现家庭部门具有较大的减排潜力，但这些潜力的实现需要强有力的政策支撑（见表2－1）。

表2－1　低碳消费的主要领域

消费领域	驱动因素	减排策略
能源和水	人均住房面积增加,空调、电视机、冰箱、洗衣机、微波炉、洗碗机等家用电器日益普及,为追求更舒适的居住环境,集中供热和空调使用大幅增加,导致能源需求大幅上升。人口增加推动水资源消耗量持续增加	改变家庭消费行为和模式,提高住宅和电器的能效水平
交通	交通需求主要来自生活方式的变化,未来的发展趋势是更多的休闲和旅游。私家车保有量仍高速增长,小汽车使用强度提升,航空出行高速增长	尽量采用公共交通出行,减少小汽车的使用
食物	家庭消费更多的肉类、蔬菜、进口的有机食品等,深加工产品的消费比例日益提高	降低食品生产环节碳排放,选择环境影响小的产品服务
废弃物	家庭过度消费导致垃圾和废物产生量不断提升	家庭可以减少消费量,加大对废弃物的回收利用

四　福利与社会福利函数

英国经济学家庇古将福利分为广义福利和狭义福利。广义福利即社会福利，狭义福利即经济福利，经济学的研究对象是可以用货币计量的经济福利。人们追求最大程度的满足，个人的福利来自物的效用，效用可以通过单位商品的价格计算出来，因此个人的经济福利也是可计算的。而庇古提出，货币对于不同收入人群的效用大小不同，一元钱对于低收入人群的效用要大于高收入人群，所以国民收入的分配对经济福利影响很大。增加个人的实际收入，可以提高其福利水平；通过社会再分配手段将高收入人群的货币收入转移给低收入人群，可以提高社会福利[①]。

伯格森（Bergson）和萨缪尔森（Samuelson）在20世纪30～40年代提出社会福利函数（Social Welfare Function）理论，用来评估资源配置状态是否达到社会福利最大化。当满足帕累托最优条件的状态不是唯一时，

① 罗肇鸿、王怀宁主编《资本主义大辞典》，人民出版社，1995，第58页。

就需要运用社会福利函数对多个状态做出比较。伯格森和萨缪尔森以一定的价值判断为基础，并考虑到收入分配问题，来建立社会福利函数，将社会福利表示为社会每个成员效用水平的函数，即 $W = W(u_1, u_2, \cdots, u_n)$。由于单个成员的效用水平受到其购买的商品量、提供的要素量等变量的影响，因此，社会福利函数实际上取决于这些变量。而个人的消费、投入等又取决于收入分配与个人偏好，所以，社会福利函数最终只能从所有社会成员的偏好次序中推导出来①。

第二节 研究视角

一 家庭消费的系统分析

家庭消费对自然环境产生直接或间接的影响，消费行为是制定低碳消费政策需要考虑的关键因素，通常认为消费源于家庭的商品和服务需求。尽管单个家庭对环境的影响并不大，但所有家庭加总起来，就会对环境与生态系统产生显著影响，从而引发环境污染和气候变化等问题。家庭部门的能源需求主要包括两部分：一是直接用能，即生活用能；二是家庭消费导致的间接用能。相应的，家庭部门的低碳化问题，要从家庭消费和生活用能两个方面探讨节能降碳的主要途径和政策体系。第一，家庭消费的低碳化，重点在于探索其实现途径和政策工具；第二，生活用能的低碳化，需要明确生活用能消费格局及其政策含义，按照社会福利最大化和气候公平的理念研究提出生活用能减排政策的目标定位、政策工具选择，注重保护社会弱势群体的发展权益。

家庭消费模式转变受一系列因素的影响，包括人均收入的提高、人口年龄结构以及生活方式等，这些因素是家庭消费模式发生变革的重要推动力。随着收入水平的提高，消费的产品和服务更多，同时消费层次和消费结构也不断变化：消费更多的包装和深加工食品，家庭拥有更多的家用电器和私家车，服务、休闲、娱乐的需求大幅增加等。家庭消费造成的环境和碳排放压力持续增加，并且引发严重的空气污染、气候变化等问题。此外，技术、制度和基础设施也对家庭消费行为产生较大的影响，它们是家

---

① 宋则行编《现代西方经济学辞典》，辽宁人民出版社，1995，第158~160页。

庭消费的前提条件，通常扩大或限制可供消费者选择的产品，运用相应的政策工具可以对家庭消费产生显著影响。

从发达国家的发展历史来看，未来 20 年我国家庭消费、能源需求和废弃物产生量仍将保持高速增长。为改变不可持续的家庭消费模式，需要减少能源与水资源消耗，减少废弃物排放，从政策层面重视家庭消费，并对家庭能源、水和废弃物等方面的削减工作给予充分的政策支持，这是实现可持续发展的重要途径①。

二 碳排放的社会福利分析

能源作为基本生活必需品，是人类生存与发展的基本条件，合理的开发与利用对提高社会福利具有重要意义。目前广泛存在的能源贫困以及较大的能源消费差距，以及采取的温室气体减排措施，都会进一步恶化低收入家庭的生存条件，从而限制低收入家庭的发展权利。尤其是针对生活用能及碳排放采取管制措施、选择不同的政策会导致不同的社会福利影响。生活用能管制范围与手段的选择，定价方式采用单一定价还是阶梯定价，碳税针对厂商还是家庭直接征收，都对生活用能消费格局产生非常重要的影响，进而产生迥异的社会福利含义。

碳排放的社会福利分析不仅关注减排政策的成本有效性，还要评价减排政策对社会分配的影响，评估减排政策对社会不同群体福利的影响，通过政策比较与选择，最终得出符合社会福利最大化原则的减排政策。

三 关注减排政策的气候公平

我国著名环境法学家蔡守秋教授提出，可持续发展具有公平属性，失去公平性也就不可能实现可持续发展②。温室气体排放关系到每个人的发展权利，每个人的碳排放权益都应该受到保护。考虑家庭生活用能与碳排放的基本格局，需要将气候公平作为政策设计应当遵循的原则。气候公平能使每个个体的发展潜能得到充分发挥，个体利用资源环境的权利得到保障。以个人权益为基础讨论公平问题，公平原则的目标是改善和提高社会成员个体的福利水平。个体基本权利的公平应独立于经济或其他问题。无

---

① OECD, "Towards Sustainable Household Consumption? Trends and Policies in OECD Countries", 2002.

② 蔡守秋：《论可持续发展对我国法制建设的影响》，《法学评论》1997 年第 1 期，第 7 页。

论发达国家还是发展中国家，社会公平的首要目标都是保障所有人享有最基本的衣、食、住、行、健康、教育等权利，即人人应享有基本的生存条件。这部分权利不受市场因素的影响，也不应受其他因素的干扰[①]。从气候公平来看，减排政策的设计需要注意三个问题：第一，气候变化的影响不同，不同人群的气候脆弱性不同，政策设计应该考虑不同人群应对气候风险的能力存在差异；第二，减排政策与碳排放资源的分配。在气候变化的背景下，碳排放资源成为稀缺资源，并具有市场价值。这种基本物品的分配与社会福利关系紧密相关，分配不合理不仅会产生社会公平问题，也不利于可持续发展。第三，减排政策的成本与收益分布是否合理，谁受益，谁受损，需要相应的配套政策加以解决。

当前，中国正在讨论的碳税方案[②][③]，对碳税的税收归属、减排成本在不同人群之间如何分担、是否符合气候公平等问题都鲜有涉及。能源价格上涨，与高收入家庭相比，低收入家庭能源支出占家庭总收入的比重更大，因此，他们受能源价格上升的影响更大。同时，由于低收入人群无力购买低碳产品和技术，也缺乏资金对住宅进行节能改造，他们难以通过选择替代能源及提高家庭能效来避免能源成本上涨带来的影响。碳税（碳交易）是碳排放定价的主要政策，如果设计不当，其累退性的分配效应会使社会弱势群体受到较大的负面影响，从而进一步恶化现有的收入分配格局。从经济学角度看，要实现气候公平，需要在实现社会福利最大化的前提下，合理分配各社会群体所承担的减排成本和减排收益，对因减排而利益受损的群体进行合理补偿。

四　保障社会弱势群体的碳权益

生活用能是人类生存与发展的基本物品，不仅具有商品属性，也具有权益属性，获得满足基本需求的生活用能是人权的重要内容，应该得到优先保障，不应该因为减排而受到限制。2009 年《哥本哈根协议》（*Copenhagen Accord*）[④] 提出全球气温升幅应限制在 2 摄氏度以内，为实现

① 陈迎、潘家华：《温室气体排放中的公平问题》，中国社会科学院可持续发展研究中心工作论文，2002，第 3 页。

② 王金南等：《应对气候变化的中国碳税政策研究》，《中国环境科学》2009 年第 1 期。

③ 苏明等：《我国开征碳税问题研究》，《经济研究参考》2009 年第 72 期。

④ *Copenhagen Accord*，http：//unfccc. int/meetings/copenhagen_ dec_ 2009/items/5262. php.

温度控制目标，可以向大气层中排放的温室气体数量是有限的，这表明在应对气候变化的背景下，碳排放权益已成为一种新的稀缺资源、发展资源。这种资源具有权利特征，保护每个人的碳权益就是保护每个人的发展权利，需要政府通过界定权利的办法来确保每个人都获得公平的发展机会，同时这种发展资源又具有市场属性，低收入人群的人均碳排放水平要低于高收入人群，在保障基本生活需求的前提下，碳权益可以通过市场进行交易，相对于其他不可交易的权利而言，碳交易可以为社会弱势群体带来一定的收入。但是社会弱势群体的权利意识薄弱，且缺乏有效的参与渠道，所以，从提高社会福利的角度看，减排政策的设计，需要加大对社会弱势群体碳权益的保护力度。

第三节　研究目标与主要内容

本书的研究目标：研究提出家庭部门低碳化的主要途径和政策体系。其主要分为两个方面：一是家庭消费低碳化方面，评估我国居民消费碳排放的现状与发展趋势，总结归纳国外推行低碳消费的好的政策和实践经验，结合我国的基本国情，研究提出我国低碳消费的主要思路和政策框架；二是生活用能的低碳发展，按照社会福利最大化和气候公平的原则对减排政策进行选择与设计，消除减排政策对社会分配的不利影响，推动建立科学合理的生活用能政策体系，优化生活用能消费格局，使得生活用能的基本需求得到充分保障，奢侈浪费得到有效遏制，社会福利得到有效提升。

本书的主要研究内容如下。

第一，生活用能碳排放的基本属性及社会福利分析。生活用能政策的设计取决于对生活用能以及碳排放基本属性的认识。生活用能基本属性包括外部性、权利属性及公共物品属性等，其多重属性决定了减排政策需要通过政策实行多目标，简单的碳定价政策不足以保护每个人的发展权益，还需要通过减排政策的选择与配套政策的运用以有效提升社会福利水平，有效保障生活用能的基本需求。

第二，中国的居民消费与碳排放峰值。在借鉴发达国家居民消费碳排放峰值的主要驱动因素的基础上，研究了我国居民消费碳排放的现状、特征和发展趋势，并对中国居民消费碳排放峰值进行了预测。结果表明，中国居民消费碳排放峰值可能在 2035 ~2040 年达到。

第三，国内推行低碳消费的主要途径。低碳消费不仅是家庭和消费者的个人行为和选择，基础设施建设和产品是否低碳以及公共政策也是影响消费碳排放的重要因素。通过总结国外推进低碳消费的主要途径和好的做法，结合我国的基本国情及未来消费的发展趋势，研究提出推动低碳消费发展的思路和政策框架。

第四，主要生活用能减排政策及社会福利影响分析。从减排效果、政策成本分摊与社会公平等方面对主要生活用能减排政策的社会福利影响进行分析评估，得出了家庭减排面临市场失灵、行为失灵与社会公平等难题，需要通过政策组合来解决。减排政策的选择与设计要兼顾有效性（effective）、有效率（efficiency）和公平性（equity）等目标，还要考虑不同类型生活用能的需求价格弹性与消费格局差异较大的问题。

第五，不同收入家庭生活用能碳排放基本格局的案例研究。通过对北京城市家庭生活用能进行调查，结合统计数据以及经验研究数据，明确生活用能碳排放的基本格局，对生活用能消费差距进行量化分析，结合北京市生活用能案例研究，提出生活用能消费以及碳排放格局的政策含义。

第六，福利最大化生活用能减排政策选择。要在可持续发展的框架下考虑减排问题，按照社会福利最大化和气候公平的理念提出了生活用能减排政策的目标定位、政策工具选择，注重保护社会弱势群体的发展权益。福利最大化的减排政策要求实现减排成本的公平分担。

第四节　研究框架与研究方法

本书的研究思路框架见图 2 -1。

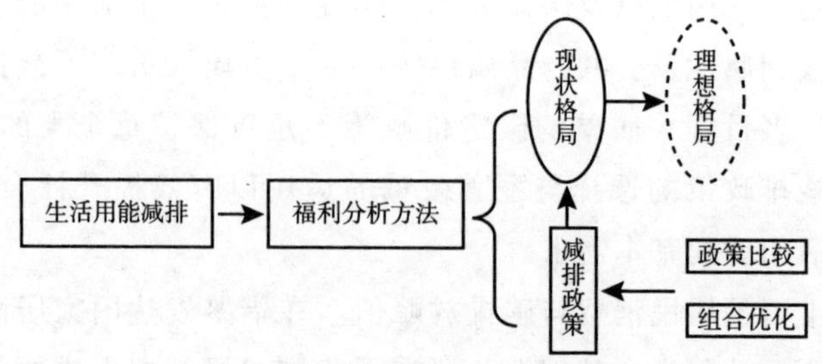

图 2 -1　本书的研究思路框架

（1）理论分析法。通过对福利分析、生活用能、低碳消费的基本概念与属性等文献进行界定和对比，为政策分析与选择设定起点。通过文献研读和理论研究，构建生活用能、低碳消费、减排政策与社会福利的分析框架。

（2）比较分析法。针对生活用能碳排放的管制方法不同，价格、税收、交易、补贴、标准等对社会不同人群产生的影响不同，导致不同的社会福利结果。通过综合比较政策效果、政策成本和减排成本，选择最优的减排政策。

（3）案例研究与问卷调查。为明确低碳消费的推进途径和政策工具，我们选择主要发达国家进行案例研究；为掌握不同收入家庭的生活用能状况，我们通过选择典型代表家庭，对各项家庭生活用能进行问卷调查，掌握第一手资料。同时，通过调研还可以发现居民对生活用能相关政策的偏好。

（4）计量经济模型。鉴于当前缺乏生活用能能耗数据，借鉴经验研究的结论，运用计量经济模型将生活用能与家庭消费、收入等关键性指标建立关联，然后对不同收入家庭的能源消费进行预估，并可以将其与生活用能的调查数据进行比照。

第三章　相关文献回顾与评论

第一节　生活用能与家庭碳排放的范围界定

对于生活用能的范围，国内外学者有不同的界定。国外学者将家庭能源需求普遍界定为直接需求和间接需求。直接能源需求包括电力、天然气、热力、汽油等，间接能源需求为生产非能源产品和服务所需要的能源。相应的，家庭碳排放就分为直接排放和间接排放①。通常运用家庭碳排放足迹（household carbon footprint）模型来计算家庭碳足迹②。

国内学者对家庭碳排放的界定主要有两种方法：第一种是借鉴国外的方法，国内学者王琴、魏一鸣等将家庭碳排放分为直接排放与间接排放，并计算生活用能碳排放量③④⑤；第二种是从家庭居住耗能的角度来界定生活用能，如彭希哲等将居民生活用能界定为居民在炊事、热水、照明、室温调节等生活起居方面的直接能源消费，不包括交通用能⑥。

---

① Bin, S., Dowlatabadi, H., "Consumer lifestyle approach to US energy use and the related CO_2 emissions", *Energy Policy* 33 (2005), pp. 197 – 208.

② Kenny, T., Gray, N. F., "Comparative performance of six carbon footprint models for use in Ireland", *Environmental Impact Assessment Review* 29 (2009), pp. 1 – 6.

③ 王琴、曲建升、曾静：《生存碳排放评估方法与指标体系研究》，《开发研究》2010 年第 1 期，第 17 ~ 21 页。

④ Wei, Y. M., Liu, L. C., Fan, Y., Wu, G., "The impact of lifestyle on energy use and CO_2 emission: An empirical analysis of China's residents", *Energy Policy* 35 (2007), pp. 247 – 257.

⑤ Feng, Z. H., Zou, L. L., Wei, Y. M., "The impact of household consumption on energy use and CO_2 emissions in China", *Energy* 36 (2011), pp. 656 – 670.

⑥ 彭希哲等：《1980 ~ 2007 年中国居民生活用能碳排放测算与分析》，《安全与环境学报》2010 年 4 月，第 72 ~ 76 页。

第一种方法虽然在形式上非常完美，较全面地考虑了家庭生活用能产生的碳排放，事实上，这种方法不仅在实际中操作困难，在方法论上也存在缺陷。对于间接用能的界定，存在较大争议，最关键的问题是难以划定消费碳排放的时间与空间边界[①][②]。也有学者运用投入产出表来估算间接碳排放，但仍存在方法论难题。中国投入产出表每5年公布一次，由于生活用能与家庭消费结构变化较快，有5年时滞的历史数据并不能反映当前生活用能的发展现状。因此，利用投入产出表估算家庭间接碳排放存在难以解决的方法论上的缺陷。从数据可得性来说，目前中国还没有公开的家庭能源消费数据，所以计算家庭碳排放存在困难。此外，从发展中国家能源消费结构的特点来看，家庭能源消费主要是直接能源消耗，因此，研究直接碳排放较为适宜[③]。

生活用能的第二种界定方法仅包括居住用能，不包括住宅以外的家庭相关活动的碳排放，这种界定方法不能全面反映个体消费者和家庭活动对能源消费和环境产生的影响[④]。大城市私人小汽车迅速增加，汽油消费增长较快，不包括交通用能显然不能全面反映家庭能源消费的碳足迹，UNDP的报告也指出交通用能在生活用能中所占的比例迅速增加[⑤]。

因此，本书在第二种生活用能界定的基础上，考虑私人交通产生的碳排放，将家庭碳排放界定为建筑用能（residential building）和个人交通出行（personal transport）碳排放。建筑用能是指建筑运行用能，包括采暖、空调、生活热水、炊事、照明、家电等的能源消耗[⑥]；个人交通出行碳排放即交通能耗。

---

① Wiedmann, T. O., Minx, J., "A definition of 'carbon footprint'", in C. C. Pertsova, eds., *Ecological Economics Research Trends* (New York: Nova Science, 2008), p. 18.

② Wallace, A., "Reducing Carbon Emissions by Households: The Effects of Footprinting and Personal Allowances", Submitted in partial fulfilment of the requirements for the degree of Doctor of Philosophy Institute of Energy and Sustainable Development, De Montfort University, Leicester, May 2009, p. 12.

③ Lenzen, M., Wier, M., Cohen, C., Hayami, H., Pachauri, S., Schaeffer, R., "A comparative multivariate analysis of household energy requirements in Australia, Brazil, Denmark, India and Japan", *Energy* 31 (2006), pp. 181 - 207.

④ 杨选梅、葛幼松、曾红鹰：《基于个体消费行为的家庭碳排放研究》，《中国人口·资源与环境》2010第5期，第35~40页。

⑤ 联合国开发计划署驻华代表处、中国人民大学：《2009/10中国人类发展报告——迈向低碳经济和社会的可持续未来》，中国对外翻译出版公司，2010，第41页。

⑥ 江亿等：《建筑能耗统计方法探讨》，《中国能源》2006年第10期，第7~10页。

第二节　影响生活用能碳排放的因素

澳大利亚国立大学 Jane Golley 所做的文献调研结果显示，研究中国城市生活用能的文献非常匮乏，仅检索到两篇研究中国生活用能的英文论文①。

一　家庭微观因素

20 世纪 70 年代发生的能源危机引发了对家庭用能的大量研究，这些研究并不局限于直接能源消费，还包括家庭购买产品和服务的碳足迹，研究结果表明家庭收入或支出是影响生活用能最重要的因素。Vringer 和 Blok 计算了荷兰家庭直接和间接能源需求，结果显示，家庭开支和能源需求之间存在密切关系，能源需求的收入弹性是 0.63②。Peters 提出家庭支出是碳足迹增加的主要因素，碳足迹和支出之间的弹性一般在 0.6 和 1.0 之间，高收入家庭的消费转移到高附加值的商品和服务上。Pachauri 使用印度微观家庭调查数据发现，家庭经济、人口、地理、家庭和住宅特征是影响家庭能源需求的重要因素，不同家庭能源需求模式的巨大差异在于消费支出类别不同。经济计量得出的结果显示，家庭总支出或收入水平是造成整个家庭能源需求差异最重要的解释变量③。

从跨国比较来看，不同国家家庭能源需求量的差异，主要由家庭总支出的差异导致，间接能源需求与家庭总支出呈线性关系。Reindersa、Vringerb 和 Blok 对欧盟 11 个成员国的家庭平均能源需求进行评估，结果显示各个国家直接能源在能源总需求中的比例从 34% 到 64% 不等，这种差别没有考虑气候差异④。Manfred Lenzen 等通过对家庭支出和能源需求的弹性进行跨国比较，结果表明每个国家的能源消费都有其自身的特点，资源禀赋、社会文化规范、生活方式和市场情况、历史事件以及能源和环境规制

① Golley, J.:《中国城市家庭能源需求与二氧化碳排放》，载宋立刚、胡永泰主编《经济增长、环境与气候变迁：中国的政策选择》，社会科学文献出版社，2009，第 287 页。

② Kees, V., Blok, K., "The direct and indirect energy requirements of households in the Netherlands", *Energy Policy* 23 (1995), pp. 893 - 910.

③ Pachauri, S., "An analysis of cross-sectional variations in total household energy requirements in India using micro survey data", *Energy Policy* 32 (2004), pp. 1723 - 1735.

④ Reindersa, A. H. M. E. K., Blok, V. K., "The direct and indirect energy requirement of households in the European Union", *Energy Policy* 31 (2003), pp. 139 - 153.

政策都是重要的影响因素[①]。

家电普及率、能效水平及能源价格也是影响家庭能源需求的重要因素。Rosas 等对墨西哥家庭，Kenny 和 Gra 对爱尔兰家庭，Boonekamp 对荷兰家庭进行了研究，并得出了类似的研究结果[②③④]。家庭生活方式的调查研究结果表明，生活方式的扩张是推动家庭 CO_2 排放的重要因素，并且非经济因素的推动作用不可忽视。Druckman 和 Jackson 对英国不同收入阶层的碳足迹调查结果显示，最高碳排放家庭比最低碳排放家庭的排放高 64%；2004 年娱乐休闲的 CO_2 排放量占典型家庭排放量的 1/4[⑤]。Chitnis 和 Hunt 比较了经济因素（收入和价格）和非经济因素对家庭能源消费和碳排放的影响，提出为实现 2020 年交通 CO_2 排放相对于 1990 年下降 29%（或 40%）的减排目标，政策制定者除了通过税收来限制能源消费外，也要考虑改变生活方式和消费行为的政策措施[⑥]。此外，家庭的住宅属性、使用权、家庭的组成和类型及地理位置（农村还是城市）、家庭规模等也是影响家庭能源需求的重要因素[⑦⑧⑨]。

---

① Lenzen, M., Wier, M., Cohen, C., Hayami, H., Pachauri, S., Schaeffer, R., "A comparative multivariate analysis of household energy requirements in Australia, Brazil, Denmark, India and Japan", *Energy* 31 (2006), pp. 181 - 207.

② Rosas, J., Sheinbaum, C., Morillon, D., "The structure of household energy consumption and related CO_2 emissions by income group in Mexico", *Energy for Sustainable Development* 14 (2010), pp. 127 - 133.

③ Kenny, T., Gray, N. F., "A preliminary survey of household and personal carbon dioxide emissions in Ireland", *Environmental International* 35 (2009), pp. 259 - 272.

④ Boonekamp, Piet, G. M., "Price elasticities, policy measures and actual developments in household energy consumption—A bottom up analysis for the Netherlands", *Energy Economics* 29 (2007), pp. 133 - 157.

⑤ Druckman, A., "The carbon footprint of UK households 1990 - 2004: A socio-economically disaggregated, quasi-multi-regional input-output model", *Ecological Economics* 68 (2009), pp. 2066 - 2077.

⑥ Chitnis, M., Hunt, L. C., "What drives the change in UK household energy expenditure and associated CO_2 emissions, economic or non-economic factors?", *RESOLVE Working Paper* 2009, pp. 08 - 09.

⑦ Druckman, A., Jackson, T., "Household energy consumption in the UK: A highly geographically and socio-economically disaggregated model", *Energy Policy* 36 (2008), pp. 3177 - 3192.

⑧ Pachauri, S., "An analysis of cross-sectional variations in total household energy requirements in India using micro survey data", *Energy Policy* 32 (2004), pp. 1723 - 1735.

⑨ O'Neill, B. C., Belinda, S., Chen, S., "Demographic Determinants of Household Energy Use in the United States", *Population and Development Review* 28 (2002), pp. 53 - 88.

二 宏观影响因素

人口规模与结构、能源结构、消费水平是影响生活用能碳排放的重要因素。Ehrlich 提出了 IPAT 模型，后由 York 改造成 STIRPAT 模型，该模型现已成为碳排放分解的常用工具之一[①②]。彭希哲等认为，现阶段我国居民消费水平与人口结构变化已超过人口规模变化对碳排放的影响力，居民消费水平与消费模式等因素的变化有可能成为我国碳排放新的增长点，且生活用能结构仍有较大的优化和提升空间[③④⑤]。牛叔文等的研究结果证实了 1980 年以后，消费水平提高是影响资源环境的主导因素，人口规模是居民消费碳排放的主要影响因子[⑥⑦]。Pachauri 将能源需求增长的主要驱动力分解为：①人均消费支出的增长；②人口；③食品和农业部门能源强度的增加[⑧]。

人口变化对碳排放的影响尚未得到足够重视，发展中国家正在经历的人口转型对能源消费和碳排放路径的影响重大。当前针对能源需求与温室气体减排的研究，对人口变量影响的处理基本限定在考虑人口规模的变化上。美国居住和交通能源消费说明了人口变量的重要性，特别是家庭规模对能源消费的影响。考虑到未来人口年龄结构变化，生活方式、家庭规模

---

① Ehrlich, P. R., Holdren, J. P., "Impact of Population Growth", *Science* 171 (1971), pp. 1212 - 1217.

② York, R., Rosa, E. A., Dietz, T., "STIRPAT, IPAT and IMPACT: analytic tools for unpacking the driving forces of environmental impact", *Ecological Economics* 46 (2003), pp. 351 - 365.

③ 彭希哲等:《家庭模式对碳排放影响的宏观实证分析》,《中国人口科学》2009 年第 5 期，第 68 ~ 78 页。

④ 彭希哲等:《人口与消费对碳排放影响的分析模型与实证》,《中国人口·资源与环境》2010 年第 2 期，第 98 ~ 102 页。

⑤ 彭希哲等:《1980 ~ 2007 年中国居民生活用能碳排放测算与分析》,《安全与环境学报》2010 年 4 月，第 72 ~ 76 页。

⑥ 牛叔文等:《人口数量与消费水平对资源环境的影响研究》,《中国人口科学》2009 年第 2 期，第 66 ~ 73 页。

⑦ 王文秀:《上海市居民消费对碳排放的影响研究》，合肥工业大学硕士学位论文，2010，第 37 页。

⑧ Pachauri, S., Spreng, D., "Direct and indirect energy requirements of households in India", *Energy Policy* 30 (2002), pp. 511 - 523.

和城市化将是重要的研究领域①②③。经验研究表明，家庭特征，如家庭规模和年龄结构，是影响家庭能源消费的关键因素（Schipper，1996），且美国家庭构成的变化对全国能源需求产生深远的影响，一些研究在预测能源需求时虽然考虑了家庭特征，但处理方式较为简单。家庭结构的特征并没有引入能源—经济分析模型，该模型是进行长期 CO_2 排放预测及气候政策分析最常用的工具。通过模型比较发现老龄化对美国能源消费与碳排放有较大影响④。

发展中国家人口规模、年龄结构，城市化等因素变化较大，这是进行减排政策设计时需要考虑的重要因素。对于中国来说，城市化和老龄化对碳排放影响非常大（O'Neill et al.，2010）。政府的能源规制与碳排放政策也是影响生活用能需求结构的重要因素。一般来说，低收入群体对能源价格比较敏感，通常选择成本较低的能源；高收入群体更愿意采用清洁、高效的高品质能源。政府对清洁能源、可再生能源的补贴有利于加快能源结构的转变⑤。由于政府尚未对小汽车排放进行管制，小汽车使用者没有支付社会成本，这导致小汽车过度使用⑥⑦。

第三节 生活用能碳排放基本格局

随着气候变化的兴起，国家之间、地区或群体之间资源使用和消费的不平等问题受到研究人员的广泛关注。已有文献针对资源、能源消费的分

---

① Dalton，M.，O'Neill，B..，Prskawetz，A.，Jiang，L. W.，Pitkin，J.，"Population aging and future carbon emissions in the United States"，*Energy Economics* 30（2008），pp. 642 - 675.

② O'Neill，B. C.，Dalton，M.，Fuchs，R.，Jiang，L.，Pachauri，S.，Zigova，K.，"Global demographic trends and futurecarbon emissions"，*Proceedings of the National Academy of Sciences* 107（2010），pp. 17521 - 17526.

③ O'Neill，B. C.，Belinda，S.，Chen，S.，"Demographic Determinants of Household Energy Use in the United States"，*Population and Development Review* 28（2002），pp. 53 - 88.

④ Dalton，M.，O'Neill，B. C.，Prskawetz，A.，Jiang，L. W.，Pitkin，J.，"Population aging and future carbon emissions in the United States"，*Energy Economics* 30（2008），pp. 642 - 675.

⑤ 焦有梅、白慧仁、蔡飞：《山西城乡居民生活节能潜力与途径分析》，《山西能源与节能》2009 年第 2 期，第 72 ~ 75 页。

⑥ 齐彤岩等：《北京市小汽车社会与个人支付成本比较分析》，《公路交通科技》2008 第 5 期，第 154 ~ 158 页。

⑦ Pearce，D.，"The social cost of carbon and its policy implications"，*Oxford Review Economic Policy* 3（2003），pp. 362 - 384.

配公平性进行了评价。Papathanasopoulou 等对英国不同社会群体的能源消费格局进行了研究，数据显示能源消费差距超过了收入分配的差距[①]。Saboohi 研究了爱尔兰城市和农村之间能源消费的不平等[②]。生活用能消费的差异在跨国比较中更为突出。针对挪威、美国、萨尔瓦多、泰国和肯尼亚五个国家生活用能消费格局的研究显示，发达国家生活用能消费差距较小，而发展中国家的生活用能差距较大。家庭生活用能消费差距不平等的程度与消费结构有关[③]。气候变化将加剧未来社会分配的不平等，取消补贴将对低收入家庭产生重大影响[④⑤⑥⑦]。

关于资源环境的公平性问题，通常使用基尼系数来计算资源分配的不公平程度，但对资源环境公平利用的政策缺乏系统分析。与国外学者相比，国内学者更多关注宏观、区域间的资源能源分配状况，例如，已有学者计算了区域间资源环境分配基尼系数[⑧⑨]。

不同社会群体的消费模式差异，决定了社会弱势群体更容易受到能源价格与碳排放规制的不利影响。Poyera 等调查发现，拉美裔和非拉美裔在燃料能源消费和支出模式上存在显著差异，这种差异应该得到能源研究的重视。对于拉美裔的能源需求，不能用经济和非经济因素来解释。以往针对不同群体家庭生活用能的研究主要集中在不同类型燃料消费的差异上，这种差异会影响补偿性的能源政策，如针对低收入家庭的能源补助计划，以及公用事业公司生活用能定价机制，还影响针对低收入家庭的转移支付

---

① Papathanasopoulou, E., Tim, J., "Measuring fossil resource inequality—A longitudinal case study for the UK: 1968 - 2000", *Ecological Economics* 68 (2009), pp. 1213 - 1225.

② Saboohi, Y., "An evaluation of the impact of reducing energy subsidies on living expenses of households", *Energy Policy* 29 (2001), pp. 245 - 252.

③ 武翠芳等:《环境公平研究进展综述》,《地球科学进展》2009 年第 11 期，第 1268 ~ 1274 页。

④ Fernandeza, F. E., Sainib, R. P., Devadas, V., "Relative inequality in energy resource consumption: A case of Kanvashram village, PauriGarhwal district, Uttranchall (India)", *Renewable Energy* 30 (2005), pp. 763 - 772.

⑤ Padilla, E., Serrano, A., "In equality in CO_2 emissions across countries and its relationship with income inequality: A distributive approach", *Energy Policy* 34 (2006), pp. 1762 - 1772.

⑥ Kenny, T., Gray, N. F., "A preliminary survey of household and personal carbon dioxide emissions in Ireland", *Environmental International* 35 (2009), pp. 259 - 272.

⑦ Druckman, A., Jackson, T., "Measuring resource inequalities: The concepts and methodology for an area-based Gini coefficient", *Ecological Economics* 65 (2008), pp. 242 - 252.

⑧ 王金南等:《基于 GDP 的中国资源环境基尼系数分析》,《中国环境科学》2006 年第 1 期，第 111 ~ 115 页。

⑨ 张音波等:《广东省城市资源环境基尼系数》,《生态学报》2008 年第 2 期，第 728 ~ 734 页。

计划①。租房户更容易受到能源价格上涨的影响。Katrin Rehdanz 通过调查德国 12000 多户在 1998～2003 年的能源消费信息得出，面对能源价格上涨，租房者比房主更容易受到影响，原因在于业主可以安装高效节能供暖和热水供应系统，而房东则缺乏激励去改善出租房屋的能效。针对委托代理问题，设计新的能源政策将有助于租房家庭提高能源效率和减少温室气体的排放②。

高收入人群人均 CO_2 排放量显著高于中低收入人群。墨西哥不同收入阶层的能源消费与 CO_2 排放量差异显著，家电拥有率的差异是其主要影响因素，此外，电器能效的高低也是其重要影响因素③。针对西班牙家庭消费模式对碳排放影响的研究结果表明，CO_2 排放与家庭收入水平呈正相关，高收入意味着高消费，从而导致较高的人均 CO_2 排放，家庭消费模式和储蓄率对 CO_2 排放也有较大的影响④。

第四节 生活用能政策选择

一 生活节能政府管制

能源危机是能源消费管制的重要推动力。20 世纪七八十年代，高能耗部门（如电力工业、交通、取暖）是政策管制的重点对象。20 世纪 90 年代以来，世界各国逐渐注意到家庭在削减长期能源需求中的重要性。社会公众对能源认识的转变导致了管制目标的变化。第一次能源危机中，石油价格的上涨是能源政策关注的重点；第二次能源危机导致多种能源价格上涨，能源政策着力于替代能源的推广和能源效率的提高。公众对气候变化

① Poyer, D. A., Henderson, L., Teotia, A. P. S., "Residential energy consumption across different population groups: comparative analysis for Latino and non-Latino households in USA", *Energy Economics* 19 (1997), pp. 445 – 463.

② Rehdanz, K., "Determinants of residential space heating expenditures in Germany", *Energy Economics* 29 (2007), pp. 167 – 182.

③ Rosas, J., Sheinbaum, C., Morillon, D., "The structure of household energy consumption and related CO_2 emissions by income group in Mexico", *Energy for Sustainable Development* 14 (2010), pp. 127 – 133.

④ Duarte, R., Mainara, A., Sánchez-Chóliz, J., "The impact of household consumption patterns on emissions in Spain", *Energy Economics* 32 (2010), pp. 176 – 185.

的担忧，尤其是对化石能源燃烧所产生的温室气体排放的担忧，促使能源管制转向了 CO_2 减排（Schipper et al.，1996）。

发达国家的经验表明，家庭能源需求不会自动下降，这需要政府的规制。荷兰家庭 1948～1996 年能源强度的变化趋势表明，消费模式不会自动去物质化①。对澳大利亚、巴西、丹麦、印度和日本等国的家庭能源需求进行跨国比较，发现能源消费需求随着家庭支出的增加而增加，并没有出现拐点。

建筑能耗是政府管制的重点领域，严格的建筑标准能够有效降低家庭住宅取暖能耗。欧盟在通过规定建筑物能耗标准来管制建筑物能耗方面取得了巨大的成功，一些北欧国家已经实施了严格的建筑标准、税收和补贴等各种工具，成功减少了采暖能源消耗。平均来说，欧洲新建住宅比 20 世纪 70 年代第一次石油危机以前的住宅能效要高 60%，比 1985 年建成的住房的能耗低 28%。最明显的改善是在 1990 年后，几个欧盟成员国引入更严格的管制措施和更高的能效标准，大大降低了住房能耗。因此，在 2002 年建成的住房比在 1990 年建成的住房的能耗低 24%。例如，德国在 1977～1984 年对保温条例（TIO）进行了三次修订，减少了新建住宅的取暖需求；美国佛罗里达州的建筑标准也有效降低了空调耗电和取暖天然气消耗。对建筑物进行能源审计是确定其对能源消费及环境影响的重要手段②③。

在现有的能源及建筑技术条件下，建筑节能的潜力巨大，但建筑节能面临一些阻碍因素，需要立即采取不同层次的行动。

二 生活用能消费行为干预

生活用能消费行为干预是从社会学和心理学的角度对能源消费问题进行干预，通过对消费行为的干预实现减排。按照行为干预方式可以分为事前干预、事后干预和社会影响技术三个方面。事前干预就是提供低碳消费

---

① Kees, V., Blok, K., "Long-term trends in direct and indirect household energy intensities: a factor in dematerialization", *Energy Policy* 28 (2000), pp. 713－727.

② Balarasa, C. A., Gagliaa, A. G., Georgopouloub, E., Mirasgedisb, S., Sarafidisb, Y., Lalasb, D. P., "European residential buildings and empirical assessment of the Hellenic building stock, energy consumption, emissions and potential energy savings", *Building and Environment* 42 (2007), pp. 1298－1314.

③ Grant, D. J., Matthew, J. K., "Are Building Codes Effective at Saving Energy? Evidence from Residential Billing Data in Florida", *The National Bureau of Economic Research working paper* (No. 16194), 2010.

建议和相关信息，开展能源消费审计，提供个性化的信息和建议；事后干预包括对低碳消费结果进行反馈，对低碳消费行为进行激励；社会影响技术则是调查社会团体和消费者参与减排的积极性①。

现行的能源政策主要集中于产业领域，针对居民能源消费行为的引导政策缺失。因此，通过政策组合引导人们走向低碳生活方式显得尤为迫切②。生活用能行为干预的减排成本较低，可以较低的成本改变家庭的日常生活用能行为，甚至是以负成本快速、有效地降低 CO_2 排放。麦肯锡公司针对家庭部门的能效项目，发现可以较低的成本减少电力需求、降低排放，例如，改善新建筑物的隔热性能③④。

三　家庭能效政策

能效政策已成为英国政府能源节约与温室气体减排的重要手段，英国的能效政策非常重视家庭节能。2003 年《能源白皮书》提出实现能源政策目标的最廉价、最清洁和最安全的手段是节能和提高能效。英国 2020 年减排目标的实现，一半要依靠提高能效。2004 年 4 月，英国政府公布了《能源效率：政府行动计划》，旨在进一步提高能效⑤。为改善居民家庭能效，英国对社会福利房进行节能改造安居工程；修订建筑物法规，从 2006 年 4 月起，采用新的措施以提高新建筑的能效标准。政府拨款实施可持续社区能源计划，主要措施为鼓励发展热电联产，提倡回收利用废热。在居民家庭安装按时间计算费用的计量仪表，将能源消耗情况反馈给消费者以促进家庭采取提高能效的措施。

美国根据 2009 年《经济恢复计划》提出建立一个更强有力的家庭能效改造市场。美国政府的能效计划强调要提高建筑物的能效、汽车能效和电器能效。《美国复苏与再投资法》为提高家庭建筑能效投入了大量资金。

---

① 徐国伟：《低碳消费行为研究综述》，《北京师范大学学报》（社会科学版）2010 年第 5 期，第 135～140 页。

② 冯周卓、袁宝龙：《城市生活方式低碳化的困境与政策引领》，《上海城市管理》2010 年第 3 期，第 4～8 页。

③ Dietza, T., "Household actions can provide a behavioral wedge to rapidly reduce U. S. carbon emissions", *Proceedings of the National Academy of Sciences* 106 (2009), pp. 18452 – 18456.

④ Enkvist, P. A., Nauclér, T., Rosander, J.:《温室气体减排的成本曲线》，《麦肯锡季刊》2007 年第 3 期。

⑤ 吕文斌：《英国能源利用、气候变化及提高能效的政策及启示》，《节能与环保》2007 年第 10 期，第 12～15 页。

根据该法案，美国政府将为美国家庭用于提高能效的资金投入提供高达30%的税收减免。美国能源部启动了一项名为“强化改造”（Retrofit Ramp - Up）的创新运动，支持一次性对社区进行整体改建。该运动将简化住宅改建流程，帮助美国家庭进行住房改建，降低改建成本。该计划的另一目标是使能源效率成为一个公认准则，美国政府对商业和家用电器实施了更严格的能效标准。

家庭能效政策的核心是技术政策，其减排效果受一系列因素的制约。第一，能效政策的反弹效应。中国家庭能源效率长期以来忽视反弹效应，估计目前家庭能效至少存在30%的反弹效应①。第二，家庭能源技术选择面临市场失灵、委托—代理问题和信息不完善。在家庭层面鼓励采用新技术时，直接管制的效果好于基于市场的手段，如碳限额和贸易计划或排放税，以提供信息为基础的“能源之星”计划对于推广高能效产品非常有效，另外，能源效率标准、经济激励措施对节能家电的推广应用影响不大②。第三，生活方式和消费模式是影响节能的重要因素。虽然提高技术是实现减排的重要手段，但生活方式、社会文化因素对能源消费也具有重要影响③。第四，家庭能效政策本身也存在“政策失灵”。政府为实现环境目标，通过对污染最严重的能源产品征税以减少消费。通常情况下，政府部门的征税不仅改变了征税物品的消费量，也改变了相近替代品的消费。政策的效果不仅取决于物品间的替代程度，也取决于征税物品的价格弹性及管制对预算的影响④。

四 家庭部门碳定价政策

碳税和排放权交易是最主要的两种市场减排手段。芬兰在1990年

---

① Ouyang, J. L. , Wang, Z. Y. , “How to reduce the rebound effect in the household sector of China for the national energy demand and energy security”, International Conference on Computer Distributed Control and Intelligent Environmental Monitoring, Changsha, Hunan, China, February, 2011, pp. 2110 - 2113.

② Li, J. , “Modeling household energy consumption and adoption of energy-efficient technology using recent micro-data”, Dissertation submitted to the Faculty of the Graduate School of the University of Maryland, College Park, Doctor of Philosophy, 2011, p. 118.

③ Anable, J. , Brand, C. , Tran, M. , Eyre, N. , “Modelling transport energy demand: A socio-technical approach”, *Energy Policy* 41 (2012), pp. 125 - 138.

④ Halvorsen, B. , Larsen, B. M. , Nesbakken, R. , “Is there a win-win situation in household energy policy?”, *Environment Resource Economics* 45 (2010), pp. 445 - 457.

最早开征碳税，丹麦、荷兰、挪威、意大利、瑞典等国家也征收碳税。瑞典对家庭燃料以及个人交通工具燃料征收全额碳税，而出于国际竞争力的考虑对工业用电减免征收。加拿大不列颠哥伦比亚省（加拿大 BC 省）自 2008 年 7 月起对汽油、柴油、天然气、煤、石油以及家庭暖气用燃料等征收碳税。

欧盟排放权交易体系（EU - ETS）的管制对象主要是大型排放企业，家庭并没有被纳入其中，但碳交易推高了生活用能价格，进而影响到居民的福利水平，垄断企业可以从出售碳配额中获得“额外暴利”（windfall profit），从而引发社会分配问题，未来欧盟排放权交易体系需要对碳排放配额的分配方式做出改革，以保护社会弱势群体的福利。

碳税和排放权交易这两种减排手段，分别具有各自的优点与缺点，理论上两者的效果是一样的，但在不确定条件下，碳税比排放权交易更能提供明确的碳价格信号，实施起来更为简便。

五 公共财政支持家庭减排

减排具有“外部性”，市场无法自动解决，需要政府发挥积极作用。欧盟及其成员国政府都运用公共财政支持节能，公共财政支持节能都具有明确的领域、受益对象和原则。公共财政支持节能的主要领域包括：采取政府补贴、税收优惠、贷款优惠或对贷款提供担保、特别折旧制度；节能管理与财税支持，通过能效标准与经济手段促进节能技术扩散；节能宣传教育，通过改变消费者的用能行为来实现节能①。

公共财政以能效产品补贴帮助社会弱势群体。采取减排政策后，低收入家庭所承担成本占家庭收入的比例远高于高收入家庭，能源价格上涨使得低收入家庭面临更大的脆弱性。如果没有相应的政策来缓解成本上涨对低收入家庭带来的影响，就会使更多的家庭陷入贫困②。加利福尼亚州运用公共财政帮助低收入家庭进行节能改造，为符合条件的家庭免费

---

① 窦义粟、于丽英：《国外节能政策比较及对中国的借鉴》，《节能与环保》2007 年第 1 期，第 26 ~ 29 页。

② Testimony of Chad Stone, Chief Economist, Center on Budget and Policy Priorities, “Hearing on the costs and benefits for energy consumers and energy prices associated with the allocation of greenhouse gas emission allowances senate committee on energy and natural resources”, October 21, 2009, pp. 1 - 15.

安装防寒保暖和节能设施，已取得了较好的节能效果[①]。日本岩手县政府为促进消费者购买节能家电，运用财政支持来补贴购买高能效产品和设备的行为[②]。

六　减排政策的选择

政府间气候变化专门委员会在第四次评估报告（AR4）中对减排政策做了对比：规制和标准可以确保实现某种确定性的减排目标。当有信息和其他障碍妨碍生产商和消费者对价格信号做出响应时，这些规制与标准比其他行政干预手段更有效，但规制并不必然导致创新和技术进步。一些公司、地方和区域政府部门、非政府组织和民间团体开展的自愿行动，对实现国家或地区的减排目标的作用十分有限。减排政策的实施面临许多障碍，在各个国家和行业的表现均有所不同，可能的障碍包括资金、技术、体制、信息和行为[③]。

政策选择需要考虑多目标与政策组合问题。生态经济学提出政策设计的三个基本目标，即可持续规模、公平分配和有效配置。政策设计的原则为：①独立的政策目标需要有独立的政策手段；②政策工具的选择应该为政策调整预留一定的缓冲空间；③政策必须从历史给定的初始状态出发；④政策必须适应变化的条件[④]。政策的选择需要考虑政策的效果、成本效益分析、政治可行性以及政策的分配效应。仅从任何一个方面进行评估，都难以得出正确的结果，例如，运用成本效益分析方法，成本和效益的边界很难准确界定，如何考虑监管成本、政策的执行成本以及对监管部门之外的影响，这些边界难以确定，所以政策选择也存在一定的难度。通过比较消除外部性和市场失灵以及技术研发的相关政策发现：第一，没有任何单一的工具明显优于其他政策选择，即使按照单一标准排序也需要考虑政策背

---

① Gaffney, K., Coito, F., "Estimating the energy savings potential available from California's low income population", Energy Program Evaluation Conference, Chicago, 2007, pp. 285－295.

② Ashina, S., Nakata, T., "Energy-efficiency strategy for CO_2 emissions in a residential sector in Japan", *Applied Energy* 85 (2008), pp. 101－114.

③ Metz, B., Davidson, O. R., Bosch, P. R., Dave, R., Meyer, L. A., *IPCC, Climate change 2007: mitigation of climate change* (New York: Cambridge University Press, 2007), p. 389.

④ Daly, H. E., Farley, J., *Ecological economics: principles and applications* (Washington: Island Press, 2004), p. 441.

景；第二，政策选择面临权衡问题，为确保一个公平合理的程度，或确保政治上的可行性，往往需要牺牲一定的成本收益；第三，工具组合的效果远优于单一工具；第四，许多问题涉及多个市场，需要采取不同的政策组合；第五，环境政策工具与其他监管政策的相互作用需要得到考虑①。

在成本和收益确定的情况下，价格型工具和数量型工具是等效的，但如果成本和收益不确定，价格工具和数量工具的政策效果差异就很大②。气候变化政策面临巨大的不确定性，气候变化中的成本和损失结构为价格型方法提供了强有力的前提条件③④⑤。为解决碳交易价格不稳定的问题，澳大利亚国立大学的 McKibbin 教授提出了混合性工具，增加碳排放配额的供应弹性，并为碳排放价格设定上限，以此来减少配额价格的变化，尤其是减少配额价格过高对经济造成的危害⑥。

第五节 文献评述与小结

一 国内对生活用能减排政策的研究比较缺乏

碳排放格局的变化凸显了家庭部门对于实现减排目标的重要性。家庭对温室气体排放总量具有重要的影响，因此在设计气候政策与减少温室气体排放时，必须重视家庭的作用。发达国家城市居民生活排放已经占城市排放量的 40% 左右，如果不对消费排放采取行动，未来全球的减排目标将难以实现。发展中国家的城市居民生活碳排放水平还较低，据估计占城市排放量的 20% 左右，但其随着生活水平的提高将迅速增长。

---

① Goulder, L. H., Ian, W. H. P., "Instrument choice in environmental policy", *Review of Environmental Economics and Policy* 2 (2008), pp. 152 – 174.

② Weitzman, M., "Prices vs. Quantities", *Review of Economic Studies* 64 (1974), pp. 477 – 491.

③ Nordhaus, W. D., *A question of balance weighing the options on global warming policies* (New Haven: Yale University Press), p. 20.

④ Nordhaus, W., "Life after Kyoto: alternative approaches to global warming policies", *The National Bureau of Economic Research working paper* (No. 11889), 2005.

⑤ Stern, N., "The economics of climate change", *American Economic Review* 98 (2008), pp. 2 – 37.

⑥ McKibbin, W., Wilcoxen, P., "The role of economics in climate change policy", *Journal of Economic Persepctives* 16 (2002), pp. 107 – 130.

面向生产领域的减排政策无法解决生活用能碳排放问题。耶鲁大学工业生态学杂志（*Journal of Industrial Ecology*）于2010年1月推出了《可持续消费与生产》的特刊，Arnold Tukker等在社论中提出，经过去10年来的研究，关于消费行为对环境影响的认识已很充分，但在推动可持续消费生活方式、促进可持续消费行为、形成可持续的消费和生产体系等方面，仍需进一步努力①。从政策设计来看，产业减排是各国减排计划的重点，对于生产侧的减排已设计出完善的政策体系，但对消费侧碳排放的重视仍不够②。

与国外相比，中国的生活用能研究与政策实践均存在较大差距。国外已经将生活用能纳入能源政策以及减排政策管制范围之内，针对生活用能节能与减排形成了较为完善的政策体系。国内对生活用能的研究仅处于起步阶段，研究主要集中在生活用能碳排放的计算与归因分析上，而对家庭部门的低碳化和减排政策缺乏研究。当前国内将碳排放问题视为“外部性”问题，主张引入碳税或碳交易，而没有认识到生活用能与碳排放的社会福利含义。如果不考虑减排政策对社会弱势群体的影响，不考虑碳权益的分配，就会扩大现有的社会不平等，碳排放的不公平将成为新的社会问题，社会弱势群体将会遭受“多重剥夺”。

二　国内减排政策的研究对收入分配与社会福利考虑不足

国内对减排政策的评估主要考察其减排效果与政策的可操作性，关注减排对宏观经济的影响，忽视了政策对不同家庭和收入分配的影响，缺乏碳权益的保护措施。能源与气候变化政策影响到社会分配问题，政策选择对社会福利影响较大，减排成本在不同群体之间的分摊、减排对象选择企业还是消费者，都会对社会公平产生不同的影响。

低收入人群受气候变化的影响较大，甚至有可能使已经取得的发展成果逆转，减排会提高能源生产成本，能源价格上涨和气候变化带来的极端气候事件会进一步恶化社会弱势群体的发展环境。国外非常关注社会弱势群体的利益，通过能源救助体系和减排政策的选择来确保社会弱势群体基

① Tukker, A., Cohen, M. J., Hubacek, K., Mont, O., “Special issue: sustainable consumption and production”, *Journal of Industrial Ecology* 14 (2010), pp. 1 - 3.

② Fawcett, T., Parag, Y., “An introduction to personal carbon trading”, *Climate Policy* 10 (2010), pp. 329 - 338.

本的生活用能需求得以满足。当前国内减排政策没有考虑对不同收入人群的影响，以及碳排放的权益属性，对低收入人群的保护不足[①]。

三　当前减排政策的设计没有考虑生活用能的消费格局

当前的减排政策仅注重实现碳排放的减排目标，而忽视了个体责任的差别。从家庭生活用能的消费格局来看，低收入人群和高收入人群的碳排放差距非常明显。碳排放问题的根源在于少数人的过度消费，高收入人群占全球人口的 17.7%，而其碳排放量占全部排放量的 75%，因此富人应该转变消费方式。减排政策应该改变这种不合理的消费格局。

国内已经出现学者研究资源消费格局的文献，考察了不同收入人群的生活用能与碳排放差异，但尚未针对此问题讨论减排政策的选择。无论是进行生活用能能耗标准管制、消费者行为干预，制定能效政策、碳定价政策，还是实施公共财政支持等政策，均没有评估这些政策可能对生活用能消费格局所产生的影响，如何保障生活用能基本需求、有效遏制奢侈浪费也未能在减排政策的设计中得到体现。

---

① 国家统计局宏观经济分析课题组：《低收入群体保护：一个值得关注的现实问题》，《统计研究》2002 年第 12 期，第 3 ~9 页。

第四章　生活用能碳排放的社会福利分析框架

碳排放的基本属性包括外部性、公共物品属性、公共资源属性、权利属性和发展权益属性。其中，碳排放的外部性与发展权益属性是分析其社会福利含义的关键，外部性特征说明需要对碳排放进行管制，发展权益属性涉及分配问题，碳排放的管制影响社会各群体的利益，权益属性意味着人人享有平等的权利，政府需要建立权利保护机制，保障基本生活需求得以满足。当前碳排放的基本格局分布不合理，按照消费碳排放的边际福利递减规律，减排政策的制定需要将满足基本需求放在首位，并抑制奢侈浪费，这不仅有利于实现减排目标，也有利于实现社会福利最大化。

第一节　碳排放的基本属性

一　外部性属性

温室气体具有显著的负“外部性”（externalities）特征，排放者没有为碳排放支付成本，导致温室气体排放量超过社会所需的最优水平。温室气体排放具有一种特殊的外部性，其主要包括以下四个关键特征：①在起源和影响上，它是全球性的；②某些影响非常长远，并且受流量—存量进程的支配；③在科学链条的大部分环节上都存在大量的不确定性；④潜在的影响非常大，且许多影响是不可逆的①。这些关键的外部性特征使得温

① Stern, N., “The economics of climate change”, *American Economic Review* 98 (2008), pp. 2-37.

室气体排放与交通拥堵或者局部性污染等问题相比，解决起来更为复杂。经济学提出的解决方案就是通过政府干预来纠正市场失灵，将碳排放外部成本内部化[①]。

二　公共物品属性

大气具有全球公共物品的属性，具有消费的非排他性和非竞争性。如果不加以管理，将会出现“公地悲剧”，使人类的生存环境遭遇难以逆转的严重破坏。温室气体主要来自人类活动，尤其是大量化石燃料的燃烧，在全球能源系统仍以化石能源为主的情况下，温室气体排放是人类社会发展难以避免的“副产品”。为了减轻全球气候变化对人类发展产生的不利影响，需要提供不同类型的公共物品。第一，必须削减全球温室气体排放（相对于“照常情形”而言）。全球任何国家的削减都是一种公共物品，因为温室气体在世界范围内均等地扩散。减少排放还要求一些联合措施，例如，能源节约、燃料替代、转向可再生能源以及对燃烧化石燃料的发电厂所排放的废气进行碳捕获和封存。第二，积极研发可大范围地解决所有这些问题的技术。第三，实施新的工业过程，从大气中直接去除 CO_2，比如植树、防止森林砍伐、给海洋施肥等。第四，考虑减少照射地球的太阳辐射量，以抵消大气中温室气体浓度上升的效应，比如通过气候工程的方式。第五，积极适应气候变化，通过改善物种、耕作方式以及增高堤坝等来适应已经变化的气候，这更多是由地方政府提供的公共物品[②]。

三　公共资源属性

各经济主体将清洁纯净的空气视为公共财产，免费取用，必然导致过度的碳排放。从实现气候安全的角度来看，为保护全球气候系统，无限制地向大气层中排放温室气体的行为需要受到限制，相应的，排放温室气体的权利就成为一种稀缺资源。《联合国气候变化框架公约》和《京都议定书》首次在全球层面建立了控制碳排放的法律框架，并且碳排放权的经济属性也通过碳交易的措施得以体现。因此，碳排放权利的初始分配及其交易就会对收

① 〔英〕尼古拉斯·斯特恩：《地球安全愿景：治理气候变化，创造繁荣进步新时代》，武锡申译，社会科学文献出版社，2011，第 13 页。

② Barrett, S., “Proposal for a new climate change treaty system”, *The Economists' Voice* 4 (2007), p. 6.

入分配产生影响。国内针对碳排放的管制政策也必然涉及碳排放权这种公共资源在不同人群之间的分配，共有资源的属性要求人人享有平等的使用权利，在限制碳排放的同时，需要维护每个人平等利用资源的权利。

四 权利属性

从权利属性来看，碳排放涵盖发展权、人权与资源权利三个维度。发展权源于国际社会的认知，1986 年 12 月，第 41 届联合国大会通过了《发展权利宣言》，明确规定发展权是一项不可剥夺的人权。每个人和所有各国人民均有权参与，促进并享受经济、社会、文化和政治发展。世界各国发展经验表明，生活品质的改善需要一定量的碳排放空间来支撑，如果碳排放权利受到剥夺，通常意味着处于贫困与欠发达状态，基本生活难以维持，个人的发展权利受到限制或者剥夺。联合国人权理事会提出，人权与气候变化问题密切相关，并于 2009 年 3 月 28 日通过“人权与气候变化”的决议，认为气候变化直接或间接影响人权的有效履行，碳排放涉及人的生存权利，人类要生存必然需要衣、食、住、行等基本条件，这些基本产品和服务的消费必然会排放一定量的温室气体。碳排放关系到人的基本生存问题，具有明确的权利属性，与人的生存权和选举权一样，都要受到法律的保护，并要求得到平等分配以及权利保护。因此，为保证人人能够享有基本生活所需的排放权，建立社会保障机制是发达国家的普遍做法。第一，保障基本需求碳排放。对于弱势群体的基本生活权利，发达国家都建立了比较完善的法律体系予以保障，以确保弱势群体与其他成员一样享有相应的平等权利。第二，补偿因减排利益受损的群体。气候变化对不同人群的影响不同，通常低收入群体受到的影响更大，应对气候变化加重了低收入家庭的负担，因此，很多国家都在气候变化政策中对社会弱势群体进行补偿，以获得社会公众对减排政策的支持。

五 发展权益属性

有学者提出将碳排放权作为发展权益，明确碳权益，必须区分生活用能不同层次的碳排放需求①②，并将个体的碳排放需求划分为三个层次：基

① 权益是指公民受法律保护的权利和利益，依法享有的不容侵犯的权利，应保护公民的合法权益。

② 潘家华、郑艳：《碳排放与发展权益》，《世界环境》2008 年第 4 期，第 59 页。

本生活需求、公共服务需求与奢侈消费需求[①]。其中，基本生活需求与奢侈消费需求的区分比较明显，可以从数量上进行界定；而公共服务需求，则是政府为提供公共服务所需要的碳排放，其排放水平受政府部门工作效率、公共服务能力，以及其他影响政府能耗因素水平的影响。政府公共服务水平能够很大程度上影响部分家庭消费的碳排放强度（如公共交通、垃圾回收等），从家庭碳排放来看，该部分排放可以视为既定的社会经济约束，个人对碳排放的需求包括公共服务的碳排放，但以个人消费为主。按照本书对生活用能的界定，随着收入水平的提升，家庭成员追求高品质的生活，而居住用能和私人交通出行需求随之增加，这属于发展性需求。因此，本书将碳排放需求划分为三个层次：基本生活需求、发展性需求以及奢侈消费需求。相应的，按照社会经济发展水平以及社会规范，也可以将生活用能的消费水平划分为三档：基本需求，其用途是维持人类的基本生存，具有社会保障的特征，应该优先得到满足；发展性需求，其可以通过不同的用能方式来满足，可以给予其一定的弹性空间，为低碳发展创造条件；奢侈消费需求，则不属于碳权益保障的内容，应通过市场交易机制来满足，高收入家庭应该为高碳排放支付社会成本。

低发展水平和高发展水平国家碳排放需求比较见表 4－1。

表 4－1　低发展水平和高发展水平国家碳排放需求比较

发展权益类别	内容	高发展水平国家	低发展水平国家	碳排放需求评估
基本生存	衣、食、住(住房面积、家用电器、空调、供热)	已基本满足	尚有较大差距	仍将有较大的需求增长空间,主要用于低发展水平国家改善国民生存条件
生活质量	医疗卫生、教育文化、期望寿命等	已处于较高水平	仍处于相对低下水平	直接排放需求较低,可忽略不计
经济与制度结构	合理的劳动就业结构、社会保障、政治与民事权益	已基本建立并趋于完善	传统农业部门的制度惯性,阻碍合理经济制度结构的建立	低发展水平国家需要工业化、城市化来大量吸收和转化传统的、低效的农业劳动力,必然导致大量的碳排放

① Pan, J. H., "Emissions rights and their transferability: equity concerns over climate change mitigation", *International Environmental Agreements: Politics, Law and Economic* 3 (2003), pp. 1－16.

续表

发展权益类别	内容	高发展水平国家	低发展水平国家	碳排放需求评估
社会分摊成本	邮电、交通、通信、道路、防洪抗旱设施、自来水和排污设施、污染治理设施等	体系相对完善，主要为维护和折旧投入	体系尚未建立或尚在建，主要为建设投入	对体系维护的碳排放需求较低；但体系建立的碳排放需求巨大
环境保护	污染治理、碳排放强度等	污染得到基本控制，碳排放强度较低	污染仍在蔓延，碳排放强度较高	高发展水平国家的碳排放强度可望进一步降低；低发展水平国家的碳排放强度需要经过一个从增加到降低的过程

资料来源：潘家华：《人文发展分析的概念构架与经验数据——以对碳排放空间的需求为例》，《中国社会科学》2002 年第 6 期，第 24 页。

从国外发展历程来看，碳排放的需求与人文发展水平密切相关。各国人均碳排放都经过一个低收入、低排放到高收入、高排放，再到高收入、低排放的发展过程。对于低收入家庭来说，他们要实现较高的人文发展水平，需要一定的碳排放空间，但发展并不意味着碳排放空间需求会无限增加。随着经济、社会与技术的不断进步，碳排放所需要的空间会保持稳定，甚至会出现下降①。

综上，基于对碳排放属性的不同认识，政策选择会有所不同。如果将碳排放视为外部性，通过外部性定价就可以解决；如果将碳排放视为公共物品，那就是公共物品提供的问题，具体通过有效率的实现途径就可以解决；如果将碳排放视为权利或发展权益，则涉及每个人生存和发展的问题，发展权益既不同于外部性问题，也不同于公共物品问题，对于政府来说就需要考虑分配问题。

第二节　福利的基本概念与社会福利函数

一　福利分析的基本概念

1920 年，福利经济学创始人庇古首次对福利（welfare）做出界定：

① 潘家华：《人文发展分析的概念构架与经验数据——以对碳排放空间的需求为例》，《中国社会科学》2002 年第 6 期，第 24 页。

一个人的福利寓于他自己的满足之中，这种满足既可以由对财物的占有而产生，也可以由知识、情感、欲望等而产生。庇古认为经济学应该进行与经济生活有关的研究，并提出了能够以货币计量的社会福利，称之为经济福利（economic welfare）。全社会的经济福利用国民收入来表示，社会福利是个人福利的加总。随着福利经济学的发展，福利概念得到进一步的拓展。罗尔斯强调基本物品（primary goods）的分配是社会福利的决定因素[①]。森提出由于人的异质性，社会福利评价应该是多元的，只有将社会福利从收入、效用或“基本物品”的领域扩充到更全面、更包容的领域，才能避免忽视那些仅从单纯的收入、效用或基本物品的视角所遗弃的生活指标，才能更好地理解人类的平等及其生存状况，从而实现真实意义上的社会公正。2012 年，英国皇家学会对福利进行了最新界定，提出福利与人们的消费、经济财富以及环境的影响相关，但不局限于此，福利具有主观和客观要素，它取决于满足感以及为满足基本需求所需要的基本物质条件。尽管对福利的认识取决于当地社会风俗以及个人因素，但一般认为，福利具有五个方面的核心内容，并且每方面都应该达到最低的满足水平，具体包括：①取得足够的物质资源对人类的生存至关重要；②健康普遍反映了一个人生命的长度与质量；③关于选择和行动的自由；④资源的获得、使用，以及人身、财产的安全；⑤良好的社会关系[②]。

传统的福利界定局限在效用范围内，福利经济学的最新进展表明福利应该包括更广泛的评价基础，人的权利（entitlement）和能力（capacity）的提高也是社会福利提高的重要内容。从社会福利最大化的角度来看，仅考虑收入分配远远不够，消费分配和个人权利保护同样重要。一切与个人发展有关的资源，都会对社会福利产生重要影响，包括教育、医疗、就业、居住、交通、社会保护等，基本的生存物质（如干净的水、清洁的空气、生活用能等）都是决定社会福利的重要因素。因此，对生活用能政策仅仅进行成本—效益分析并不能保证社会福利实现最大化，考虑到相关政

---

① 〔印〕阿玛蒂亚·森所著《论经济不平等：不平等之再考察》，第 24 页将 primary goods 翻译为基本善，本书认为译为基本物品更为恰当，因为罗尔斯要说明基本物品的分配平等是公平的重要因素，而基本善则不具有可分性。

② The Royal Society，“People and the planet：the royal society science policy centre report”，2012，p. 85.

策对生活用能消费格局的影响，对生活用能的不同类型需求进行合理化管控十分重要。

二　社会福利函数及其政策含义

社会福利函数（social welfare function）：社会福利取决于所有个人的福利。一般的，假设社会中共有 n 人，社会福利函数 W 可以记作：

$$W = f(U_1, U_2, \cdots, U_n) \tag{4-1}$$

进一步假定，社会中共有 A、B 两个人，社会福利函数可写成：

$$W = f(U_A, U_B) \tag{4-2}$$

布坎南（1959）指出社会福利函数是对价值标准的明确解释，它考虑社会集团内每个人的相对重要性，并对社会状态进行排序，从中选取最有价值的社会状态。社会福利函数具有以下性质：①在保持其他人福利不变的情况下任何一个人福利的增加，将会导致社会福利的增加（帕累托准则）；②在社会福利水平不变的情况下，要提高一个人的福利，另一个人的福利就会降低；③如果某个个体有很高的效用，而另一个个体效用很低，从社会最优的角度讲，通过再分配将资源由高效用的个体转移给低效用的个体，再分配的程度取决于社会对不平等的厌恶程度。对应不同的社会福利水平 W_1、W_2、$\cdots W_n$，可以得到一系列等福利曲线，效用可能性曲线与等福利曲线的切点是社会福利最大化的经济状态，如图 4－1 中的 E 点所示。

如图 4－2，图中 A 点处于可能性边界之内，所以是无效率的状态，通

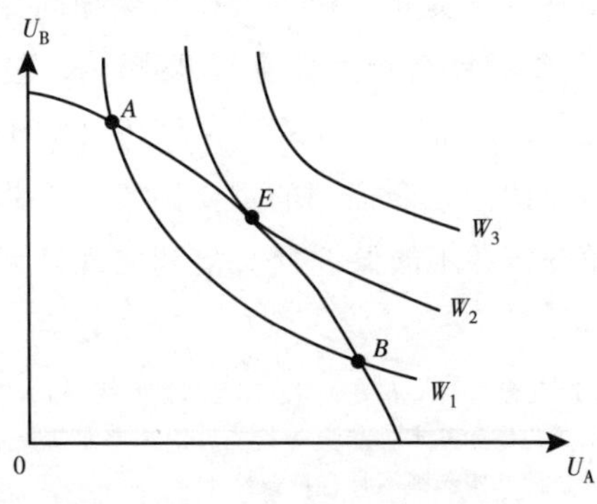

图 4－1　社会福利最大化

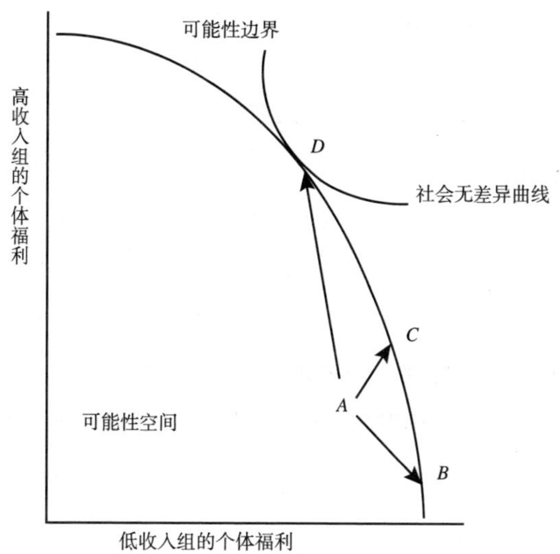

图 4－2　政策的社会福利影响分析

过政策调整可以转移到 B、C、D 三点，虽然这三点都是有效率的，但两组个体的受益程度却不同。从社会福利函数来看，D 点属于社会偏好所选择的最大化点，C 点属于帕累托最优点，这种评价标准忽略了历史影响，历史偶然因素会使得一方收益超过另一方。将成本—效益分析方法用于减排政策的分析就存在局限性，至少有四点原因表明使用社会福利分析框架更合适：第一，需要强调主要群体的福利，而不是市场价格和数量，明确哪些群体会从政策中获益；第二，如果考虑整个经济，“其他条件相同”这样的假设对于分析并不是必要的；第三，社会福利分析通过可能性曲线清晰地显示出政策面临的权衡；第四，政策选择明显存在市场价格以及非价格因素的变化。社会福利函数可以体现社会对公平价值的考量，而不同形式的社会福利函数体现了不同的政策理念。几种主要的社会福利函数如下。

（1）柏格森－萨缪尔森福利函数

假设每个人只关心自己的消费利益，x_i 表示第 i 人的消费组合，且令 U_i（x_i）代表个人 i 的效用函数，则社会福利函数是个人效用分布的直接函数，同时又是个人消费组合的间接函数，这是社会福利函数的一般形式。

$$W = W[U_1(x_1), \cdots, U_n(x_n)] \tag{4-3}$$

(2) 功利主义社会福利函数

$$W = \sum^{n} U_i(x_i) \tag{4-4}$$

引入边际效用递减规律。社会福利是个人效用函数的简单加总，个人效用函数可比较，绝对平均时效用达到最大，低收入人群偏好与高收入人群偏好具有同等的重要性。哈萨尼（Harsanyi，1955）指出，每个人都设身处地地考虑到其他人的处境并通过“移情偏好”在意识上接纳他人偏好，通过这种方式每个人对每种可能的社会福利函数做出的评价具有这样的特征——每个人对社会福利的评价会趋同，即会形成一种社会偏好，现代功利主义福利函数就变为：

$$W = \sum^{n} \alpha_i U_i(x_i) \tag{4-5}$$

α_i 是表示每个人的效用在社会福利函数中重要性的权重，$\alpha_i > 0$。哈萨尼认为高收入人群与低收入人群的偏好同等重要不意味着 $\alpha_i = 1$。效用是收入的增函数。假定分配格局不变，随着个人收入及国民收入的增加，社会福利就会增加；如果分配格局随之改变，则结果不能确定。

(3) 罗尔斯社会福利函数

社会福利最大化要使社会上处境最差的那部分社会成员的效用最大化，对最低收入者的效用考虑应先于所有其他社会成员。这说明某种程度的不均等能够合理存在的唯一标准就是看其是否改善了最低收入者的处境，即最低收入者的效用是否实现了最大化。

$$W = \max[\min(U_1, U_2, U_3, \cdots U_n)] \tag{4-6}$$

(4) 精英社会福利函数

社会福利水平取决于社会中效用最高或境况最好的那部分社会成员的福利水平，这种函数被定义为最大化社会福利函数，其表达式为：

$$W = \max(U_1, U_2, \cdots, U_i, \cdots U_h), i = 1, 2, \cdots, h \tag{4-7}$$

式中，W 表示社会福利函数，h 表示不同境况的社会群体，而不仅指社会成员的人数，U 表示效用函数，U_i 代表社会中境况处在第 i 排序状态下社会群体的效用函数。$W = \max$（·）函数式表示 W 取决于效用中的最大值，即社会福利只取决于境况最好的社会群体的效用。

表4－2为社会福利函数比较。精英社会福利函数，只考虑效率问题，重视精英的利益；罗尔斯社会福利函数，关注最低收入者的福利，对效率考虑较少；功利主义社会福利函数，想在效率和公平之间实现二者的平衡。从政策选择来看，精英社会福利函数只关注精英群体的利益。由于当前中国发展不平衡问题比较严重，精英社会福利函数会进一步加剧社会分化，故不宜采用。罗尔斯社会福利函数将社会弱势群体的利益放在首位，有利于纠正发展不均衡。森的社会福利函数说明要关注弱势群体，并保护弱势群体的权利公平和能力公平。

表4－2　不同形式社会福利函数特征比较

福利函数的名称	倡导者	福利函数表达式	福利函数特点
（古典）功利主义社会福利函数	边沁、穆勒	$W = U_1 + U_2 + \cdots + U_n$	所有社会成员的福利简单加总,忽视收入分配
纳什社会福利函数	纳什	$W = U_1 \times U_2 \times \cdots \times U_n$	社会福利为所有社会成员效用之积
精英社会福利函数		$W = \max(U_1, U_2, \cdots, U_n)$	最大化精英者福利,忽视弱势群体
罗尔斯社会福利函数	罗尔斯	$W = \max[\min(U_1, U_2, \cdots, U_n)]$	最大化最低收入者福利
森的社会福利函数	森	$W_{gini} = \mu(1 - G)$	兼顾社会平均水平和不同群体间的差别

注：森的福利函数中，μ 为平均收入，G 为基尼系数。

资料来源：赵志君：《收入分配与社会福利函数》，《数量经济技术经济研究》2011年第9期，第70页。

就减排政策的社会福利影响来看，不同人群所受影响不同，其应对能力也不同，政府的职责就是要实现社会公平，解决气候变化产生的社会分配问题。由于收入边际效用递减，穷人增加1元钱收入所获得的效用比富人增加1元钱所获得的效用更大，因此，再分配是影响和调节社会福利的重要因素。从不同收入人群单位碳排放的边际效用来看，高收入家庭生活水平较高，各项需求已得到满足，提高单位碳排放带来的福利增加十分有限，而对于低收入家庭来说，则可以带来福利的明显提升。因此，公共政策的社会福利分析应该给予低收入人群更大的权重，并优先保证他们的基本需求①。社会福利函数理论为减排政策的选择指明了方向，结合中国的

① 〔澳〕郜若素：《郜若素气候变化报告》，张征译，社会科学文献出版社，2009，第383页。

实际情况，我们认为，减排政策的设计需要保护低收入群体的利益，具体建议如下：第一，减排政策的实施不应该降低低收入家庭的福利；第二，要保护低收入家庭获得基本生活用能的权利。减排政策的实施会导致能源价格上升，限制低收入家庭使用能源的权利，从而导致能源贫困与权利剥夺，使低收入家庭承担与自身能力不相称的减排成本，所以，要通过政策组合来保护弱势群体的利益，并通过能源救助和目标能效政策来保障低收入家庭的能源利用能力。

第三节　生活用能、减排政策与社会福利分析框架

一　生活用能与社会福利

生活用能在满足基本需求（basic needs）、维持人类的生存与发展方面，发挥着不可替代的作用。获得基本的能源服务反映了社会的发展进步，尤其是低收入人群的基本生活用能需求保障水平，是衡量社会发展水平的重要标志。经济学通过评估家庭的购买力来测量福利水平。政府对能源价格的干预从多方面来影响福利，最直接的影响就是降低能源服务成本，增加家庭的实际购买能力，从而使社会福利得以改善。家庭能源消费支出占收入的比例是衡量能源服务可获得性的关键指标，以此来反映家庭的福利状况。该指标计算简便，在能源政策领域得到广泛运用，英国以该指标作为判断能源贫困（fuel poverty）的依据。但能源贫困的成因解释起来却较为复杂，生活用能高消费、能源价格过高或收入过低都可能导致能源消费支出比例过高，不同成因具有不同的政策含义。通过补贴可以降低家庭的能源成本，虽然某些节能技术具有经济有效性，但低收入家庭受资金限制，缺乏资本投入进行改造，而目标能源补贴有助于降低低收入家庭的能源支出。

生活用能的消费格局与社会福利紧密相关。不同收入家庭的生活用能消费格局不仅反映了社会财富分配的结果，也关系到碳排放权益的分配。当前温室气体排放绝大部分源自化石能源消费，能源消费格局的不均衡意味着碳权益的不平等。碳排放收入比和洛伦茨曲线是衡量碳权益分配不均衡情况的指标。对英国不同收入家庭生活用能碳排放进行计算的结果显

示，最高收入家庭交通排放是最低收入家庭的4.5倍，在私人服务和耐用品消费方面分别为3.6倍和3.8倍[①]。图4-3、表4-3针对挪威、美国、萨尔瓦多、泰国和肯尼亚五个国家居民生活用电消费进行跨国比较，从各个国家家庭用电的消费格局来看，生活用电的消费格局很大程度上取决于国家的财富与收入分配，以及历史上政府采取的基础设施建设政策。总的来看，发达国家的能源消费差距较小，而发展中国家的能源消费差距普遍较大。除了能源效率、人口和地理分布以外，气候因素也是影响居民能源消费模式的重要因素。气候对生活用能消费格局的影响主要有两种情形。第一，在那些经常遭受极端气候事件的地区，为保持适当的温度需要消耗

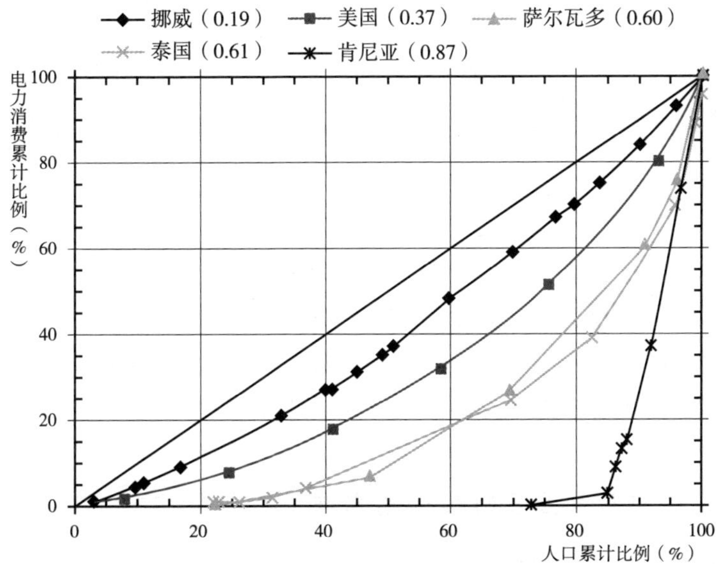

图4-3　五个国家的居民用电洛伦茨曲线

注：括号中为居民生活用电的基尼系数。

资料来源：Jacobson, A., Milman, A. D., Kammen, D. M., "Letting the (energy) Gini out of the bottle: Lorenz curves of cumulative electricity consumption and Gini coefficients as metrics of energy distribution and equity", *Energy Policy* 33 (2005), pp. 1825-1832.

① Gough, I., Abdallah, S., Johnson, V., Ryan-Collins, J., Smith, C., "The distribution of total greenhouse gas emissions by households in the UK, and some implications for social policy", Centre for Analysis of Social Exclusion, London School of Economics and Political Science, 2011, p. 11.

更多的能源，而且这种能源消费需求弹性较小，该种气候特点使得不同家庭之间的能源消费差别缩小，导致其洛伦茨曲线较为平缓，如挪威。第二，对于一个幅员辽阔的国家来说，区域间气候差异较大，导致居民对取暖、制冷的需求差异较大。区域能源消费差异不仅与气候相关，能源结构也是重要因素。但对于较小区域来说，居民生活用能消费差异则是消费者自主选择的结果①。

表4-3　五个国家的人口、收入和能源数据

国家	人口（百万人）	人均GDP（美元，购买力平价）	收入基尼系数	年人均用电（千瓦时）	居民用电接通率（%）	能源基尼系数
挪　威	4	20800	0.26	27000	>99	0.19
美　国	284	28600	0.41	12000	>99	0.37
萨尔瓦多	6	4000	0.52	540	77	0.60
泰　国	61	6400	0.41	1300	81	0.61
肯尼亚	31	1600	0.45	130	15	0.87

注：挪威为1999年数据，美国为1997年数据，萨尔瓦多为2001年数据，泰国为2000年数据，肯尼亚为2000年数据。

资料来源：Jacobson, A., Milman, A. D., Kammen, D. M., "Letting the (energy) Gini out of the bottle: Lorenz curves of cumulative electricity consumption and Gini coefficients as metrics of energy distribution and equity", *Energy Policy* 33 (2005), pp. 1825-1832.

二　减排政策及其社会福利影响

碳排放影响社会福利主要有以下几个途径。第一，碳排放作为一种负"外部性"，排放超过气候安全允许的最大排放阈值，会导致气候变化，威胁人类的生存环境，对经济生产和人民生活造成不利影响。碳排放的负"外部性"特征显著降低了社会福利水平，这种市场失灵需要政府规制。第二，碳排放作为一项权益，是个体发展所必需的资源之一。经验研究表明，发展水平的提升、生活品质的改善，必然需要一定的碳排放空间作支撑。不同人群由于收入水平、消费模式与生活方式不同，对碳排放的需求

① Jacobson, A., Milman, A. D., Kammen, D. M., "Letting the (energy) Gini out of the bottle: Lorenz curves of cumulative electricity consumption and Gini coefficients as metrics of energy distribution and equity", *Energy Policy* 33 (2005), pp. 1825-1832.

也不同，碳排放的资源属性会给资源所有人带来一定收益，因此，碳排放对社会福利的影响取决于碳排放权如何分配。第三，碳排放对社会福利的影响取决于减排政策的设计与碳权益的分配。一般来说，碳税和排放权交易会引起分配效应，能源价格上涨使社会弱势群体利益受损、社会福利下降。通过减排政策获得的收入是用于补贴低收入人群，还是补贴垄断企业等——不同的使用方式对社会福利影响的差异较大。减排政策的社会福利影响，一是减排成本的分担，即减排政策的成本归宿；二是碳排放权益的分配，碳排放权益包括碳排放权的分配、能效补贴及碳排放权益保护措施等。

针对家庭生活用能的研究发现，生活用能需求弹性较小，减排政策会进一步加剧低收入家庭的生活困境。当前的碳定价及能源管制措施在减缓气候变化中的成本负担，通过生产—消费体系最终要转嫁给消费者。从分配格局来看，减排政策具有分配的累退性，随收入的下降而上升。英国气候变化委员会和能源、气候变化部的研究报告已证实减缓气候变化政策是累退的，会使“燃料贫困”问题加剧。英国气候变化部对 2020 年能源价格分配效应进行的研究显示，能源价格具有显著的累退性，最低收入家庭的能源支出占家庭收入的 14%，而最高收入家庭的能源消费支出比例仅为 2%[①]。由于住房、能源效率、家庭规模等差异性的存在，每个家庭对小汽车的依赖程度不同，加之存在的其他因素，导致减排的目标与其他社会问题很难协调，这使得补偿低收入家庭非常困难，传统的社会转移支付手段难以奏效。

三　减排政策补偿社会弱势群体的理论分析

福利经济学从社会福利角度对经济政策进行评价，能够增进社会福利的经济政策是好政策，反之则是坏政策。以效率、增长为中心的政策评价是不全面的，经济分析必须引入伦理道德判断，以便更好地反映社会福利的变化[②③]。气候变化的影响分布是不均匀的，如果不采取充分措施，会

① Preston, I., White, V., “Distributional impacts of UK climate change policies: Final report to eaga Charitable Trust”, 2010, p. 28.

② Atkinson, A. B., “The Restoration of Welfare Economics”, *American Economic Review* 101 (2011), pp. 157 – 161.

③ 龚六堂:《政府政策评价的改变：从增长极大到社会福利极大》,《经济学动态》2005 年第 10 期，第 9 ~ 12 页。

加剧现有的社会不公平。政府间气候变化专门委员会在2001年的评估报告中指出，气候变化对经济、社会和健康的影响巨大，将减少未来数以百万计人的福利，加剧现有发达国家和发展中国家的福利不平等。气候变化使低收入群体受到更大的影响，他们的生存、生活条件恶化，健康受到威胁，缺乏适应能力，利用自然资源的权利受到削弱，这进一步加大了福利不平等程度。英国兰卡斯特大学教授Gordon Walker（2009）提出气候变化的双重不平等（double injustice）：（1）气候变化对不同人群的影响不同，不同收入人群经济社会状况的差异导致适应能力不同，这会带来严重的社会不平等，加剧现有的社会不公；（2）为减缓气候变化而采取的政策措施中，成本和收益分布不均，使得低收入人群付出更高成本，高收入人群获益更大，进一步拉大了社会差距。因此，气候变化具有双重不平等的特性，这说明社会补偿非常重要。对于政策决策者来说，其不仅要解决气候变化问题，也要解决社会公平问题，应对气候变化政策的制定要保护低收入人群与社会弱势群体的利益。对受气候变化影响的社会弱势群体进行社会补偿，有利于缩小社会差距，提高社会福利水平。

社会福利最大化不仅取决于资源有效配置的实现方式，福利的人际分配也是重要因素。福利平等要求政府在同等关注个体福利的情况下，保证每个人都具有相等的福利。只要使每个人对社会资源的分配在主观感受上成功达到相同的福利水平，那就是平等待人的分配。福利平均主义认为，如果没有资源的进一步转移可以使所有成员的福利更平等，那么这些人就获得了福利公平。因此，从福利平等的角度讲，减排政策实现福利最大化的关键在于使低收入人群得到公平对待，这需要保护社会弱势群体的排放权利，将资源由高排放群体向低排放群体转移。从实现社会福利最大化的角度来看，减排政策需要优先满足社会弱势群体的基本需求。庇古提出，牺牲高收入群体较不迫切的需要以满足低收入群体较迫切的需要，必定能够增加总满足的数量。因为高收入群体所得所产生的满足，大部分来自相对数量而非绝对数量，当把较高收入群体的任何所得转移给较低收入群体时，假如所有高收入群体所得均减少，那么他们的满足并不会减少。因此，将收入分配由高收入群体转移给低收入群体，高收入群体所遭受的经济福利的损失，远较低收入群体经济福利的增加要小。社会福利最大化要求资源由高收入群体转移给低收入群体。庇古福利最大化分析中，边际效用递减意味着对收入进行再分配是符合社会利益的，从而证明了社会分配追求公平的合理性。

对于生活用能碳排放来说，高收入群体的奢侈碳排放对其提升生活品质意义不大，但会导致严重的气候影响。将高收入群体奢侈性的碳排放转移给低收入群体，优先满足低收入群体的迫切需求，保证社会弱势群体的基本生活，有利于提高社会福利水平。

四　基于社会福利最大化的减排政策设计

减排政策的选择，不仅会影响能源价格，还会影响家庭生活用能的消费格局。从社会福利最大化的角度看，减排政策的设计应该保障生活用能基本需求，抑制奢侈浪费，合理化当前生活用能消费格局。假设减排政策对应的社会福利目标函数如下：

$$U_s = a_1 u_1 + a_2 u_2 + a_3 u_3 + \cdots + a_i u_i$$

定义，

$$U_i = F_i(p, i, e)$$

得，

$$U_s = a_1 F_1(p,i,e) + a_2 F_2(p,i,e) + a_3 F_3(p,i,e) + \cdots + a_i F_i(p,i,e)$$

$$MU_{11} = \frac{\partial F_1}{\partial p},\quad MU_{12} = \frac{\partial F_2}{\partial p},\quad MU_{13} = \frac{\partial F_3}{\partial p},\quad MU_{1i} = \frac{\partial F_i}{\partial p} \tag{4-8}$$

由边际效用递减规律可得，

$$MU_{11} > MU_{12} > MU_{13} > MU_{1i}$$

公式4-8中，p 为生活用能价格，i 为家庭平均收入，e 为家庭能效水平。a_1，a_2，a_3，a_i 是社会对不同人群福利的重视程度，如果社会更加关注低收入人群的福利，就给予 a_1 等较大的权重；如果以社会精英人群的福利为导向，就会给予 a_i 较大的权重，F_i 为个体的效用函数。从社会福利最大化考虑，单位能源需求带来的福利增加随着收入的增加而下降，在不同收入组之间遵守边际福利递减规律，如果通过累进性的能源与减排政策实现对生活用能消费格局的“再调整”，则单位能源转移对低收入群体造成的福利增加要超过高收入群体的福利损失，可以增进社会福利，因此消费格局的优化符合社会福利最大化。为了使减排政策符合社会福利最大化原则，一般要注意以下几个方面。

第一，选择经济有效的生活用能减排手段。经济学的方法就是寻找成本有效的减排政策，实现以最小代价达到既定减排目标[①]。对于国内减排来说，选择有效的减排政策非常关键。一般来说，行政手段管制成本较高，需要花费较多的人力与财力，市场减排机制灵活性较好，但需要有完善的市场环境。当前中国尚未建立完善的市场机制，能源统计与碳排放的报告、核查与监督管理机制缺失，引入市场机制存在一定的难度。长期来看，经济减排措施可以有效降低减排成本。

第二，减排应注重对社会弱势群体的补偿。对于家庭节能减碳虽有一些组织机构宣传自愿采取减排行动，并帮助社会弱势群体提高家庭能效，但这种自愿行动方式显然难以达到实现气候稳定所需的减排力度。Nordhaus（2008）提出依靠愿望、责任、富有责任感的公众、环境道德和内疚感来实现主要的减排目标是不现实的，唯一能够取得持续减排效果的措施就是提高碳价格。为保护社会弱势群体的利益，运用累进性的碳税，并将所得收入用于对低排放家庭的能效补贴，是实现社会公平的有效方法。采取累进税制，可能会导致效率下降。对此，庇古认为，累进税收使高收入人群转向别处，或者使他们减少工作，社会福利受损。为减少累进税收的负面影响，庇古建议对纳税者实行均等牺牲的原则，均等牺牲应用于碳税，高排放群体需要支付更高的碳税税率，因为碳排放过度造成的损失增加可能是非线性的。为体现碳排放的责任，累进牺牲可能是必要的，利用通过累进碳税获得的收入，对受到气候变化威胁的社会弱势群体进行补偿，以提高他们应对气候风险的能力。此外，对碳排放征税与对所得征税不同，其可纠正外部效应，有利于提高社会福利。

第三，通过政策组合实现多目标。鉴于碳排放具有多重属性，在运用市场化手段解决外部性的同时，需要运用配套政策保护碳权益，纠正当前不合理的生活用能消费格局。由于低收入家庭受能源价格上涨的影响较大，为保证其获得基本的生活用能需求，需要对穷人给予足够的补贴。

---

① Nordhaus, W., "Life after Kyoto: alternative approaches to global warming policies", *The National Bureau of Economic Research working paper* (No. 11889), 2005.

第五章　中国的居民消费与碳排放峰值

当前，我国正处于工业化、城镇化的关键时期，扩大内需已成为未来重要的发展战略。同时，消费模式和消费结构正在经历转型。发达国家的实践表明，如果没有科学合理的政策引导，我国居民消费很可能会陷入高消费、高碳排放的发展路径，从而加剧目前中国面临的能源安全和碳排放峰值问题。在借鉴发达国家居民消费碳排放峰值主要驱动因素的基础上，本书研究总结了我国居民消费碳排放的现状、特征和发展趋势，并对中国居民消费碳排放峰值进行了预测。结果表明，中国居民消费碳排放峰值可能在 2035～2040 年达到，但由于缺乏相关数据，目前还难以确定峰值年份排放量。

我国能源、环境与碳排放的管理体制一直以来是按照部门和行业进行设置的，对家庭部门和消费排放普遍重视不够。中国是世界上人口最多的发展中国家，随着经济发展、居民生活和城市化水平的不断提高，居民消费碳排放不断增长。未来在国家城镇化发展战略和扩大内需的背景下，该趋势还会进一步强化。“十二五”规划中提出“建立扩大消费的长效机制”，加上经济由外需拉动向内需拉动转型、刺激消费的政策不断出台，未来中国居民消费水平还有巨大的上升空间。同时，消费模式和消费结构正处于转型时期，如果没有科学合理的政策引导，我国很可能会形成高消费、高碳排放的发展模式。如何在推动城镇化的进程中融合低碳发展理念是一个亟待解决的重要问题。从家庭和消费的视角研究碳排放问题，有利于弥补现有碳排放管理政策的不足，有助于促进低碳消费行为与低碳生活方式，推动低碳社会建设。

第一节　中国居民消费碳排放的现状、特征与发展趋势

一　居民消费范围界定

居民消费是指用于满足居民家庭及个人日常生活消费需要的全部支出，包括衣、食、住、用、行等物质消费，以及教育文化等服务性消费。《中国统计年鉴》将居民消费分为八大类，分别是食品、衣着、居住、家庭设备用品及服务、医疗保健、交通和通信、教育文化娱乐服务、其他商品和服务。

能源和碳排放研究一般按照部门（如工业、交通、商业与住宅）分类，但部门法不能全面涵盖家庭的碳足迹，直接用能和间接用能可以更全面地反映居民消费的能源需求和碳排放。直接用能是指能源商品消费（煤炭、石油、天然气、热力、电力等），间接用能是指居民消费非能源商品和服务消费，相当于间接消耗了能源。

二　中国居民消费碳排放的现状与特征

第一，随着我国经济的持续增长和城镇化的推进，城乡居民生活水平逐渐提高，居民消费对能源和 CO_2 排放增长的推动作用日益增强。根据《中国能源统计年鉴》，1995～2010 年，居民生活能源消费总量由 1.57 亿吨标准煤增加到 3.46 亿吨标准煤，年均增长 5.41%，占能源消费总量的比重维持在 10% 左右，是仅次于工业的第二大能源消费部门，也是 CO_2 排放的重要来源。炊事、照明、家电、取暖等直接用能需求迅速增加；非能源商品和服务需求的增加也是能源消费和 CO_2 排放增长的重要因素。居民消费扩张已成为能源和碳排放密集型行业增长的重要推动力。据测算，在前述八类居民消费性支出中，居住和交通通信的碳排放强度最高[①]。对于特大型城市来说，由于产业结构“轻型化”，巨大的都市人口才是能源消耗与碳排放的主力。以北京市为例，2006 年北京市生活能源碳排放量占北

① 黄颖：《城市化进程中居民消费碳排放的核算及影响因素分析》，湖南大学硕士学位论文，2011。

京市能源消费碳排放总量的 40.92%，居民用能中交通、居住消费对碳排放的影响最大（智静、高吉喜，2010）。中国科学院对居民消费碳排放的规模进行了初步估算，结果表明，1999~2002 年我国 30% 的 CO_2 排放量可以归因于居民的生活行为及满足这些行为需求所产生的 CO_2 排放[①]。

第二，居民消费结构发生较大变化，正在从“生存型”消费向“发展型”消费转变，食品占消费支出的比重（恩格尔系数）大幅下降，交通通信、居住、教育、医疗等成为新的消费热点。当前我国居民消费结构已经逐渐从“衣”“食”阶段转向“住”“行”阶段。一线城市居民生活水平已经接近工业化国家，但在总体上，中国居民消费的水平与发达国家仍有较大差距。随着居民生活水平的不断提高和居民生活方式的逐渐多样化，居民消费所产生的碳排放也将继续增加。居民生活电气化程度和私家车拥有量迅速增加，是导致居民消费碳排放迅速增加的重要因素。以上海市为例，在居民消费碳排放中，居住能源消费占 50% 左右，交通用能碳排放直线增长[②]。从消费行为上看，家用电器使用时间更长，出行方式中自驾出行的比例提高，导致汽油消耗迅速攀升。随着私家车的逐渐普及，2002~2011 年，北京市居民人均汽油消耗量增加了 2.3 倍，人均汽油消耗量达到 167.6 升。

第三，生活用能结构发生较大变化，煤炭消费比重大幅下降，电力、天然气消费比重迅速上升。整体上看，我国以煤炭为主的生活用能结构已经发生改变，煤炭逐渐被电力和天然气等更清洁的能源所替代，我国居民生活用能消费结构日益高效化和多元化（见图 5-1）。据测算，1995~2010 年，在我国居民生活用能终端消费产生的碳排放中，煤炭消费产生的碳排放的比重从 79.55% 逐年下降到 33.36%；天然气消费产生的碳排放的比重从 1.22% 上升到 5.55%。热力和电力消费所产生的碳排放的比重分别从 3.42%、9.79% 上升到 14.03%、25.57%。

第四，居民消费的城乡差距仍然较大，城镇居民人均用能和消费支出远高于农村居民。在我国城乡二元结构的背景下，农村居民消费大多满足衣、食、用等基本生存需要，而城镇居民消费向住、行、娱乐等方面多元

① 魏一鸣等：《关于我国碳排放问题的若干政策与建议》，《气候变化研究进展》2006 年第 1 期。

② 胡倩倩：《上海居民消费碳排放需求量的预测与分析》，合肥工业大学硕士学位论文，2012，第 53 页。

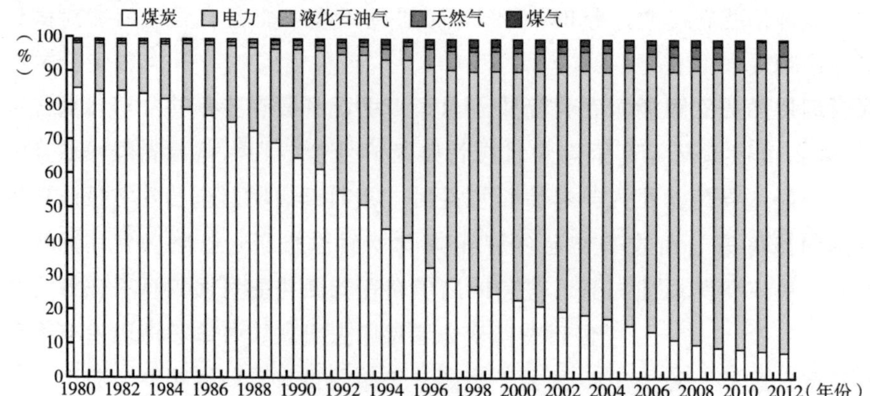

图 5-1 1980~2012 年全国人均生活用能结构变化

化发展[①]。以人均生活用能为例，1980 年人均生活用能城乡比为 5.51，经过 30 多年的发展，这一比例虽然有所下降，但 2012 年仍为 1.38。这意味着随着城镇化的推进，一个农村人转变为城镇人，其人均生活用能平均增加 38%，由此可见，城镇化将产生巨大的生活用能需求。从城乡人均消费支出来看，自 1990 年以来，城乡差距不仅没有缩小，反而在拉大。1990 年人均消费支出城乡比为 2.19，到 2012 年这一比例达到 2.82，人均消费支出城乡比最高的年份是 2010 年，达到 3.07。从家用小汽车的拥有量来看，城乡差距更大：每百户拥有家用汽车量 2010 年城乡比是 1.65，2012 年则增长到 3.27。

1980~2012 年全国城乡人均生活用能情况见图 5-2。

三 居民消费碳排放的主要驱动因素及发展趋势

居民消费能耗和排放的驱动因素主要有：对于直接用能，从居住条件—用能终端—使用习惯来考虑，人均居住面积、大功率家用电器以及私家车拥有量是关键指标；间接用能受消费水平的提高以及消费结构的变化影响较大。

第一，居住条件改善是推动居民消费用能增长的首要因素，未来随着城镇化的深入推进，该趋势仍将持续。近年来，城乡家庭的居住条件得到大幅度改善。农村居民人均居住住房面积由 1978 年 8.1 平方米，提高到

① 张纪录：《消费视角下的我国二氧化碳排放研究》，华中科技大学博士学位论文，2012。

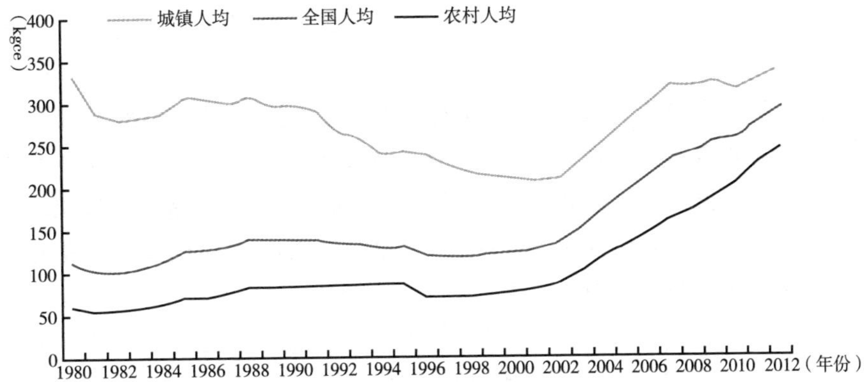

图 5－2　1980～2012 年全国城乡人均生活用能

资料来源：《中国统计年鉴（2013）》。

2012 年的 37.1 平方米；2012 年城镇居民人均住房建筑面积达到 32.9 平方米。从新建住宅面积来看，2012 年城镇新建住宅面积达到 10 亿平方米，首次超过农村新建住宅面积（9.51 亿平方米），每年城乡合计新建面积近 20 亿平方米，这种高速增长的态势已持续很长时间，未来仍将保持高速增长（见图 5－3）。

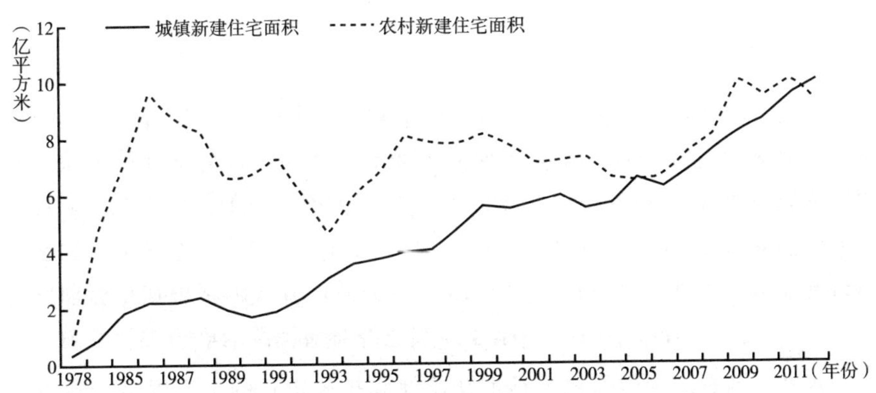

图 5－3　1978～2012 年城乡新建住宅面积和居民住房情况

资料来源：《中国统计年鉴（2013）》。

第二，城乡家庭各种耐用消费品逐渐普及，尤其是大功率家电和私家车的普及，已成为城乡居民生活用能迅速增长的推动因素，未来城乡家庭的差距将逐渐缩小。以空调为例，城镇居民家庭 1990 年每百户家庭拥有量仅为0.34台，然而，2012年每百户家庭拥有量则达到了126.81台，实现了普及，空调从奢侈品转变为生活必需品，由此带来的用能增长可想而知。洗衣机、电冰箱、计算机、彩色电视机等家用电器也基本普及，此外，热水器和微波炉等大功率电器也得到了普及，私家车保有量也在迅速增长。当前，虽然农村家庭大功率家电和私家车的保有量不及城镇家庭，空调、计算机和抽油烟机的保有量远低于城镇家庭，但增速较快，有向城镇家庭靠拢的趋势（见图5－4）。

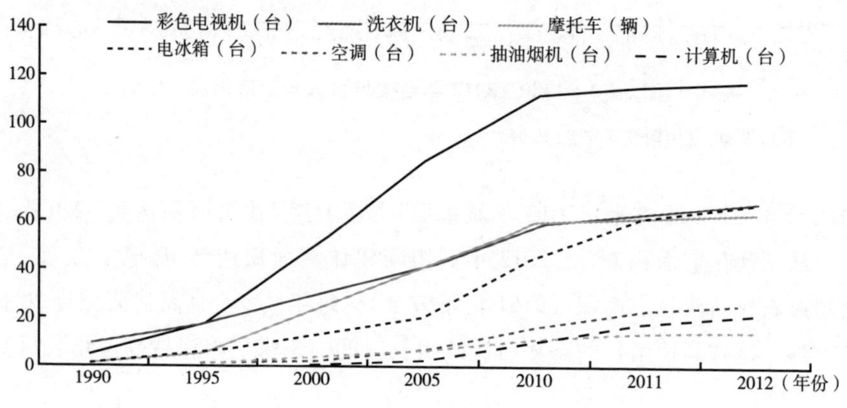

图5－4 农村居民家庭每百户耐用消费品拥有量

资料来源：《中国统计年鉴（2013）》。

第三，消费行为和消费结构的变化未来将成为推动能源和碳排放增长的重要因素。当前，为了追求更舒适的居住环境及更便利的出行条件，城镇居民的消费行为发生了较大变化，导致居住制冷、制暖和交通用能增长较快。最近10年来，私家车出现了爆炸式增长。根据统计数据，私家车2000年为625万辆，到2010年则达到了5939万辆，私家车保有量年均增长约25.25%。2000～2010年中国私家车保有量见图5－5。

此外，消费结构的变化也是推动能耗和排放增长的重要因素。随着收入的增加，食品支出在居民消费支出中的比例不断下降，居住、交通通信等的支出比重迅速上升，导致居住、交通通信等相关行业碳排放强度较高。因此，消费结构的变化将成为未来碳排放增长的重要推动力。1990～2012年城镇居民家庭消费支出结构见图5－6。

综上所述，未来我国居民消费结构和消费模式将发生重大变化。食品消费占消费支出的比重（即恩格尔系数）将保持下降趋势，交通通信和教

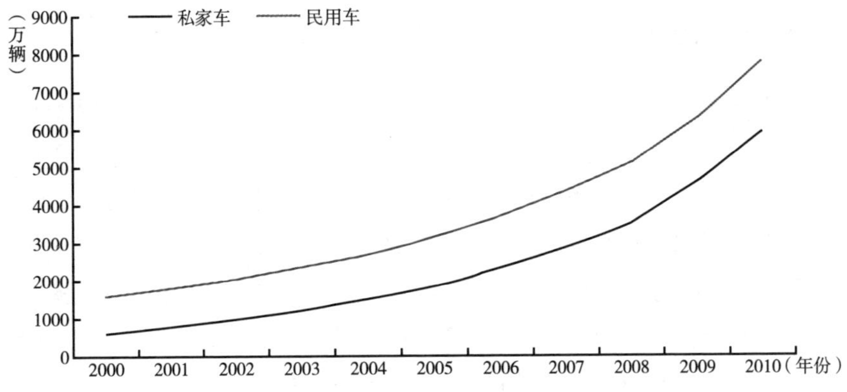

图 5-5　2000～2010 年中国私家车保有量

资料来源：《中国统计年鉴（2013）》。

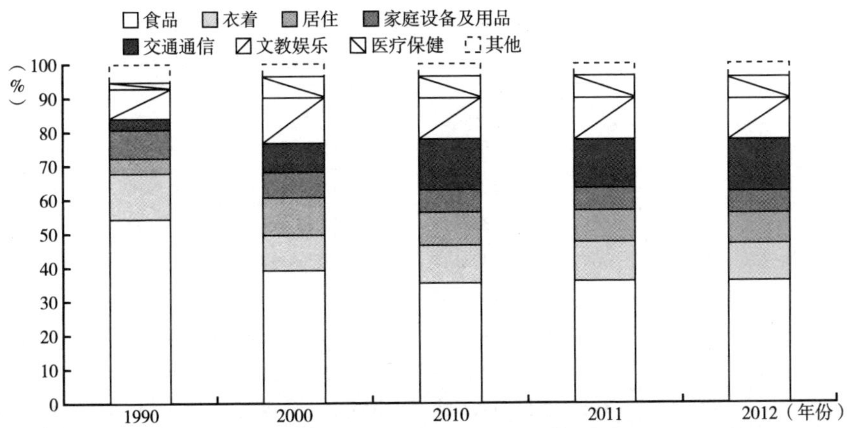

图 5-6　1990～2012 年城镇居民家庭消费支出结构

资料来源：《中国统计年鉴（2013）》。

育文化娱乐成为新的消费热点。近年来，虽然我国居民人均消费水平增长较快，但通过与国际对比不难发现，现阶段我国居民消费仍处于较低水平。按照世界银行的统计数据，以 2000 年市场汇率（MER）价格计算，2007 年我国居民人均消费支出为 736 美元，约为世界平均水平的 1/5，与发达国家的平均水平相比有超过 20 倍的差距，也低于中等收入国家平均水平，未来在“扩大内需”和城镇化的发展战略的推动下，仍有较大的增长空间和潜力。

四　中国居民消费碳排放初步核算结果

从居民消费直接用能来看，绝对量增长很快，1990 年直接用能约为 1.58 亿吨标准煤，到 2011 年已经达到了 3.74 亿吨标准煤，增长了 1.37 倍。与此同时，生活用能占总能耗的比例却逐渐下降，从 1990 年的 16.01% 下降到 2011 年的 10.75%。根据《中国统计年鉴》的数据，按照排放系数法计算的居民消费碳排放结果如下：1995 年居民消费直接 CO_2 排放约为 4.75 亿吨，占当年能源消费碳排放总量的 11.40%；2011 年直接 CO_2 排放约为 8.46 亿吨，占当年能源消费碳排放总量的 7.25%。居民消费直接排放比重的下降很大程度上体现了能源消费结构的变化（见表 5－1）。

表 5－1　1990～2011 年生活用能直接碳排放及比重

单位：万吨 CO_2

类别	碳排放量						
	1990 年	1995 年	2000 年	2005 年	2009 年	2010 年	2011 年
煤炭	43738.97	35436.42	22149.73	26293.14	23891.43	23988.34	24127.15
煤油	566.49	345.29	388.45	140.27	102.51	102.51	129.48
液化石油气	999.44	3356.60	5393.19	8353.78	9403.51	9158.36	10101.23
天然气	926.57	926.57	1560.53	3852.57	8680.47	11070.03	12874.40
煤气	653.21	1283.89	2838.07	3266.03	3739.04	3761.56	3288.55
热力	1122.46	1580.97	2906.73	6511.05	8382.15	8433.44	8762.97
电力	2167.55	4533.37	6543.20	13000.77	21954.86	23094.96	25325.59
小计	50174.67	47463.11	41779.89	61417.62	76153.95	79609.20	84609.38
排放总量	—	416294.01	430427.02	729129.71	989294.78	1067208.26	1167511.72
比重(%)	—	11.40	9.71	8.42	7.70	7.46	7.25

资料来源：根据《中国统计年鉴（2013）》计算。

从分类型能源排放结构来看，煤炭消费比例大幅下降，而电力、热力和天然气等清洁能源消费比例大幅增长，是居民消费直接排放占比下降的根本原因。1990 年煤炭排放比重为 87.17%，到 2011 年该比例下降到 28.52%；同期电力排放比重由 4.32% 增加到 29.93%；天然气排放比重由 1.85% 增加到 15.22%，热力和液化石油气的排放比重增长也较快。

碳排放核算采用的标准煤转换系数和排放系数见表 5－2。

表 5－2　排放核算采用的标准煤转换系数和排放系数

	煤炭（千克标准煤/千克）	焦炭（千克标准煤/千克）	原油（千克标准煤/千克）	汽油（千克标准煤/千克）	煤油（千克标准煤/千克）	柴油（千克标准煤/千克）	燃料油（千克标准煤/千克）	天然气（千克标准煤/立方米）	电力（吨标准煤/万千瓦时）
标准煤系数	0.7143	0.9714	1.4286	1.4714	1.4714	1.4751	1.4286	1.3300	1.2290
排放系数	0.7559	0.8550	0.5857	0.5538	0.5714	0.5921	0.6185	0.4483	0.5631

资料来源：IPCC：《国家温室气体排放清单指南》。

IEA 统计数据显示，2010 年中国居民碳排放总量为 3.024 亿吨 CO_2，中国化石能源碳排放总量为 72.1 亿吨 CO_2。IEA 居民燃烧燃料 CO_2 排放涵盖住宅建筑和商业及公共服务的所有排放，从界定上来看，IEA 排放数据属于直接排放。本书计算的 2010 年中国居民消费直接排放量约为 7.99 亿吨 CO_2，同期国家总排放约为 90.41 亿吨 CO_2，居民消费直接排放占总排放的比重约为 8.84%，高于 IEA 数据（居民消费排放占总排放的比重仅为 4.19%），如果再考虑间接排放，则居民消费排放占总排放的比重将达到 16.96%（见表 5－3）。

表 5－3　2010 年中国居民消费用能和碳排放

单位：万吨标准煤，万吨 CO_2

指标	直接用能	间接用能	直接排放	间接排放
	34557.94	20922.50	79922.7	73437.35667
小计	55480.44		153360.05667	
总能耗、排放	324939.15		904125.20	
占总能耗、排放的比重（%）	10.64	6.44	8.84	8.12
小计（%）	17.07		16.96	

注：间接用能按照投入产出法进行核算。
资料来源：《中国能源平衡表（2010）》。

第二节　居民消费碳排放峰值的国际经验

一　居民消费碳排放的国际比较

第一，各国碳排放结构比较。2011 年世界主要国家的 CO_2 排放结构如图 5－7 所示。中国的 CO_2 排放集中于工业和建筑业部门，其比重达到

63.68%，而居民部门的排放约占11.73%。发达国家间的排放结构存在显著差异，英、法、德、美、日五国的工业和建筑业部门 CO_2 排放量比重约为21.40% ~33.63%，而来自居民部门的排放比重约为18.06% ~26.50%。可见，对于发展中国家来说，虽然工业和建筑部门是碳排放的主要来源，但未来居民部门对碳排放的影响将越来越大。对于我国来说，在进入城市化加速阶段后，生活能源消费仍然呈现出增长的态势。

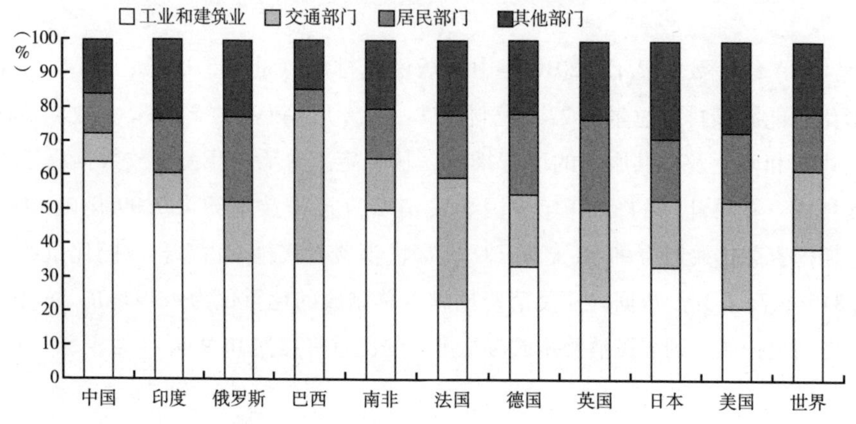

图5-7 2011年中国各部门 CO_2 排放结构与国际比较

资料来源：IEA，"CO_2 emissions from fuel combustion (2013 Edition)".

第二，居民消费碳排放变化趋势的比较。从各国排放总量与居民部门排放的变化来看，2011年，英国、德国、法国、日本、美国等的居民部门排放都出现了下降，其中，英、法、德三国的居民消费碳排放下降幅度较大；而发展中国家居民部门排放和排放总量都处于增长状态，尤其是南非，居民部门排放增长速度达20.53%。因此，考察英、法、德三国居民部门排放的变化对于预测我国居民消费排放峰值具有重要意义。世界主要国家碳排放变化情况（2011年与2010年相比）见图5-8。

二 发达国家居民消费碳排放峰值

第一，居民消费碳排放峰值是一个长期、相对的趋势，并且波动性较大。从英国、德国和法国居民消费相关排放来看，德国居民消费排放在1986年达到峰值以后，总体呈下降趋势。德国居民消费排放在1979~1986年间曾出现较大波动，1979~1983年间逐步下降，1983~1986年间稳步上

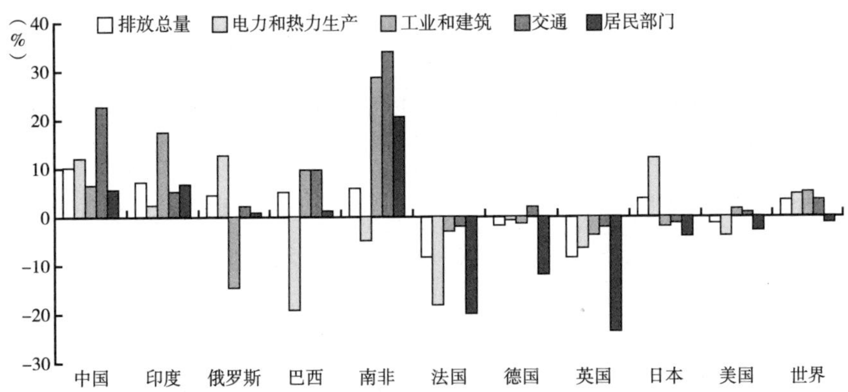

图 5－8　世界主要国家排放变化情况（2011 年与 2010 年相比）

注：IEA 的统计口径是住宅建筑和商业及公共服务的 CO_2 排放，涵盖居民燃烧燃料的所有排放，按照本书的界定，属于直接排放的范围。

资料来源：IEA，2013。

升，直到 1986 年才达到真正的峰值。英国居民消费排放在 1963 年就达到了峰值，之后稳步下降。法国居民消费排放在 1973 年达到峰值，随后稳步下降（见图 5－9）。

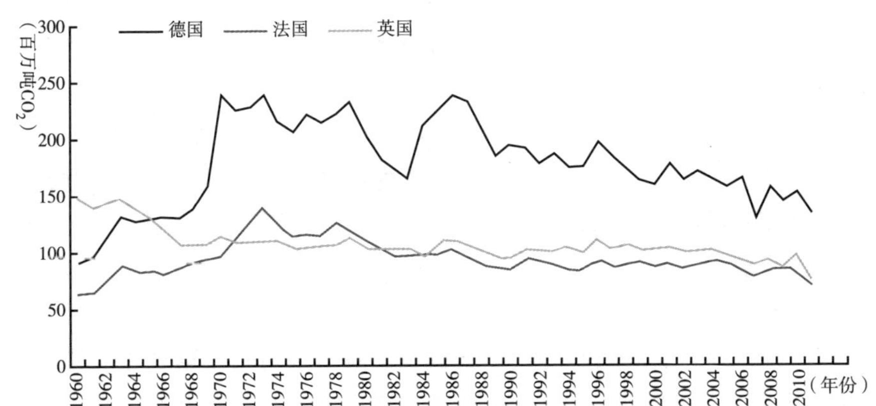

图 5－9　1960～2011 年英国、法国、德国住宅建筑和商业及公共服务的 CO_2 排放量

资料来源：IEA，2013。

第二，德、法、英三国的经历表明，居民消费排放峰值的出现需要人均排放达到一定的水平，且居民消费排放会出现阶段性波动，其峰值的确立一般要晚于排放总量峰值年份。从排放总量来看，法国在1979年达到排放峰值，之后逐步下降；英国在1973～1979年达到峰值，1979年后稳定下降；德国的排放总量自1979年以来呈现稳步下降的情形（见图5－10）。

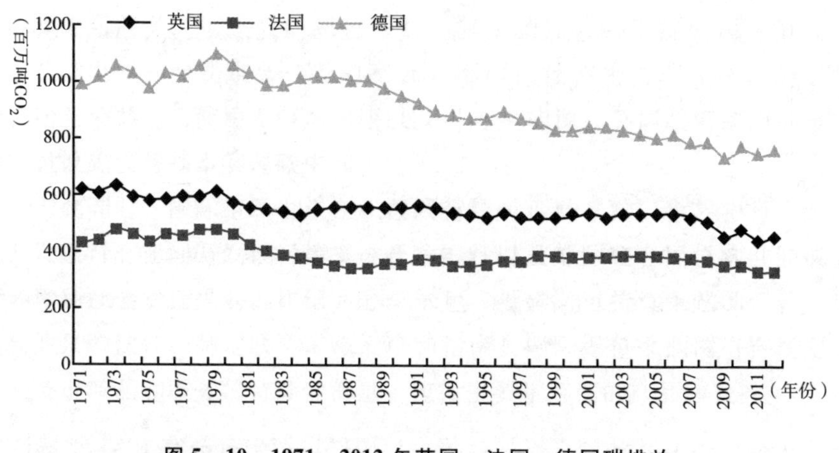

图5－10　1971～2012年英国、法国、德国碳排放

资料来源：IEA，2014。

从人均排放来看，法国自1979年达到峰值后开始稳步下降，峰值年份的人均排放为9.62吨CO_2，英国人均排放也在1979年达到峰值，峰值年份人均排放为11.47吨CO_2；德国人均排放自1991年以来就稳步下降，该年份人均排放为11.62吨CO_2。发展中国家除南非人均排放水平较高外，印度、巴西的人均排放水平均较低，中国人均排放自2002年后迅速攀升，2005年超过世界平均排放水平，2010年达到6.19吨CO_2，且仍保持高速增长态势。参考国际经验，对于中国来说，在人均排放达到10吨CO_2之前，居民消费很难实现排放峰值。

第三，交通、能源结构和产业结构是影响居民消费碳排放峰值的重要因素。从交通部门排放来看，德国的排放在1999年达到峰值之后稳步下降。英国自2007年开始才出现稳步下降，法国在2002年达到峰值。交通部门的排放峰值年份明显晚于排放总量、人均排放的峰值年份。从发展中国家交通部门的排放来看，南非增速较缓，印度、巴西稳步增长，而中国交通部门排放在1999年后则出现了迅速增长。通过国际比较不难发现，交通部门能源需求属于刚性需求，其峰值年份晚于总量峰值年份，这也是预测居民消费排放峰值的难点所在，如果交通部门排放尚未达到排放峰值，整体上居民消费排放就难以达到峰值。1960~2011年英国、法国、德国交通部门碳排放情况见图5-11。

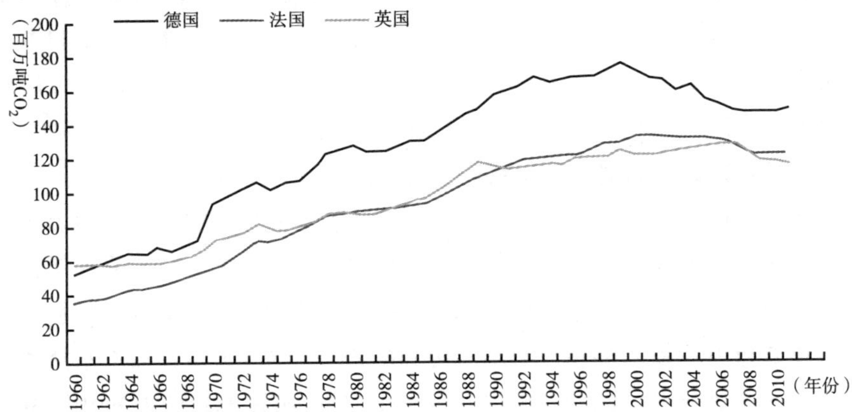

图5-11　1960~2011年英国、法国、德国交通部门碳排放

资料来源：IEA，2013。

英、法、德三国人均汽油消耗量都出现了明显的峰值，并且三国人均汽油消耗量先于交通部门碳排放达到峰值。其中，英国人均汽油消耗量在1990年达到峰值，当年消耗量为424.68千克石油当量；法国在1988年达到峰值，峰值年份人均汽油消耗量为321.61千克石油当量；德国在1992年达到峰值，峰值年份人均汽油消耗量为391.15千克石油当量（见图5-12）。

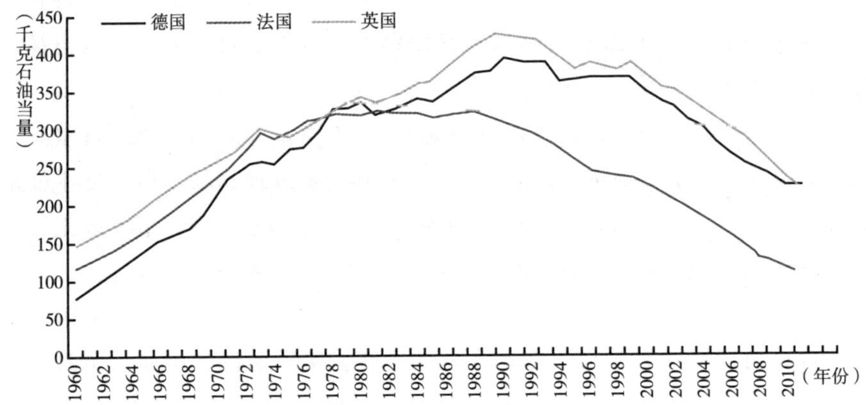

图5-12　1960~2011年英国、法国、德国交通部门人均汽油消耗量

资料来源：IEA，2013。

发展中国家人均汽油消耗量远低于世界平均水平。2011 年中国人均汽油消耗量为 54.7 千克石油当量，仅为世界平均水平（135.33 千克石油当量）的 40.4%，为英国峰值年份消耗量（424.68 千克石油当量）的 12.9%，为德国峰值年份消耗量（391.15 千克石油当量）的 14%。同时，中国汽车拥有率也远低于发达国家，英国千人汽车保有量保持在 515 辆；法国和德国均为 585 辆，美国为 785 辆，而中国仅为 68.9 辆。未来中国人均汽油消耗量和交通碳排放具有较大的增长空间。

德国、英国、法国居民部门出现排放峰值的另外两个关键因素是能源结构和产业结构的变化。德国 1960 年煤炭发电比例为 87%，同期英国煤电比例为 81%，然后逐步下降，到 2012 年德国煤电比例仅为 42%，英国煤电比例为 39.9%；法国煤电比例从 1964 年最高的 45.9% 下降到 2012 年的 4%。同时，制造业占 GDP 的比重大幅下降，德国制造业占 GDP 的比重从 1980 年的 29.7% 下降到 2012 年的 22.4%；英国制造业占 GDP 的比重从 1990 年的 19.2% 下降到 2012 年的 10.3%；法国制造业占 GDP 的比重从 1970 年的 22.6% 下降到 2012 年的 9.96%。当前我国能源消费中煤炭比例较高，2011 年煤电比例为 78.95%。即使按照德国能源转型的速度，我国到 2039 年煤电比例大概也才降到 57.86%。在交通部门没有达到峰值、没有实现经济转型和能源转型之前，居民消费排放很难达到峰值。

第三节　中国居民消费排放峰值的初步预测

通常，一国 CO_2 排放峰值出现在实现工业化、城市化之后。排放峰值目标具有较大的不确定性，关键取决于经济发展方式转型的力度和速度①。因此，确定发展中国家的排放峰值十分困难，且存在较大的不确定性。中国受经济增速调整、工业化与城镇化发展，以及消费结构转型等一系列不确定因素的影响，确定排放总量峰值十分困难。此外，由于人口增长、改善民生的发展要求，居民消费碳排放具有刚性增长的特征，确定其排放峰值更加困难。

文献中一般运用 IPAT 模型，以及 Dietz T. 等提出的 STIRPAT 模型来预测排放峰值，考虑人口、经济发展、技术水平、能源消费结构、产业结

① 何建坤：《CO_2 排放峰值分析：中国的减排目标与对策》，《中国人口·资源与环境》2013 年 12 期。

构等因素，来预测未来年份的碳排放量，并判断碳排放峰值出现年份与峰值排放量。本书拟选择德国作为标杆，来预测中国居民消费排放峰值，原因在于：中德两国产业结构和能源结构类似，两国都是制造业大国，同时能源消费结构中煤炭发电比例都较高。

首先，预测居民消费碳排放峰值年份。建筑和交通是居民消费的两大部分，其中建筑面积主要受城镇化率的影响。当前大多数研究结果认为，2030 年中国城镇化率将达到 65% ~70% 的峰值，因此居民消费碳排放峰值在很大程度上取决于交通排放何时达到峰值，而人均汽油消耗量达到峰值是交通排放达到峰值的前提条件，运用对标方法预测中国居民消费排放峰值年份比较适合。对 1960 ~2011 年德国人均石油消费进行拟合，得到：

$$y = -0.348x^2 + 21.883x + 22.416$$

$$R^2(\text{可决系数}) = 0.9719$$

以中国 2011 年人均汽油消耗 54.7 千克石油当量计算，得 $x = 7.61$（取数值为 7），当 x 取值 35 时，y 达到极大值（峰值）。所以按照德国的经验，中国人均汽油消耗量达到峰值还需约 28 年，即在 2039 年左右达到峰值，峰值年份人均汽油消耗量为 362.01 千克石油当量。

其次，预测居民消费碳排放峰值目标。对中国居民消费排放设定多元回归模型，居民排放为因变量，人均国民总收入、人均耗电量、人口、人口增速、人均汽油消耗量、城镇人口比重、煤炭发电比重和制造业比重为自变量，进行岭回归（Ridge Regression）分析，得到图 5 -13 和图 5 -14。

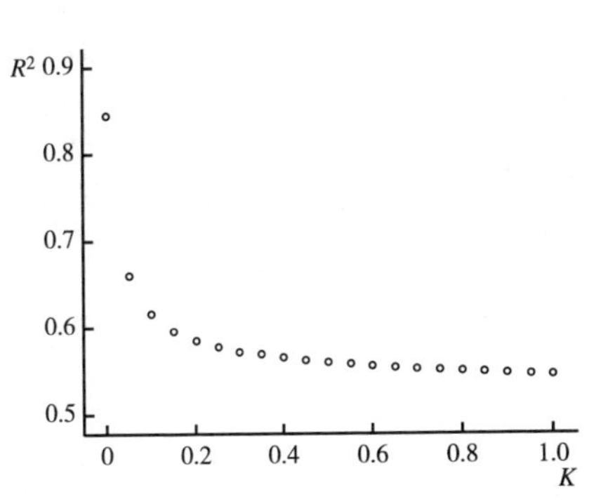

图 5 -13　可决系数 R^2 随 K 变化情况

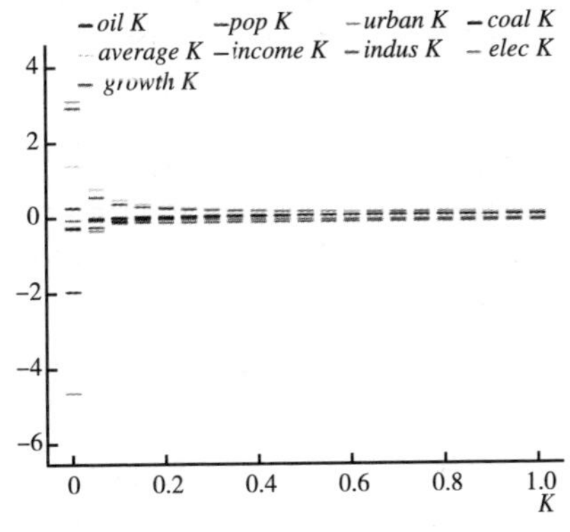

图 5 -14　岭迹图

根据岭迹图确定，当 $K=0.01$ 时，各自变量回归系数的变化趋于稳定。对应的标准化岭回归方程为：

$$EMISSION = -0.9146 \cdot OIL + 1.184 \cdot POP - 1.2055 \cdot URBAN - 0.015 \cdot COAL + 1.741 \cdot AVERAGE + 0.005 \cdot INCOME - 0.083 \cdot INDUS - 0.028 \cdot ELEC + 0.001 \cdot GROWTH$$

其中，*EMISSION* 为居民部门排放，*OIL* 为人均汽油消费量；*POP* 为人口；*URBAN* 为城市化率；*COAL* 为煤炭发电量比重；*AVERAGE* 为人均排放；*INCOME* 为人均国民总收入；*INDUS* 为工业占 GDP 的比重；*ELEC* 为人均耗电量；*GROWTH* 为人口增长率。

此时，拟合得到的岭回归方程为：

$$EMISSION = -5.289 \cdot OIL + 0.000 \cdot POP - 8.585 \cdot URBAN - 0.118 \cdot COAL + 90.764 \cdot AVERAGE + 0.000 \cdot INCOME - 2.297 \cdot INDUS - 0.002 \cdot ELEC + 0.112 \cdot GROWTH - 103.381$$

模型的可决系数 $R^2=0.7795$，拟合优度较高。对拟合结果的方差进行分析表明（见表5－4），F 检验显著（$F=11.78644548 \quad \text{sig } F=0.00$），各自变量标准回归系数也通过显著性检验，整体拟合效果满足要求。

模型变量检验结果见表5－4。

表5－4 模型变量检验结果

	B	SE(B)	Beta	B/SE(B)
oil	－5.289	2.241	－0.914	－2.360
pop	0.000	0.000	1.184	3.460
urban	－8.585	2.429	－1.205	－3.535
coal	－0.118	1.771	－0.015	－0.066
average	90.764	18.267	1.741	4.969
income	0.000	0.023	0.005	0.016
indus	－2.297	5.437	－0.083	－0.422
elec	－0.003	0.024	－0.028	－0.107
growth	0.112	31.974	0.001	0.003
constant	－103.381	356.163	0.000	－0.290

为预测未来排放，将拟合方程简化为：

$$EMISSION = -5.289 \cdot OIL - 8.585 \cdot URBAN + 90.764 \cdot AVERAGE - 2.297 \cdot INDUS - 103.381$$

人口峰值早于碳排放峰值，中国人口在2030年达到峰值，峰值年份的人口约为14.53亿人[①]。假设峰值年份人均交通石油消费100千克石油当量，城市化率68%[②]，人均排放达到南非、日本的水平——9~10吨，二次产业结构为46%[③]，代入上式，计算得到2030年中国居民消费直接排放为268.47百万吨，与2010年（454百万吨）相比，直接排放下降40.9%。导致居民消费直接排放下降的主要原因是能源消费结构的变化——使用更多的电力、天然气来替代煤炭，煤炭发电比例大幅下降。今后较长一段时间内，间接排放将是影响居民消费排放的主要因素，但是由于未来消费结构变化、城市化及交通排放路径的复杂性，预计居民消费将在2035~2040年达到峰值。由于数据缺乏，目前还难以估算出具有一定可信度的峰值年份排放量。

第四节　小结

第一，预测居民消费排放峰值的关键取决于消费水平和消费结构的变化，峰值是一个综合性问题，进行长期预测十分困难，并且不确定性很大。如交通出行方式，受到人均收入、城市化水平及城市规划、交通定价及能源价格等多因素的影响，不同因素之间存在关联，甚至会产生反向作用。

第二，发达国家的经验表明，居民消费部门对碳排放的贡献不容忽视。当前，中国正处于城市化进程当中，居民消费水平不断提高，消费结构不断升级，对碳排放的压力也不断增大，如果我国的消费模式向发达国家看齐，不仅消费排放无法减少，反而会抵消生产领域的减排效果。如何挖掘居民消费的减排潜力将成为未来减排工作的重点方向之一。只有综合运用经济手段、强制性标准、法律手段以及引导性措施，才能建立可持续消费模式，才能推动中国尽快实现碳排放峰值。

---

① 联合国：《世界人口展望》（2012年修订版）。

② 潘家华、魏后凯主编《中国城市发展报告—农业转移人口的市民化》，社会科学文献出版社，2013。

③ 2050中国能源和碳排放研究课题组：《2050中国能源和碳排放报告》，科学出版社，2009。

第六章 国内外推行低碳消费的主要途径

低碳消费不仅是家庭和消费者的个人行为和选择，基础设施建设和产品是否低碳也是影响消费碳排放的重要因素。为推动实现低碳消费，国外主要在三个方面开展工作：一是建设低碳社区，通过多种行动计划吸引消费者参与低碳消费；二是通过建设低碳建筑、交通和能源等基础设施，降低消费的碳排放强度；三是推动建立低碳行为体系，为家庭减碳建立长效机制。与此同时，国外在低碳消费的实践中也取得了不少成功经验，法律标准、战略规划、产品标识以及宣传教育等政策工具成效显著。在此基础上，本书结合我国低碳消费的发展现状，提出了推动低碳消费发展的思路：一是要合理控制消费需求；二是与新型城镇化融合相互推动；三是要因地制宜、分阶段逐步推进低碳消费；最后，从强制型政策、激励型政策和社会型政策角度提出我国推进低碳消费的政策框架。

第一节 建设低碳社区，塑造低碳消费的空间载体

低碳社区作为低碳消费的空间载体和重要场所，通过实施一系列的社区行动计划，有利于吸引消费者参与到低碳消费的实际行动中。消费者做出低碳消费选择、践行低碳行动会面临一系列的制约因素，如社会困境、社会习俗、技术、基础设施和自身面临的困难等，仅仅依靠个人的力量难以实现低碳转型。低碳转型需要集体行动，扩大社会参与，改变社会规范和文化，这都需要相当长的时间，因此，建设低碳社区十分必要。低碳社区是家庭和个人消费的重要背景和场所，建设低碳社区可以为家庭改变消费行为提供有力支持。此外，自下而上的行动可以帮助家庭进行角色转换，个人不仅仅是能源的消费者，还要承担公民义务。

以前作为“终端用户”和“消费者”，个人和家庭对大规模、碳排放密集型的能源体系缺乏影响力，但未来个人和家庭的低碳行动可能对社区、城市乃至国家的能源体系产生较大影响，通过共同努力推动当地能源等基础设施的低碳转型。

一　低碳社区建设的主要内容

为改变社区和家庭的能源消费行为，欧洲早期提出的解决方案是通过能源需求侧管理来解决问题，常见的手段有四种：①法规和激励措施；②教育和提高认识；③社区环境资源管理；④引入宗教或道德原则。前两类政策在欧洲使用非常广泛，但是对降低能源消耗收效甚微。早期的节能项目完全着眼于个人层面，并假设个体能够完全控制自己的行为，且能相互独立地做出消费决定。但是，如果其他人不参加，个体努力就很难取得成功。能源消费行为受社会习惯、技术、基础设施的影响很大，这些都超出了个人所能掌控的范围。进入 21 世纪后，低碳社区的出现为这些问题提供了系统性的解决方案。欧洲在建设低碳社区和可持续能源社区方面走在了世界前列。英国非常重视低碳社区的规划和建设，2002 年开始建设伯丁顿低碳社区，该社区是世界自然基金会（WWF）和英国生态区域发展集团倡导建设的首个“零能耗”社区，成为引领英国城市可持续发展建设的典范，具有广泛的借鉴意义。伯丁顿社区“零能耗”发展设想在于最大限度地利用自然能源，减少环境破坏与污染，实现零矿物能源使用，该社区在能源需求与废物处理方面基本实现了循环利用。为了促进低碳社区的发展，英国政府于 2008 年专门提出了低碳社区能源规划框架，主要由发展设想与战略、规划机制两部分组成。从社区能源的发展设想与战略来看，将城市划分为 6 大区域：城市中心区、中心边缘区、内城区、工业区、郊区和乡村地区。针对每个区域，制定社区能源发展的中远期规划方案并确定能源规划组合资源配置方式。建立规划机制的目的是实施低碳化能源战略，包括从区域、次区域、地区三个层面来界定社区能源规划的范围和定位，整合国家、城市、地区相关的能源发展战略，构建社区能源发展的框架。不只是英国，德国、瑞典等国家也在低碳社区建设和可持续能源社区方面取得了重要进展。综合已有的低碳社区建设情况，其主要内容如下。

第一，完善社区能源基础设施。在低碳社区建设方面，国外主要加大低碳和零碳能源的开发与利用，因地制宜地推动低碳能源（太阳能、风能）的开发利用，充分利用社区可再生能源，积极推动高碳能源替代，最大限度地减少化石能源消耗 CO_2 排放。为实现英国政府 2050 年 CO_2 减少 80% 的减排目标，推动社区低碳能源基础设施建设成为重要的抓手，在新建住宅系统安装分布式可再生能源系统成为重要的减排途径。目前，英国约一半的 CO_2 排放量来自商业和住宅运行能耗，预计到 2020 年将会新建 300 万套住房，社区能源计划提供了重塑电力系统的机遇，使其由集中式、大规模化石能源系统转向分布式、小规模、可再生能源系统，有助于实现减排目标。

第二，政府推动能源和建筑行业的技术创新，对低碳社区利益相关方加大支持力度。改变家庭住宅建筑技术与运行方式，促进分布式可再生能源的应用和发展。20 世纪 70 年代起源于美国的可持续住房行动，倡导低碳、对环境影响小的社区建筑。生态屋的先行者吸取了舒马赫的“小的就是美好的”的创意及生态屋建筑技术，关注建筑对人类健康和精神的影响。根据可持续消费的新经济标准评估，减少生态足迹，采取集体行动，推动社区建设，对房屋建造提供系统化的支持和服务，并针对低碳住宅开展草根创新。可持续住房强调低碳、低环境影响，以社区为基础，利用当地再生材料，及低碳、节能、高效的建筑技术，强调减少建造和使用过程中的材料消耗，并且可不依赖公共事业公司（如电力公司、燃气公司等）独立运行，实践证明，该方法是推动实现消费可持续的有效途径。

第三，建立和完善社区低碳交通体系。从社区规划角度减少交通需求，现在不少规划的功能分区非常明确，明确划分为居住、工作、休闲、交通，但这样的划分会增加居住和各项用地之间的距离，从而导致机动车出行需求和碳排放的增加。低碳社区规划有必要打破原有的明确功能分区的做法，强调将多种功能适当混合，合理配建公共设施（如商店、医院、学校等），同时配建供居民休闲的绿化活动场地，在此基础上为居民提供一定的就业岗位。从社区管理角度引导交通出行结构优化。在社区管理中可采取一定的措施，如社区内部控制机动车通行，通过限制停车位设置、进行道路路面特殊铺装等措施，积极倡导非机动车出行。德国弗班社区在交通管理方面采取了大量措施，例如，社区限制机动车通行，为解决社区居民外出不便的问题，政府在公共交通方面采取了大量有力的措施，大大降低了社区对汽车出行的需求量。

第四，强调废弃物回收与利用。社区垃圾是低碳社区建设及管理所需解决的重要问题。日本严格控制垃圾产生并进行分类回收；瑞典哈马小区采用三级垃圾处理系统，进一步回收和利用垃圾。国外对于垃圾采取分类处理：废弃垃圾用于焚烧发电或制作水泥；废弃电器则交给零售商或指定商店并送至相关指定部门进行分解处理，并按资源类别进行利用。废水的再利用也是社区低碳化建设的重要方面，英国伯丁顿社区在每栋房子的地下都设置有大型蓄水池，雨水过滤之后通过管道流到蓄水池进行储存。这些雨水可用于冲洗马桶，冲洗后的废水经过生化处理后，则可用来灌溉花园、草地。

国外低碳社区建设的主要内容见表 6－1。

表 6－1　国外低碳社区建设的主要内容

国家	社区名称	低碳特征	低碳规划采取的主要措施
英国	伯丁顿社区(BedZED)	零能源消耗	①棕地利用,减少城市扩张
			②充分利用各种可再生能源,如太阳能、风能等
			③建筑使用 3 层玻璃及新型热绝缘装置材料
			④建筑设置立体花园或在屋顶设置花园,减少对建筑的热辐射
			⑤采用不同功能建筑类型,鼓励适当混合利用
			⑥建筑主要使用本地可更新、可再生或可回收的材料,最大限度地促使建筑材料的可循环利用
德国	弗班社区(Vauban District)	以步行为导向的无车社区	①由政府和民众共同参加
			②当地民众探讨无车社区和零容忍停车政策,在社区规划中充分体现
			③制定通勤套餐,为居民外出便利出行提供保障,半径可覆盖 60 公里范围
			④在社区外侧设置有便利的电车路线,制订私车共享计划、公交便利换乘政策等,进一步方便居民与外界的联系
			⑤设置狭窄的 U 型铺地道路,实行交通限制,促使和鼓励步行和自行车出行
			⑥被动式建筑能源利用,让社区每年可节约 7777.78 千瓦时电量
瑞典	哈马小区(Hammarby)	能源充分利用	①城市废弃地的应用,有利于城市生态恢复
			②垃圾废品充分利用,形成完善的环境循环链
			③充分利用低碳可再生能源
			④小区交通网络设置以步行和自行车出行为主,主要体现在路面的设置和路灯的设置上

第五，国外低碳社区建设非常注重公众参与的深度和广度。许多低碳社区的建设由市民自发展开，社会公众的积极、主动参与有利于社区的建设和运营管理。从最基本的思想意识方面改变人们的各种观念，提高人们的低碳环保意识，让大家从根本上了解低碳的意义所在，尤其是低碳社区对人们生活以及下一代的重要意义，人们就会自发地投入到低碳社区的规划与建设中，这将为低碳社区相关工作的开展奠定良好的基础。目前，我国低碳社区建设刚刚起步，应该在考虑自身国情和特色的基础上，对国外低碳社区建设经验加以吸收和应用。通过分析国外的经验，我们认识到低碳社区并不存在最优的模式和结构，其取决于每个社区的背景、历史和资源。

二　通过宣传、教育倡导低碳生活方式

发展低碳经济、建设低碳城市，并不局限于低碳技术的开发和应用，社会选择、生活方式和消费方式的转变同样对温室气体排放具有重大影响。培养低碳理念，形成低碳的生活方式在国外的低碳发展中处于十分重要的位置。联合国环境规划署（UNEP）发布的《改变生活方式：气候中和联合国指南》报告提出，实现低碳或许比想象的更加容易，人们只需要采用气候友好的生活方式，这既不会对各自的生活方式产生重大影响，也不需要人们做出特别大的牺牲——将低碳消费理念融入城市生活的方方面面（衣、食、住、用、行等），在家庭中推广使用节能灯和节能电器，日常生活消费尽量减少使用高耗能产品；尽可能利用自然通风、采光，注意提高房屋的保温性能，选用节能型取暖和制冷系统，在不影响生活质量的同时有效降低日常生活中的碳排放量；在交通运输方面，鼓励城市居民短距离步行，长距离出行时多采用公共交通工具，扩大电力和清洁能源在交通工具中的使用。

英国非常重视社区在应对气候变化中的重要作用。2005 年英国政府修订了可持续发展战略，提出社区行动 2020 计划，该方案旨在推动全英国的社区实现向可持续发展的转变，社区行动 2020 计划将社区参与作为可持续社会建设的重点。社区行动 2020 计划是在更广泛的可持续发展战略背景下，通过扩大社会参与来实现转型的。该计划强化公民意识和公共服务，积极整合机构、社区和志愿组织来有效应对气候变化，通过能源、交通、减少废弃物等项目的开发，改善当地环境质量，最终有效促进低碳消费。

通过该计划，低碳转型政策关注度得到明显提升。社区行动成为可持续发展战略的重要组成部分，地方政府通过提供公共服务、强化监管措施以及实施国家标准和指令，能够对英国气候变化政策产生显著影响。

英国绿色生活中心（green living centre）的建立是在社区行动计划中取得的重要经验，其宗旨在于通过教育倡导低碳生活方式。该中心于2007年11月向公众开放，其目标是帮助人们减少家庭碳排放，主要针对家庭消费的四个主要领域提供建议：循环利用、能效项目、生物多样性和绿色出行。绿色生活中心通过组织活动（如更换灯泡）来提高社会公众对中心的认知度，提高中心的访问人员数量。中心组织各种活动的目的在于使中心涵盖更广泛的利益群体，使更多的人参与到低碳消费当中。每位来访者可以进行面对面的咨询，其咨询的问题主要集中在可再生能源和回收利用方面。高收入家庭通常希望能够安装可再生能源系统和进行生态化改造。中心的主要优势为其靠近繁忙的购物街，有利于吸引人们前去参观学习。面对面的咨询是该中心最吸引人的地方，中心物品的展示（包括节能灯泡和其他人们感兴趣的物品）提升了亲和度。对于那些不能到访中心的居民，工作人员可以提供电话咨询。

提高集体行动的社会意识，并将低碳行动意愿转化为实际行动虽然十分困难，但这却是实现低碳消费的重要途径。以社区为基础进行低碳生活倡议，在当地政府的领导下建立绿色生活中心，是地方政府应对气候变化的有效途径。通过实施更广泛的计划，利用和强化社会资本，促进社会学习，并引发社会规范的转变，在社区建立低碳生活方式的目标将最终实现。

三　建设低碳社区需要系统性变革

从澳大利亚低碳社区建设的案例来看，目前开展的社区项目大多以消费者的行为方法为中心，有针对性地削减家庭能源消费、水和资源消耗。其采取的典型措施包括开展家庭能源审计、进行基本的翻新改造、提供节能减排信息或为个人提供低碳行动清单。很多社区项目采用了教育培训的方式，通过研讨会、论坛和社区活动等，促进可持续生活方式的建立，这些项目大多是由政府及其相关机构组织实施的，志愿者组织和环保团体参与较少，这表明当地社区组织缺乏相应的活动能力。总体来看，技术—经济模型设定的低碳社区项目主要考虑了消费者个体的环境责任，并以家庭和个人为中心，专注于个体消费行为提出技术性解决方案，而没有考虑到社会实践、管制制度与社会背景等问题，通常很难达到预期目的。

澳大利亚低碳社区行动计划目标与措施见表6-2。

表6-2 澳大利亚低碳社区行动计划目标与措施

目标分类	采取的措施
能源消费计划通过改变行为来减少能源使用，进行设备和技术变革，提高能源效率，或改变能源结构，从燃煤转向太阳能或其他可再生能源；通过不同的能源消费细分项目针对家庭、商业、议会或可再生能源	审计：该计划的主要目标是对家庭或企业的能源使用进行审计；能力建设：包括教育、技能获取和培训、材料和设备供应
可持续生活方式计划着眼于更广泛、更长期的行为变化，包括水、能源、消费、交通等，聚焦家庭和社区层面	承诺：目标设定、签约、承诺，并按照计划进行报告或监控；教育：通过信息、研讨会和论坛吸引受众，包括通过家庭审计来提高参与度
资源效率项目不仅仅是提高能效，还包括改变更广泛的资源利用方式（包括能源、水、废弃物、污染等），资源效率按项目分解为能源和水、建筑物、中小企业和回收利用	更换设备/装置：替换高能耗设备与设施；能源：从燃煤向可再生能源转变；信息：供应工具包、清单和书面材料；帮助翻新：指导或供应材料，提高建筑围护结构能源效率
交通：计划主要改变交通出行方式	开发可持续房屋：建造能效水平高、能源自我供应以及资源利用充分的建筑
水：计划主要着眼于减少水消费量	培训：对参与者提供特定技能培训

目前，澳大利亚实施的低碳社区项目主要包括四类：①降低能源消费，通过改变消费行为、安装低碳节能设备、运用新技术来减少能源消费；②建立可持续的生活方式；③提高资源的利用效率；④提倡低碳交通。这些项目对家庭消费行为认识不足，没有充分考虑系统、标准和社会规范等因素对消费行为的影响。只有基础设施、制度安排及管理体制出现变革，低碳消费行为才能相伴而生，进而强化现有的社会实践。向低碳消费转型需要系统性的变革，需要社会实践、规范和价值观的转变，需要更广泛的社会参与，以及通过更大范围的社会技术解决方案来实现，社区组织、机构的活动能力也要进一步强化。政府除了继续开展现有的社区低碳项目外，还应重塑制度和基础设施体系，完善支持方式与基础设施项目，对社区组织和活动提供支持，建立系统性的支持体系，实现政策和管理制度的转变。不同类型社区项目的目标对象与方法见表6-3。

表 6－3　不同类型社区项目的目标对象与方法

目标对象	项目目标	一般方法
家庭	50%是能源消费;30%是生活方式,10%是资源效率,8%是交通	能源消费:强调审计和翻新;生活方式:主要使用一系列教育方法,也有社会支持、目标设定和承诺过程
低收入家庭	主要是能源消费和资源效率(能源和水)	审计、翻新和教育
社区	主要是不同部门的能源消费和生活方式	与家庭采用的方法类似,技术、行为和能力建设
商业	60%是资源效率,40%是能源消费	主要是提高认识、教育、审计和评估
市政服务	50%集中在能源消费,其他是资源效率、交通和用水	设备和设施翻新、教育、信息、审计
学校	主要是可持续生活方式、交通	信息共享
社区组织	社区能源消费	信息和培训
个人	可持续生活方式	信息和教育

消费者个体处在复杂的社会网络当中，因此，外部因素对人们低碳消费行为的影响不容忽视。对环境和气候变化问题认知程度的高低，可较大程度地影响人们的消费行为，进而影响到低碳消费选择，如使用高效能电器、合理处理废弃物、循环利用物品、采取绿色交通出行方式等。虽然近几年人们对气候问题的关注度有所提高，但与此同时，人们又不愿意主动改变现有的消费方式。人们在接受低碳观念和采取低碳行动方面存在的不一致性，需要发挥政府引导和社会规范引导的作用。作为实现环境友好和低碳消费行为的重要场所，社区的重要性逐渐受到社会各界的重视。但是低碳社区由于受到人员、资源、活动组织能力等多方面因素的限制，其能力建设十分薄弱，影响和改变他人消费行为的能力极其有限。因此，加强社区能力建设是实现低碳消费的重要保障。

OECD 国家在低碳转型过程中发现，控制家庭能源和消费的难度很大，传统的政策工具（包括信息、价格等工具）对改变消费者行为的作用非常有限，实现低碳消费不仅要改变个人消费行为，更需要集体行动以及深度的公众参与。社区相关方可以起到非常重要的支持作用，在政府、机构、公众和私人部门间建立全面而有效的协调网络和伙伴关系，从而有效减少能源需求。实现向低碳社区的转型也需要社会实践、规范以及价值观的转变。尽管实现社会规范及文化的转变需要一个相当长的过程，但却是实现低碳消费的重要途径。

目前，大部分旨在减少能源消耗的社区项目，以及降低我们生活方式碳强度的行动，都集中在个人行为方面。但低碳消费不仅仅是个体行为，也是社会行为，因此，政策以个人为目标必然会陷入误区。政府试图通过经济手段，如补助和退税，或教育和劝导（如信息培训项目），来影响消费行为，虽然有些行动已获得成功，但大多数社区行为干预项目并未取得预期效果，原因在于他们没有认识到人类行为的社会属性。个体消费受社会风俗和习惯的影响较大，生活方式碳排放强度的高低在很大程度上取决于社区基础设施的完善程度。基础设施是决定生活方式碳排放强度的重要因素，同时也是支持和保持行为变化的核心。短期内，消费者可以通过激励和信息工具来减少消费行为，但是从长远来看，个体努力还需要得到基础设施、制度和网络的支持。

低碳社区能力建设及碳足迹的责任分布见图 6－1。

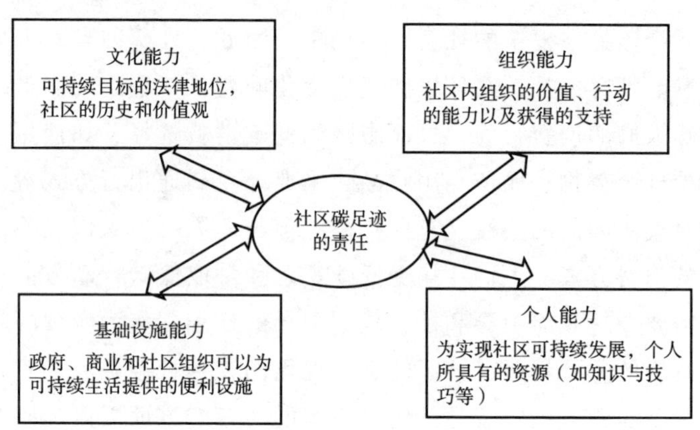

图 6－1　低碳社区能力建设及碳足迹的责任分布

综上，建设低碳社区需要系统性的方案，主要包括以下五个方面。

第一，建立消费行为和社会实践之间的关联。更好地考虑技术与消费者之间的关系，将社会实践（而非消费者或技术）置于中心位置，有助于提高行为干预项目的效果。对消费行为的理解应从个人层面转向社会实践、社会规范和价值观层面。

第二，克服社会低碳转型的障碍。尽管针对社区开展行动的理论基础——社会营销理论尚存在较大的争议，但对消费行为进行规范仍然是改变行为的前提条件。转变家庭和个体的行为，需要克服社会制度和规范等系统性的障碍。

第三，提升社区低碳组织活动的能力。积极评估社区项目从关键机构获得了什么帮助、个体和社区组织还存在哪些需求，项目支持要从支持个体消费行为向支持社区集体能力建设转变。

第四，制定系统性变革方案。为了实现低碳转型，需要考虑哪些技术和系统性因素？这些问题如何解决？需要向家庭和个体提供系统性的解决方案。

第五，推动社区学习和整合。从单纯的提供信息向开展能力建设和推动社区学习转变。

低碳系统转型涉及不同层级的政府，可以通过政策协调，推动技术和社会转型，重构制度和基础设施体系，为社区组织和项目提供更大的支持。

第二节　建设低碳基础设施，降低消费碳排放强度

基础设施作为消费的载体和外部环境，是影响生活方式碳排放强度的重要因素。然而，消费者作为独立的个体，难以改变基础设施的建设与现状，因此，必须发挥政府在低碳基础规划、建设与运营方面的重要作用。居民生活用能的电力、热力，居民消费中的教育、医疗、交通出行及生活废弃物的处置等，都需要相应的基础设施和公共服务做支撑。低碳基础设施建设有利于推动国家在低碳建筑、低碳交通与低碳能源基础设施等方面的实践，可有效降低消费的碳排放强度。目前，我国在低碳基础设施与公共服务方面还有很大的改进空间。

一　低碳交通建设

低碳交通作为“低耗能、低排放、高效率、高智能”的新型交通运输方式，在全球范围内，已成为城市公共交通的方向与趋势。英国伦敦、日本东京、美国纽约等地各自推行了一系列独具特色的低碳交通政策，在提高人们出行效率的同时有效降低了温室气体的排放。

（1）大力发展电动汽车和新能源汽车。

从国外的实践来看，政府通过发展规划、政策倾斜和补贴来积极推动电动汽车和新能源汽车的普及和应用，积极宣传和推进绿色能源的广泛利用，通过制定相关政策引导公众购买低碳环保型新能源汽车，并鼓励新能源公交车辆的使用。英国伦敦在电动汽车和新能源汽车发展方面的政策已经比较系统。第一，政府在《伦敦未来能源战略》报告中确定了电动车和新能源汽车的发展目标，通过加大对伦敦低碳环保电动车的财政投入和购买力度，力争到2020年使伦敦电动车辆保有量达到100000辆。与此同时，完善相关配套设施，到2015年新建25000个电动车辆充电站点，确保每一个伦敦市民都能在一公里之内便捷地找到电动车充电站点。第二，加强新能源汽车的推广力度。政府加强与伦敦环保能源组织等非政府组织，以及城市公共交通公司的合作，推广氢能源行动计划。在伦敦地区投入使用氢能源公共汽车，替换常规能源公共汽车，明确规定从2012年开始投入使用的新公共汽车必须是氢能源机动车。按照私家车 CO_2 排放量对居民征收差别化的停车费和制定不同的停车许可制度，鼓励市民使用绿色能源。第三，加强与高校、科研机构及国际组织的合作，增加研发投入，积极开发低碳技术，减少交通基础设施运行的 CO_2 排放。

（2）打造低碳、便利、高效的城市公共交通体系。

伦敦为促进公众出行方式由私家车向公共交通转变，在提高低碳公共交通方面做出了多方面的努力。第一，在完善公共交通网络和公共交通基础设施的基础上，加强不同交通工具的换乘便利性。通过改善地铁交通网络、提高城市轨道交通的安全性和可达性来扩充轨道交通的客流量；定期对公交系统进行评估和检测，确保公交系统能为公众出行提供优化服务，同时提供实时准确的公交服务信息，为居民出行提供便利。根据规划进一步完善公共交通基础设施，在公共交通集中地段提高高层次的公共交通可及性；提高不同公共交通模式之间，特别是主要城市轨道交通和地铁站的换乘便利性。第二，推行自行车革命计划，为伦敦创造更加便利的步行环境。大力发展伦敦市中心区自行车出租项目，为公众在市中心及附近的短途交通提供自行车出租服务，解决“最后一公里”难题。2012年，伦敦增加了66000个自行车停车位。由轨道交通、公共汽车、自行车等多种交通运输方式构成的公共交通系统将大大提高伦敦公共交通的运输效率。第三，提高公众对低碳交通的认识，加强对公共交通工具驾驶员的技术培训，提高公众对节能驾驶和机动车保养对耗油量影响的重要性的环保意识，开展丰富多彩的公益宣传，促进公众日常出行方式的转变，选择更低碳的出行方式，鼓励采用合理的驾驶方式来减少 CO_2 排放量。

（3）完善交通基础设施，发展慢行交通体系。

国外大城市建设低碳交通非常注重构建低碳环保的慢行交通系统，倡导居民以步行、自行车为主的慢行方式。通过制定城市慢行交通发展战略，科学、合理地规划慢行交通系统。完善交通基础设施，是发展慢行交通的必要前提。第一，政府在倡导和宣传绿色交通、低碳出行的环保理念的同时，必须为居民提供便捷、安全的出行环境，优化路网结构。加大对慢行交通设施，如步行专用道、非机动车专用道的建设力度，并对违规占用步行专用道、非机动车专用道的行为进行监督和惩戒，切实做到专道专用。第二，公共交通服务的空间可及性是影响公众选择出行方式的主要因素。因此，必须加强公交车、轨道交通等公共交通站点的衔接性和步行距离的可达性，使城市交通系统之间的换乘更加便捷，从而有效降低出行成本，使得经济、安全、方便、快捷的城市公共交通系统成为越来越多居民的出行首选。第三，设立公共自行车租赁服务站点，为居民短距离出行提供公共自行车租赁服务，提高居民出行效率和交通运行效率。

（4）制定低碳燃油和汽车碳排放标准。

为了降低交通部门的碳排放，国外通过制定排放标准和燃油标准来控制交通部门的碳排放。一是制定汽车碳排放标准：对高污染、高排放、高消耗车辆进行整治，降低温室气体的排放，推进绿色交通体系的建设；二是建立交通低碳燃油标准，美国的《低碳燃油标准》、英国的《可再生交通燃油规范》、荷兰的《交通生物燃油法案》等支持生物燃油的发展。美国在交通领域通过制定碳排放标准和低碳燃料标准，提高了车辆的使用效率。一方面，建立交通工具的碳排放标准。制定 2012 ~2016 年小汽车和卡车碳排放标准，2014 年制定《重型车辆温室气体排放和燃料效率标准》，规定了大型车辆的能效和碳排放标准，并对 2005 年制订的“清洁燃料标准计划”进行修正和补充，包括增加人行道建设、提高减排技术等。另一方面，建立了标准的实施机制。制订了运输合作伙伴计划、轻型车辆的燃油经济性和环境标志等直接关系到交通部门排放的相关措施，例如，有关重型卡车节能的全国计划将节省 500 亿美元的燃料支出，在降低美国对石油依赖的同时，还大幅度降低了温室气体的排放。欧盟在交通领域实行了

443/2009 号法规，为减少新客车 CO_2 排放量，将之前 2015 年新客车排放达到 130gCO_2/km 的目标提高到 95gCO_2/km。2011 年，为实现减少新轻型商用车 CO_2 排放的目标，欧盟修订 510/2011 号法规，提出了到 2020 年新轻型商用车排放达到平均 147gCO_2/km 的目标。

二 低碳建筑建设

发达国家通过立法与标准建设控制低碳建筑排放。日本先从完善法规入手，先后制定了《环境保护法》《循环型社会形成推进基本法》《促进建立循环社会基本法》《关于促进新能源利用的措施法》等诸多与低碳消费有关的法律法规。2004 年，日本发起面向 2050 年的《日本低碳社会》情景研究计划，为 2050 年实现低碳社会目标提出对策。2008 年，日本政府发布了《面向低碳社会的十二大行动》。日本创建低碳社会首先从政府做起，呼吁全社会参与。中央政府、地方政府、企业、国民都要积极参与创建低碳社会的全过程。在完善法规的同时，政府积极进行政策引导，做好模范带头作用。日本政府提倡夏季穿便装，将空调温度由 26℃ 调到 28℃；政府公共设施率先使用新能源设备，建筑物率先安装太阳能设备，政府使用绿色能源车，在城市开发、道路建设和兴修水利等工程中也必须使用新能源，地方行政单位也必须在本地区优先使用无污染能源，通过利用新能源努力建设无污染、无噪音和无“热岛”现象的街道。2006 年 7 月，日本政府发布了具体的政府机关节能对策。在政府的倡导下，创建低碳社会的观念已深入人心。据调查，有 90.1% 的日本人认同创建低碳社会。日本低碳消费政策主要是提高房屋和建筑的能效及降低建筑物的碳排放量。政府针对新建住房制定强制性的节能标准，同时推广相关的节能措施，并提供新的建筑技术手段，建设更多节能型住宅，推广高能效低碳建筑模式。通过推动“净零能源”计划，政府计划在 2020 年前实现建筑方面的能源消费指标。

2013 年，美国奥巴马政府发布了《总统气候行动计划》，制定产品能效标准是其重点内容。目前，美国已设置了 40 种产品的能效标准，为近 100 万间住房提供了御寒设施，为超过 65 种产品、16 种商业建筑、12 种制造工厂提供了“能源之星”（ENERGY STAR）标识认证，并推动了私人和公共部门合作，提高能效投资。为控制建筑能耗上涨，美国环境署在建筑领域推动“能源之星”标识计划，为企业与其他组织提供了优越的能源管理策略和标准化的测量技术手段，并提供认证。目前有超过20000座建筑已经获得了“能源之星”标识认证，这些建筑比一般的建筑要节约35%～40%的能耗。自2010年以来，美国环境署已经将“能源之星”的标识扩展到16个不同的建筑领域，包括高级保健设施和数据中心等。此外，大约40%的美国地面空间已经开始使用与“能源之星”相配套的“投资组合管理者”（ENERGY STAR Portfolio Manager）的建筑追踪工具。自1999年以来，“投资组合管理者”帮助业主和租户建立能效标准、制定改进和提升机会成本等方面提供了基准。作为美国最大的建筑节能基准数据分析工具，美国环境署在建筑物审查过程中一直使用“投资组织管理者”作为测量工具。从2008～2011年，美国建筑部门已经实现了7%的节能和6%的温室气体排放减少。

德国政府规定，2009年以后的新建建筑均需采取一定比例的可再生能源。对于2011年以后的新建公共建筑，政府要求用于加热和冷却的能源消费中可再生能源达到15%，同时设定了消费者个体使用可再生能源的最低标准限度。

综上，目前我国也在开展低碳交通和低碳建筑的建设，有必要借鉴国外在相关领域的成功经验，提高基础设施的设计与低碳标准，为降低消费碳排放提供有效的基础设施支撑。

三　低碳能源基础设施

建设低碳能源基础设施提供了重塑社区能源系统的机会，主要是清洁能源和分布式能源的推动和应用及节能和能效的开发。许多自上而下提出的解决方案，将社区居民视为分散的个体来设计制度，其面临的主要问题是缺乏经济激励，以及公众参与较少。

英国将分布式能源作为住房开发的重点。英国政府设定了2016年实现零碳家庭的政策目标，推动家庭使用高能效产品及零碳能源。因此，在新住宅系统里安装分布式可再生能源系统就成为实现这一目标的重要途径。英国政府出台了新住房开发计划，到2016年开发200万套住房，到2020年开发300万套住房，这些新住房将成为新的经济增长点，生态城涵盖英国现有的城市地区，这是20世纪60年代以来最雄心勃勃的住房开发政策。政府希望给低碳、零碳技术提供测试平台，推动住房开发和能源行业实现变革。住房开发计划给分布式能源的部署提供了一个非常有利的机会。

在住房开发中应用可再生能源系统面临一系列的障碍：第一，能源行业自身对将可再生能源发电作为未来能源发展战略持抵触态度，因为可再生能源政策变化频繁，对于投资者来说缺乏价格和市场安全性。第二，英国可再生能源研发、部署已落后于其他欧洲国家，尤其是电网与规划问题进一步加剧了落后状况，这导致可再生能源成本较高，而且种类较少。第三，英国可再生能源市场高度扭曲。化石燃料的使用成本、环境成本并没有内部化，使得可再生能源的成本相对较高。

当前，针对新住宅开发促进分布式能源部署的政策工具仍不完善，经济激励面向生产者（建筑商和能源产业）而非消费者，培育成熟的市场需要更完善的政策措施以及充分的资金支持，要提高针对房屋建造商的融资支持，引入固定价格有利于吸引能源服务公司进入，推动分布式能源应用的政策体系（见表6-4）还要不断完善。

表6-4 推动分布式能源应用的政策工具

工具	相关政策	引入时间	目标	可能问题
减碳目标（CERT）	电力和天然气法（英国,2008）	2008年	需要公用事业公司提高能源效率,并鼓励家庭部门微型发电的应用,以满足CERT。也可以通过发展集中式可再生能源来实现	在地方层面容易着眼于能效项目而非可再生能源发电
回购计划	气候变化和可持续能源法案（2006）	2006年	设置微型发电目标,以确保能源供应商可以回购微型发电机的电力	价格没有固定,对于发电者来说风险较大,难以吸引投资
可再生能源义务（RO）	可再生能源义务（2004,2009）	2004年	需要公共服务公司购买一定比例的可再生能源发电,对于还未商业化的技术给予金融支持	金融机构对小规模发电商的支持非常有限
固定价格	可再生能源能源义务指令（2009）	2010年	对5兆瓦以上的低碳发电给予金融支持	对投资者的帮助很有限,因为是短期的且没按照能源类型和规模进行差别定价,该政策并不能促进技术在市场上的扩散,还会减少可能选择的能源类型
拨款	低碳建筑项目	2006年	通过拨款促进技术推广	有限的资金支持不足以支持技术的市场扩散,支持缺乏持续性

续表

工具	相关政策	引入时间	目标	可能问题
2016 零碳家庭目标	建设绿色未来（2006）	2016 年	对建筑业设定目标，到 2016 年新建建筑将达到零碳，通过离网和联网可再生能源发电	对于实现 2016 减排目标并没有支持性措施，主要是通过能效减排达到
自愿标识	可持续家庭标识（2007）	2007 年	识别分布式能源系统的核心标识	没有制定分布式能源系统的法定义务
规划	规划法（2008）	2008 年	确定区域和地方政府的法定义务，通过法定规划将微发电作为气候变化的主要行动	面临实施问题
	规划政策说明（2007）	2007 年	需要地方政府采取措施推动分布式、可再生和低碳能源的发展	面临实施问题

第三节 建立低碳行为体系，形成减碳长效机制

实现低碳发展，需要建立低碳生产与消费体系。促进社会行为体系由高碳向低碳转变，仅仅通过消费者自身难以实现，还需要企业的参与和政府的支持。从低碳消费发展的国际经验来看，政府在其中发挥重要作用。建立低碳消费行为体系，有助于在消费者、企业与政府之间建立良性互动关系，实现低碳生产和低碳消费的相互促进。

一 低碳行为体系的必要性分析

低碳消费涉及经济、社会、环境、发展等多个方面。人类的高碳生产与消费行为是工业化、城市化及全球化的产物，为了推动人类社会由高碳向低碳转变，需要一定的制度安排和政策引导建立低碳生产和低碳消费的行为体系，为低碳经济的发展奠定微观基础①。发达国家的经验表明，低碳发展不能单纯依靠政府推动，还需要消费者和企业的积极参与。为实现低碳消费，需要建立激励与约束机制，改变各行为主体的行动策略，引导

① 卢现祥、李程宇：《论人类行为与低碳经济的制度安排》，《江汉论坛》2013 年第 4 期。

企业、家庭自觉践行低碳发展。低碳行为体系的建立面临较大挑战：一方面影响消费行为的因素十分复杂，另一方面消费行为和生活方式存在价值判断（value ladenness），如果对消费行为的制度和社会背景认识不深，就难以制定出有效政策。

当前，我国正处于消费结构升级与转型的关键时期，消费结构从生存型消费（包括食品和衣着类）向发展享受型消费（包括居住类，交通通信类，文教、娱乐用品，医疗保健类、旅游）转变，居住条件不断改善，小汽车、家用电器等日益普及，能源需求与碳排放大幅增加，未来增长趋势仍将持续。居民消费的快速增长已成为我国碳排放增长的重要推动力。根据美国劳伦斯伯克利能源实验室的预测，到 2020 年中国住宅能源消费量将翻一番还要多。从我国现有的低碳政策来看，其规制对象主要是生产企业，而对家庭和消费则缺乏关注。消费碳排放将成为影响我国未来排放路径的关键因素。当前我国对消费行为缺乏适当的政策引导，因此，迫切需要建立相应的政策体系。同时，化石能源的大量消费导致的环境与大气污染形势严峻，能源、资源和环境约束趋紧，中国已不可能重复发达国家高消费、高碳排放的老路，因此，推动建立低碳行为体系十分紧迫。

此外，建立低碳消费行为具有经济合理性。麦肯锡公司的研究结果表明，改变家庭日常消费行为，可以极低的成本，甚至负成本快速降低 CO_2 排放①。IPCC 在第四次评估报告中也明确指出，生活方式和行为方式的改变能够为减缓气候变化做出贡献，消费方式的转变可以促进低碳经济的发展②。

二　低碳行为体系的主体与现状

英国萨里大学（University of Surrey）的 Tim Jackson 教授研究提出消费行为是理解家庭对环境影响的关键，人们采取的行动和他们的消费选择，

---

① Enkvist, P. A., Nauclér, T., Rosander, J.：《温室气体减排的成本曲线》，《麦肯锡季刊》2007 年第 3 期。

② Gupta, S. et al., "Policies, Instruments and Co-operative Arrangements", in Metz, B., Davidson, O. R., Bosch, P. R., Dave, R., Meyer, L. A., eds, *Climate Change 2007: Mitigation, Contribution of Working Group III to the Fourth Assessment Report of the Intergovernmental Panel on Climate Change* (Cambridge, United Kingdom and New York: Cambridge University Press), p. 19.

通常表现为选择某些类型的产品和服务，会对环境产生直接或间接影响，同时也对个人福利产生影响[①]。针对德国、澳大利亚、法国等国的研究结果表明，居民生活消费方式的选择与温室气体排放高度相关。国外低碳消费的研究主要包括两个方面：一是分析和评估不同的消费方式对资源环境与温室气体排放的影响[②]；二是对如何建立低碳消费行为进行研究。通常认为，内部（态度、价值、习惯和个人规范）和外部因素（制度限制和社会生活方式、经济和规则激励）对低碳消费行为的影响较大。

实现低碳消费是各行为主体在政策、经济、环境、意识等多种因素共同作用下的结果。第一，政策因素。政策因素，包括法律法规、政策接受度及发展规划等，是最基本、最底层的低碳消费实现因素，为其他各因素继续发挥作用提供根本保证。第二，经济因素。主要包括财政支持、生产水平、收入水平等，是实现低碳消费的经济基础。第三，环境因素。包括社会文化、产业行情、风俗习惯等各个方面。第四，意识因素。包括环境保护意识、责任意识、低碳消费意识等。每个行为主体在低碳消费的实施过程中，都要受到以上多种因素的影响，且随着低碳消费的发展，各因素的影响程度也会变化。在低碳消费的不同发展阶段，各参与主体的行为表现、关注的侧重点是不同的，相应的，低碳消费的引导政策和支持措施也应该考虑到消费阶段的差异，根据各阶段行为主体的内在表现，有针对性地调整政策工具。低碳消费中各行为主体行为影响因素见表 6－5。

表 6－5　低碳消费中各行为主体行为影响因素

因素	政府	企业	消费者
政策因素	法律法规	发展规划	政策接受度
经济因素	财政支持	技术与生产水平	收入水平
环境因素	低碳社会文化	产业行情	风俗习惯
意识因素	可持续发展	低碳、环保	低碳消费

资料来源：刘新民、于文成、吴士健：《基于低碳消费实现阶段的参与主体行为研究》，《消费经济》2013 年第 2 期。

---

① Jackson, T., "Motivating sustainable consumption—a review of evidence on consumer behavior and behavioural change", A report to the sustainable development research network, Centre for Environmental Strategies, University of Surrey, 2005.

② Druckman, A., "The carbon footprint of UK households 1990 - 2004: a socio - economically disaggregated, quasi - multiregional input - output model", *Ecological Economics* 68 (2009): pp. 2066 - 2077.

（一）政府

政府建立财政支持等激励性政策是低碳消费持续健康发展的保障，通过有效的经济激励，引导企业和消费者进行低碳消费。从政府角度来看，可以通过建立健全法律保障体系、加强对消费参与人员的引导、强化政府对低碳消费的推动、推进居民对低碳消费的参与等方面，来实现低碳消费；政府还可以通过提供低碳消费建议和信息、开展能源消费审计、支持低碳环保组织等多种方式促进消费者改变消费行为。

当前，我国对政府官员的绩效考核过于强调 GDP 增长，导致官员任期内追求短期行为：财政支出偏向地区经济发展，大都投向基础设施、基建类领域，而对生态、环境保护、医疗、教育等领域的投入严重不足。以 GDP 增长为导向的政绩观使我国面临较大的能源消费与碳排放压力。同时，社会公众缺乏参与机制、信息不对称和缺乏专业知识，难以对高碳生产和消费行为进行有效监督。为改变政府行为，必须从改变官员的评价方式入手，将低碳发展纳入考评体系，加大节能减碳指标在评价体系中的权重，建立约束官员的长效机制，避免其短期行为。

（二）企业

企业是能源消耗和碳排放的主体，其生产经营行为受到碳排放管制政策的影响，可能成为消费方式变革与碳排放管制的阻力。同时，企业还是低碳产品和服务的提供者，作为低碳消费的主要参与者，企业提供的低碳产品和服务是推行低碳消费的物质基础，也是推进低碳消费的关键环节，直接影响到政府与消费者对低碳消费的认知与态度。企业应该肩负起生态环境保护的社会责任，自觉采用低碳、低排放技术，最大限度地提高资源利用率，实现生产过程的低碳化；通过技术创新，为消费者提供丰富的低碳产品和消费选择，严格遵守国家的碳排放管制政策，扩大碳排放标识制度的运用范围，实现低碳产品的标准化与全面化，为低碳消费提供良好的市场环境。只有这样才能激发低碳产品的市场需求，企业才有生产低碳产品的积极性，从而形成低碳消费的良性循环①。

① 任力：《低碳消费行为影响因素实证研究》，《发展研究》2012 年第 3 期。

（三）消费者

消费者需转变自身消费观念，建立低碳、可持续、积极向上的消费观，努力养成健康的低碳消费习惯。自觉履行监督、促进低碳消费实施的社会义务。消费者对企业低碳生产进行监督，并反馈相关信息。消费者的意见与需求是企业进行低碳产品和技术创新的重要来源[①]。从消费者的角度来看，需要强化消费者的低碳责任，从消费者心理入手，运用人际行为理论推动实现低碳消费。推行低碳消费模式要求消费者在衣、食、住、行等多方面做出改变。消费者行为受到外部和内部多方面因素的影响，外部因素主要包括文化、社会阶层、社会群体、家庭、消费者保护等，内部因素则主要包括消费者资源、需要与动机、直觉、学习与记忆、态度、个性与生活方式等。低碳消费模式的实现要求对这些因素施以影响，这必须要改变消费者的消费观念，而社会文化、媒体、政府政策等因素会对消费观念产生重要影响。

三 低碳行为体系的建立途径

建立低碳行为体系，需要考虑社会经济发展阶段、社会消费文化和习惯等诸多因素，随着经济的不断发展，低碳消费的推行方式也要相应改变。无论对于生产者还是消费者来说，法律的指引与保障不可或缺。初始阶段政府可以通过政策引导，对积极转变行为的消费者和企业给予适当的补贴，逐步过渡到普遍的低碳行为后，可以通过法律制度加以规范。政府、企业和消费者三大行为主体都应积极作为[②]：政府加强低碳消费的政策引导，加大对低碳产品的研发投入和政策支持；企业提高低碳技术的创新能力，让消费者有更多的产品选择；消费者积极转变消费观念，形成良好的消费习惯和生活方式，共同推动消费结构向低碳转型[③]。结合我国国情，建立低碳行为体系的途径和思路如下。

（一）大力倡导低碳消费方式，实现消费方式转变

提高居民低碳消费意识。营造低碳消费文化，改变人们传统的消费习

---

① 刘新民、于文成、吴士健：《基于低碳消费实现阶段的参与主体行为研究》，《消费经济》2013 年第 2 期。

② 陈晓春等：《低碳消费——文明的消费方式》，《光明日报》2009 年 4 月 21 日。

③ 张善秀：《可持续发展背景下低碳消费法律政策探究》，《潍坊学院学报》2012 年第 2 期。

惯，大力提倡低碳生活方式，是转变消费方式和建立低碳行为体系的关键。我国现阶段粗放的增长方式和不合理的产业结构，很大程度上是以不合理的消费方式为支撑的。要重视消费方式对生产方式的反作用，积极推行低碳消费。低碳消费不仅与改善民生并行不悖，而且有利于提升人们的生活质量。实际生活中绝大多数的居民对低碳消费存在认识误区，开展低碳行动的积极性、主动性不足。根据北京网络媒体协会第三方万瑞数据公司的《网民低碳生活调查报告》，仅有10.5%的网民能认知低碳概念。碳标签对于促进消费者识别与采购低碳产品具有重要作用，强化宣传教育对于提高居民低碳意识非常关键。因此，政府需要加强宣传，强化社会公众对低碳消费的认知，通过编制低碳行动手册指导社会公众开展低碳行动，为消费者提供切实可行的行为指导，塑造良好的社会氛围，切实改变奢侈消费等不良习惯，将低碳行为转化为人们的自觉行动。

（二）政府、企业与消费者协力推动，完善政策保障体系

政府、企业与消费者三方协力推动低碳消费。政府主要从政策、制度上引导居民进行低碳消费，通过减免税、提供财政补贴等影响居民的消费行为；企业通过改进生产技术，加强低碳生产技术研发等促进低碳产品的社会需求，发挥企业的主体作用，通过产品低碳化带动消费低碳化；公众应从衣、食、住、行等各个方面调整消费行为，建立低碳生活方式。结合政策工具的不同特点，选择适合的政策工具，引导居民将低碳消费意愿转化为行动。在各种低碳消费政策工具中，自愿参与型政策工具对低碳行为的作用最显著。经济激励型政策工具对居民购买绿色能源行为、住宅节能投资行为和低碳能源消费起到很好的促进作用。在制定引导低碳消费行为的政策时，考虑不同类型的政策措施对居民行为调节效果的差异，能够更好地实现政策目标①。

完善政策保障体系。一是制定低碳消费的法律支撑体系。加快建立和完善与低碳生产和消费相关的法律体系，使低碳消费有法可依。二是将低碳消费相关指标纳入评价考核体系，并将其作为各级领导干部选拔、晋升的重要依据，以提高各级政府对低碳消费的重视程度。三是运用价格、税

① 芈凌云：《城市居民低碳化能源消费行为及政策引导研究》，中国矿业大学博士学位论文，2011。

费、信贷等经济手段，建立市场化的激励与约束机制，对低碳行为进行补贴和支持；同时，对高碳产品生产及消费行为进行惩罚，制定低碳技术和产品目录，积极落实碳标识与碳标签制度，推动产业结构的调整和生产方式的转变，创造低碳、合理的产品供应结构，加强市场监管，完善市场准入制度，为低碳消费提供良好的外部环境。四是增加基础设施和公共服务等公共物品的供给，大力发展公共交通，大力发展以步行和自行车出行为主的慢速交通系统，合理引导私人交通发展。除此之外，还要积极促进低碳建筑的推广和应用。

第四节　国外推行低碳消费的政策工具

产品和服务的碳排放水平影响消费碳排放。为促进低碳产品的推广与应用，国外政府把引导公众转变生活消费方式作为国家发展的一部分，通过各种途径帮助公众改变消费行为，建立低碳的生活方式①。积极运用标准、税收、补贴、宣传、教育等政策鼓励低碳消费。通过归纳欧盟、英国、日本等发达国家低碳消费政策，按照政府及大众参与度的高低可将政策工具分为三类：强制性政策工具、激励性政策工具和社会性政策工具。强制性消费政策工具主要包括法规和强制性标准的使用，主要形式有使用强制性碳标签、规定汽车尾气排放、淘汰高耗能设备等，此类政策主要针对企业行为。激励性政策工具主要包括补贴与税费，补贴指通过政府资助鼓励家庭和个人选择低碳产品和服务，例如，许多国家推行的购买清洁汽车计划。税收主要有机动车燃油税、CO_2 税和电税。收费主要包括污水排放费、垃圾收费等。社会型政策主要包括信息与劝诫，以及各种形式的低碳宣传教育。

国外的经验表明，实现向低碳行为转变需要系统设计和政策组合，通过合理的制度设计和政策组合促进行为改变，同时需要考虑国家体制及社会背景。低碳生产是低碳消费的前提和保障，如果没有充足且有价格竞争力的低碳产品供应，低碳消费就成为“空中楼阁”。因此，国外积极运用财税政策支持低碳生产和技术研发等来降低产品的生产成本，并通过政府

① 马姗：《我国引导扶持低碳生活消费方式的政策研究》，郑州大学硕士学位论文，2013，第 16 ~22 页。

采购的方式，积极推动低碳产品和技术的普及和应用。好的政策组合一般包括以下 6 个因素：①通过税收、补贴、罚款等建立激励机制；②为低碳消费提供便利条件和适当的消费环境，政府需要加强公共交通和垃圾回收体系的建设等；③政策设计时需要考虑国家的制度背景，包括国家的立法、市场结构等；④要考虑社会文化背景，重视调动社区和家庭的力量；⑤积极提高消费相关者，如消费场所和售货员对消费的影响；⑥要帮助社区开展行动。

一　法律与标准

立法。法律先行是通常做法。英国政府通过立法征收交通拥堵费用，并将税收所得用于伦敦公共交通基本设施建设和发展。2007 年通过的《气候变化法案》在世界上首次通过立法对 CO_2 排放进行限制。日本先后出台了与低碳环保相关的系列法律法规，如《循环型社会形成推进基本法》《绿色采购法》《家用电器回收法》《废弃物处理法》《新能源利用的措施法实施令》等。通过制定《低碳社会行动计划》《绿色经济与社会变革》等法律，以及大力推广家用太阳能等措施，推进低碳社会建设进程。

制定标准。制定评估标准以及实施强制性标识制度，有利于从市场上淘汰高碳产品，常见的低碳评估标准致力于减少能耗，如提高家用电器的能源利用效率、提高家庭保温材料的使用效率和提高机动车辆燃油的经济性等。随着全球对气候变化认识的日益深入，能效与排放标准制定越来越严格，所覆盖范围越来越广泛。许多国家建立了家用电器能效标识标准，加拿大 2006 年修订了《能源效率法案》，可以管理 80% 的家庭能源使用；欧盟在 2005 年颁布了《耗能产品指令》，并开始考虑制定所有消费产品的能耗标准；意大利、法国等欧盟国家对能耗效率管理采取了“白色证书”制度，企业必须向政府申请“白色证书”，再由政府核准其最低的节能目标；英国通过法律手段对建筑能耗以及冬季取暖提出了节能标准；日本建立了著名的“节能领跑者制度”，选取汽车、电器等产品生产领域能源消耗最低的企业为标杆，要求其他企业向其看齐；荷兰通过《节能电器法案》规范了家庭电器的能效标准，并且制定了相关的能效标识制度。

二　战略规划

发达国家通常将低碳、可持续消费作为国家可持续发展战略的重点内容，并制定交通、能源、废弃物等消费相关行业的低碳发展规划。英国的可持续消费行动计划涵盖了能源消费、水资源利用、交通出行、食品消费以及废弃物回收利用等方面，同时对 10 个特定产品制定了可持续消费“路线图”。为推动消费战略规划的编制，以及加强低碳消费政策与已有政策的衔接，联合国规划署（UNEP）发布了国家可持续消费规划指导方针。

三　财税政策

1. 财税政策

财税政策对改变采购模式以及消费者行为具有重要的作用，从经济成本角度看，税收和收费政策工具比管制更高效，并且对家庭和企业具有更大的灵活性。发达国家在运用税收、补贴推进低碳生产和低碳消费方面取得了重要进展。

第一，税收政策。税收政策涵盖了生产和消费层面。各国在政策取向和侧重点上存在一定的差异。美国主要是对有利于减少碳排放的技术设备减免税，通过征收汽油税鼓励消费者使用节能汽车；日本侧重通过财政投资和补贴来扶持节能技术和开发利用新能源技术，在 2009 年的税制改革中，环境税把 CO_2 作为课税对象。总体来看，美国、日本倾向于节能以及新能源、可再生能源的开发利用，欧盟的税制更加针对消费者。为限制家用能耗，20 世纪 90 年代，丹麦、芬兰、挪威和瑞典等北欧国家通过生态税的改革（ecological tax reforms），开始收取 CO_2 税和电税，在用电终端用户中，家庭比企业承担更高的税率。此后，奥地利、德国、荷兰等国也开始针对城市家庭用电征税。为限制交通能效，欧洲许多国家还征收机动车燃油税，尤其是对大排量汽车。

第二，收费。收费一般面向家庭并以此来调节家庭购物、消费以及出行行为，所得收入作为基金用于垃圾处理和其他低碳、环保措施，主要收费有以下几种。①对污染环境的产品收取费用。例如，欧盟国家针对购物塑料袋进行收费，引导消费者重复使用或自备购物袋。②为合理控制小汽车的使用和缓解交通拥堵问题，收取道路拥堵费。目前，欧洲许多国家都已经制订了道路拥堵收费计划，例如，米兰的“生态通行证”计划，根据汽车发动机的污染物排放量征收机动车排污费。③许多国家针对家庭收取污水排放费，这是限制生活用水和垃圾产生的有效措施。澳大利亚、加拿大、墨西哥和部分欧洲国家根据家庭成员数量、住房大小和用水量对生活用水收费。

第三，补贴政策。自20世纪70年代以来，补贴已经成为应用最广泛的政策工具。补贴涵盖的领域主要有：一是能效项目。主要根据投资比例或者节约量比例给予补贴，补贴主要采取低利率贷款和税收优惠两种形式。二是低碳能源开发与利用。各国政府用于低碳领域的财政补贴和资助在逐步增加。①家庭能源和消费方面，通过补贴和激励措施，如财政补贴、物品捐赠、税收优惠等，鼓励消费者和家庭选择低碳产品和服务。日本对购买符合一定节能标准的商品的消费者返还“环保积分”，所获积分可用于兑换消费券。2002年，荷兰鹿特丹提出低碳消费鼓励卡计划，消费者在进行废弃物分类、使用公共交通工具、购买本地制造或绿色产品时都可以积累绿色点值，所得点值可购买公共交通车票或者购买低碳产品，且可以获得折扣。美国联邦政府通过免受气候影响援助计划（WAP）向低收入家庭提供补贴。英国通过财政补助、政策优惠等措施鼓励居民采用太阳能、风能电器，并通过能源折扣计划向贫困老人和低收入家庭提供能源消费资助，帮助他们向低碳消费方式转变。②交通出行方面，通过补贴和激励措施鼓励低碳出行，引导消费者购买低排量、混合动力或可替换燃油的汽车。法国巴黎政府为乘坐公交车上下班的人们提供自行车，即法国自行车租赁计划（Velib）。德国、日本均对清洁能源汽车购买进行补贴。英国政府对电动车充电站、充电设施给予一定规模的补贴。法国、日本、丹麦、挪威、荷兰、瑞典、美国和加拿大的部分地区推行鼓励购买“清洁”汽车的计划。加拿大通过生态汽车折扣计划鼓励消费者购买小排量汽车。③提高家庭能效。加拿大和法国主要针对锅炉，丹麦针对节能窗户，英国针对隔热材料和加热器，推行财政补贴以帮助家庭提高能效，此外，英国还通过Warm Front计划专门拨款以改善老房子的节能性能。瑞典为每个家庭加热、用水、用电的节能提供补贴。

第四，低碳发展基金。美国替代能源基金支持替代能源技术的研发；英国通过建立碳基金、公共部门集中能源效率基金等支持低碳发展；德国建立了用于提高中小企业（SMEs）能源效率的特别基金，制订了“德国复兴信贷银行可再生能源计划”和“德国复兴信贷银行节能康复计划”，以帮助企业或个人在可再生能源及节能高效技术领域进行融资。新加坡先后建立了市场发展基金、国家发展部环境建设基金和陆地交通创新基金，用以支持可再生能源技术和低碳交通技术的发展。日本碳基金对安装、购买、租赁和计划安装高效节能设备的家庭实施利率优惠贷款计划。

2. 政府采购

政府作为商品和服务的购买者，凭借其巨大的购买力，能够对低碳消费做出示范和表率作用。尽管程度和范围有所不同，政府绿色采购都着重强调商品和服务的低碳和环境属性。发达国家通常采用政府采购引导消费。20 世纪 70 年代石油危机后，发达国家就通过政府采购的方式，鼓励推动节能技术产品创新和应用，产生了巨大的经济和社会效益。发达国家的绿色、低碳节能采购计划不仅只是政府积极行动，也得到了合作机构的很好配合，使相关措施得以顺利实施。

美国。美国政府采购法对绿色采购做了严格规定，环保局也制定了相关产品目录。美国非常注重政府机构节能。白宫制订节能计划，要求政府公共部门购置和使用高效节能产品。自 20 世纪 90 年代以来，美国已先后制订实施了采购循环产品计划、“能源之星”计划、生态农产品法案、环境友好产品采购计划等一系列绿色节能采购计划。1998 年出台了“通过废弃物减量、资源回收及联邦采购来绿化政府行动”的总统行政命令，旨在通过政府采购促进绿色低碳产品的研发及销售。

日本。1994 年日本发布了《绿色政府行动计划》和绿色采购的基本原则，鼓励中央政府机构采购绿色产品。1996 年日本政府与各产业团体组建了日本绿色采购网络组织。2000 年日本颁布《绿色采购法》，规定所有中央政府及其所属机构必须制订年度绿色采购计划并提交环境部部长审核，地方政府也要尽可能地实行年度绿色采购计划。目前，日本已有 83% 的公共和私人组织实施了绿色采购，全国绿色采购网络联盟（简称 GPN）有 3000 多家会员单位，开发了一系列针对不同产品的绿色采购纲要，建立了一个超过 10000 多种产品的信息数据库。日本政府在公共设施中大量使用新能源设备，为建筑物安装太阳能设备，选取节能环保车作为政府用车。

欧盟。1979 年德国就开始推行环保标志制度，并规定政府机构优先采购环保标志产品。1994 年德国出台的《循环经济法》明确规定，联邦政府机构应采购和使用符合一定的耐用性、可再利用性等特征的环境友好型产品和服务。2004 年 8 月，欧盟发布了《政府绿色采购手册》，该手册主要用于指导欧盟各成员国如何在其采购决策中考虑环境问题，为此，欧盟委员会还建立了一个采购信息数据库。数据库中有 100 多类产品的信息，包括产品说明书、生态标签信息等，还提出了一般采购建议。2006 年英国政府发布了《可持续采购国家行动方案》。欧盟委员会认定奥地利、丹麦、芬兰、德国、荷兰、瑞典和英国7个国家的政府采购为“深度绿色”。

目前发达国家政府绿色采购最主要的产品类别包括纸制品（回收的、无氯）、加热电器、信息化设备、清洁设备、包装、家具、机动车，以及能源和废品服务。通过政府绿色采购，澳大利亚公共部门采用了节油汽车、节能电器和照明设备；奥地利公共部门广泛使用再填充硒鼓和回收纸；瑞士公共部门使用无溶剂油漆以及可再生能源；英国政府部门的楼宇和交通设施设备基本实现碳中和。

与此同时，国际组织也正在积极践行绿色低碳采购。世界银行、跨美洲开发银行、亚洲开发银行等多边开发银行以及部分联合国机构共同成立了环境和社会责任采购工作组，分享绿色、低碳、可持续采购的经验，识别新的采购伙伴，制定联合采购策略和指南。国际绿色采购网络在线提供关于特定产品和服务的持续性信息，包括主要生产商的产品和服务。

四　产品和服务的碳标识

碳标识有助于引导消费者合理选择低碳产品和服务，推动消费者削减自身碳足迹，同时有助于引导厂商积极开展低碳生产，实现低碳生产和消费的良性互动。为了给消费者在低碳产品选择方面提供信息，国外推出了产品和服务的碳标识。碳标识也将激励企业降低产品或服务的 CO_2 排放量，开发出更小碳足迹的新产品。从国外实施情况来看，碳标识主要面向日用品、服装、食品、饮料、农产品等终端消费品。

2008年10月，英国标准协会（BSI）、碳基金（Carbon Trust）和英国环境、食品与农村事务部（Defra）联合发布了《关于产品和服务在生命周期内温室气体排放的评估规范》（PAS2050：2008）。国际标准化组织（ISO）也制定了ISO14067《产品的碳足迹》。企业可利用该规范对其产品和服务在整个生命周期内（从原材料获取到生产、销售、使用和废弃后的处理）的碳足迹进行评估。该规范的宗旨是帮助企业在管理自身生产过程中所形成的温室气体排放量的同时，寻找在产品设计、生产和供应等过程中降低温室气体排放的机会。在此基础上，英国、德国、日本和韩国等对部分消费品和服务的碳排放进行评价，并推出了碳标签。目前，产品碳标识已经在百事可乐、库尔斯酿酒公司、桑斯伯里连锁超市、法国达能公司等多家企业得到应用。

英国。英国产品碳标识由英国碳基金负责。英国碳基金是政府资助的独立公司，其主要职责是帮助各种机构降低碳排放，并资助开发低碳技术。从2006年起，碳基金和其他公司合作，针对产品的供应链，进行温室气体排放的量化、降低和信息交流工作，并在2008年与英国标准协会（BSI）出版了PAS2050，作为标识和认证的技术依据。英国的产品碳标识在2007年3月推出，目前，碳标识已经应用于100多种产品，包括食品（果汁、土豆片）、服装（T恤）、玩具（非电动）、生活用品（洗发水、洗涤剂、灯泡）、服务（网上银行账户）等。为了更好地运作，碳基金专门成立了下属机构，负责企业咨询和认证工作，其认证有效期为两年。

德国。2008年2月，德国针对私人消费品开展产品碳足迹试点项目，由世界自然基金会（WWF）、德国应用生态研究所和气候影响研究所共同发起，10家大公司（包括BASF、德国电信等）作为合作伙伴加入，试点的产品包括食品、生活用品（洗涤剂、纸质品、床上用品）、电信和网络服务等。产品碳足迹评价依据ISO14040《环境管理生命周期评价原则与框架》和《环境管理生命周期评价要求与指南》。与英国不同的是，德国目前的标识上并未标注具体的碳排放量，只是表明该产品经过碳足迹分析认证。

日本。2008年7月，日本在《建设低碳社会行动计划》中明确提出了产品的碳足迹项目，目的是促使消费者能够清楚地知道产品的碳足迹。该项目由日本经济、贸易和工业部下属的执行机构负责，项目任务包括温室气体排放的量化、标识和评估工作。30多家公司参与了该项目，试点的产品种类众多，包括食品饮料、生活用品、家具、办公用品、电池和荧光灯等。日本开展生命周期评价（LCA）工作已有多年，建立了很多产品的生命周期数据库，因此，采用LCA方法进行碳足迹评价，反映到碳标识上，就是不仅标出了总的碳足迹，还标出了每个阶段的碳足迹所占的比重。例如，洗发液的碳足迹标识中，原材料获取阶段占5.3%，生产阶段占1.0%，使用阶段占88%等，消费者可以从中了解产品生命周期的哪个阶段对碳足迹贡献最大。

韩国。韩国的碳标识制度由环保部下属的工业和技术研究所负责，并于2009年2月正式实施，是政府支持的市场化运行机制。主要包括两个步骤：产品的碳标识认证和低碳产品认证。其认证依据是ISO14025《环境标志和声明Ⅲ型环境声明原则和程序》以及自主制定的《韩国产品碳足迹指南》（以下简称《指南》）。《指南》分别对使用阶段耗能和不耗能产品的碳足迹评价方法和要求进行了规定。韩国碳标识制度发展很快，2009 年已经有 16 家公司的 37 种产品（食品、生活用品、耗能产品、飞行服务等）通过了第一步认证。韩国环保部还和 3 家主要零售商签署了备忘录以共同促进制度的实施。韩国的计划还包括开展认证试点，通过出台绿色采购法促进低碳产品认证工作的开展等。

总的来看，这些国家的碳标识工作都是在政府的推动下展开的，主要面向消费品（如食品、生活用品等），英国、日本直接标注碳足迹数值的做法还存在一定争议。德国碳标识主要是引导和鼓励企业在应对气候变化方面采取行动。韩国采取分步走的形式，第二步的低碳产品认证关注碳足迹的减少量值得借鉴。

主要国家碳标识实施概况见表 6－6。

表 6－6　主要国家碳标识实施概况

	英国	德国	日本	韩国
形式	自愿性	自愿性	自愿性	自愿性
标识类型	信息型	保证型	信息型	保证型向信息型过渡
驱动力	政府推动	民间机构	政府推动	政府推动＋市场机制
管理部门	专门机构	项目管理	专门机构	专门机构
运行模式	标识＋自愿性认证	标识	标识＋自愿性认证	标识＋强制性认证
认证产品	食品、服装、玩具、生活用品、服务	食品、生活用品、家具、办公用品	食品、服装、生活用品、服务	食品、生活用品、耗能产品、服务

五　宣传与教育

宣传活动。目前，许多国家通过公共宣传活动提高消费者的低碳消费意识，为消费者提供低碳消费信息，从而促进低碳消费。许多国家推行更大范围的宣传活动以促进环境友好型购买。在消费习惯方面，日本大力宣传 3R 运动，倡导可持续使用包装和循环使用理念。法国通过电视宣传垃圾减量，倡导减少一次性产品使用和过度使用复印纸、瓶装水。美国推行节约用水广告，提出节约用水的途径。在树立低碳生活方式方面，英国政府通过官方网站提供 CO_2 在线计算器，帮助家庭或个人计算 CO_2 排放量，并提出针对性的指导建议。英国交通部发起的“可持续旅行城市”计划，推动选择更低碳的交通方式，社会团体也提供低碳信息与知识，给家庭提出有针对性的意见，引导人们向低碳生活方式转变。2007 年丹麦环境部和能源与交通部联合推出“减排一吨”运动，通过计算每个人的碳排放量，并提出改变日常生活方式的建议，推动削减生活消费碳排放量。

教育。教育可以为个人提供恰当的技能与能力，从而成为推动低碳消费的有效工具。联合国教科文组织指定 2005 ~ 2014 年为“低碳发展教育十年”。世界各国在低碳教育方面的主要做法如下。

一是积极开发低碳消费的相关课程，并将其纳入教育体系。奥地利联邦教育部提出重点项目针对学校可持续发展课程及相关教育内容的研发，并循序渐进地提供可持续消费的主题演示；爱尔兰可持续发展委员会在学校试点中研究如何把低碳消费原则纳入已有的教学课程中；韩国通过国家低碳发展策略为可持续发展教育建立起一套法律框架；捷克制订了一项关于可持续消费教育的行动计划；芬兰的可持续消费计划把促进可持续教育作为主要目标之一；英国教育与技能可持续发展行动计划与可持续消费行动计划相联系；瑞典的可持续消费计划（Think Twice）包括促进可持续家庭消费的教育内容；北欧部长委员会提出消费教育纲领，消费者能够评价他们自己在环境方面的消费效果，能够选择对环境有利的营养食品，能够在家里进行低碳消费。

二是提倡建立“生态学校”和“可持续学校”。“生态学校”从环境角度设计课程内容，如建筑、垃圾管理和节约能源材料。1994 年，国际生态学校项目成立，此项目旨在使年轻人认识可持续发展并且学会应对其带来的挑战，“生态学校”开展一些具体实践活动，如节约用水、节约能量和循环使用各种材料等，目前有超过 14000 所学校参与到生态学校网络中。意大利和英国支持“可持续学校”的发展，通过学校教育帮助年轻人建立低碳生活方式。英国的“可持续学校框架”确定了到 2020 年前，政府希望学校在可持续教育方面的发展方向，涉及消费领域中的食品、饮料、节能等。

第五节　我国低碳消费的现状与发展思路

目前，我国的低碳消费刚刚起步，尚未形成低碳行为体系，其发展面临一系列的制约因素。首先，政府的政策保障与支持不足。低碳消费缺少相关的法律支撑。政府对低碳消费的宣传力度不够，传统消费观念仍根深蒂固；低碳消费的公共服务体系尚未建立，低碳消费的科技研发体系、技术服务体系、资金服务体系建设严重滞后。其次，消费者自身的制约。市场经济条件下，消费行为能够引导生产行为，但目前社会公众低碳意识薄弱、低碳知识匮乏、低碳行动的积极性有待提升。再次，低碳消费的市场环境亟须改善。低碳产品缺乏统一标准，市场秩序混乱，消费者对低碳产品信心不足，低碳产品的认知度、市场接受度还不高，这对低碳产品的推广极为不利。最后，从国情出发，我国所处的发展阶段与发达国家不同，决定了我国低碳消费的政策要结合我国的制度和社会背景，在坚持改善就业、确保经济增长的基础上促进低碳消费。低碳消费是一项涉及经济社会发展各个层面的综合性问题，推动“高碳消费方式”向“低碳消费方式”转变应该是全社会的共同职责，需要政府、企业与消费者共同努力来实现。结合中国的国情，必须合理控制消费需求，结合城镇化进程，分阶段逐步推动形成政府引导、市场驱动、公众参与的政策框架，逐步建立健全有利于低碳消费的长效机制，最终实现消费的绿色化和低碳化。

一　合理控制消费需求

充分发挥政府、企业和消费者的合力作用，合理控制消费需求、逐步建立起适度消费、低碳消费的社会风尚和习惯。从政府来看，一是要建立并完善一套有关低碳消费的法律法规保障体系，直接利用国家的强制力保证低碳消费的实施。二是对于具有可持续发展潜力的低碳消费产品及服务的生产制造企业，予以资金政策支持，并为企业发展提供低利率的信贷支持；对于高耗能产品及时取缔，并责令相关生产企业进行“关停并转”。三是利用税制的方式，重新分配能源消费利益，督促低碳消费的进行。四是对产品、技术、设备等提出国家低碳排放标准，保证从生产、选购、使用、处理各个环节都严格进行低碳消费。五是政府还要起到模范带头作用，加强低碳消费的社会风气建设，强化政府的模范带头作用，规范社会风气，杜绝讲排场、讲面子的不良消费方式，从衣、食、住、行等多方面入手，提倡资源节约，循环利用。

从企业来看，作为低碳消费循环中连接政府和消费者的重要参与主体，企业必须积极适应政府的政策环境，创造适合企业发展的新路径。积极遵守并配合政府要求，整改传统的高消耗技术设备，运用政府的支持，推广低碳消费模式，大力推进低碳产品的开发，制造符合国家低碳标准的新型产品，淘汰落后的高耗能产品与生产方式。

作为消费者，要积极响应和配合低碳消费各项政策，从对低碳消费产品和行为不排斥、不抵触到逐步接受。同时，居民个人的消费偏好逐步改变，逐步减少对高耗能产品的购买与使用，逐渐增加新型低碳产品的使用比例，逐步提高自身的低碳消费意识。居民的奢侈性、炫耀性消费得到约束，逐步实现从崇尚奢侈性消费、炫耀性消费和浪费型消费到适度消费和低碳消费的转变。

二　结合新型城镇化建设推动低碳消费

将低碳消费纳入新型城镇化的规划体系当中，在城市规划、公共交通、能源与建筑基础设施的设计与运行等方面，考虑其对低碳消费的影响以及对低碳消费的支持力度，主要内容如下。

第一，我国未来的低碳城镇发展要通过体制改革与机制创新，逐步打破“十一五”和“十二五”高碳城镇化发展惯性，突出生产、消费、生活、社会服务与管理、城市建设等各方面的全面转型，全面构建人口、消费、城镇与碳排放之间的正向反馈关系，走出一条具有中国特色的绿色、生态、低碳城镇化发展道路。

第二，构建低碳、高效的城市公共交通体系。一是按照综合交通运输“宜水则水、宜陆则陆、宜空则空”的原则，加快推进现代综合交通运输体系建设，合理配置运输资源，提高运输效率。二是通过合理的城市规划减少交通出行需求。三是大力发展城市公共交通，提高公共交通的分担率，控制私人汽车无节制增长。四是通过不断提高强制性的汽车燃油效率标准，促进改善汽车燃油效率，另外大力发展混合燃料汽车、电动汽车等清洁能源交通工具。

第三，完善城市能源基础设施。改进城市能源供给方式，扩大新能源的利用。一是鼓励热电联产等分布式能源的发展，应在我国北方城市大力推进热电联产和热、电、冷三联供分布式能源供给方式，提高城市能源供应效率。二是推进供热体制改革，实施分户用热计量，建立起个人用户节约能源的激励机制。三是提高电气化率和城市用气普及率，增加优质清洁能源的使用比例。

第四，积极推动节能低碳建筑的开发与应用。一是引入建筑物能效标准和标识制度，提高建筑节能标准，加大标准的检查、执行力度。二是对既有高耗能建筑开展节能改造，鼓励能源服务公司对既有公共建筑进行改造。三是利用财税政策鼓励开发商和消费者投资、购买节能低碳建筑，对于购买节能低碳建筑的消费者给予减税优惠。

第五，加强城市用能管理，推动低碳、节能产品认证。一是开展大型商业建筑的能耗监管体系建设、能源审计与改造示范、节能运行管理示范。二是尽快推动低碳产品的认证工作，逐步扩大低碳产品的认证范围，并提高低碳认证和碳标识的可信度。

三　分阶段逐步推进低碳消费

在不同的经济社会发展阶段，低碳消费具有不同的内涵，考虑到消费者的承受能力，设置低碳消费的分阶段发展目标（如图 6－2 所示）。在低碳消费的导入期，降低消费的碳强度，即消费同样的产品和服务，碳排放下降，实现消费的相对低碳；在低碳消费的提升期，随着经济社会的发展，逐步过渡到绝对的低碳消费，对消费碳排放总量进行控制；在低碳消费的成熟期，实现消费碳排放总量的下降，总体目标是以较低的碳排放水平支撑生活品质的提升。低碳消费每个不同的阶段具有不同的特征与重点任务，具体如下。

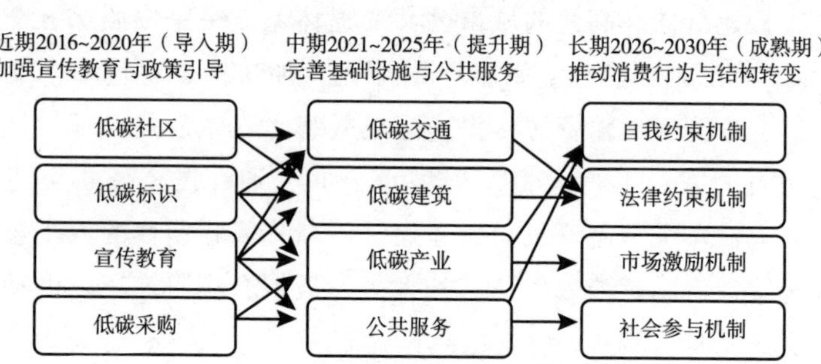

图 6－2　低碳消费发展的战略路径

（1）低碳消费的政策导入期。近期（2016～2020 年）要将低碳消费政策纳入现有的政策体系，主要采取以下方式进行推动：建设低碳社区，加快低碳社区和零碳社区试点，推广低碳标识，加大低碳消费的宣传教育力度，政府实施低碳采购制度。该阶段的主要任务是使低碳消费深入经济社会的方方面面，提高全社会对低碳消费的认识，建立低碳消费政策的社会基础，并逐步建立促进低碳消费的各项政策措施。

（2）低碳消费的提升期。中期（2021～2025年）要进一步深入推动低碳消费，主要提高低碳消费的基础设施与公共服务建设，实现交通、建筑、产业以及公共服务的低碳化，建立较为健全的低碳消费基础设施、产品以及公共服务支撑体系。从产品、交通出行、居住用能以及公共服务等方面全方位降低各项消费的碳强度，实现消费的相对低碳。

（3）低碳消费的成熟期。经过十几年的实践与探索，通过总结、完善已有的政策经验，在“十五五”时期（2026～2030年）要建立起针对低碳消费全面的、完善的制度体系，形成自我约束、法律约束、市场激励以及社会参与等全面支撑低碳消费的制度体系，全社会的消费行为与消费结构全面低碳化。该阶段的主要工作在于推动形成低碳消费的长效机制，推动实现对消费排放总量的控制，直至实现消费的绝对低碳。

第六节　我国推进低碳消费的政策框架

根据低碳消费的发展途径和总体思路，明确低碳消费的行动目标，加大政策的协调和稳定性。在满足经济发展需求和人民生活水平的同时，推动消费的低碳转型，建立完善的低碳消费政策框架。如图6－3所示，低碳消费政策框架主要包括建立强制性的政策体系，通过立法和监管等措施提出相关禁止性规定，规范低碳消费行为；建立经济激励性政策体系，使有利于低碳消费的行为得到鼓励和支持；建立社会引导性政策体系，提升消费者以及利益相关者的参与程度。

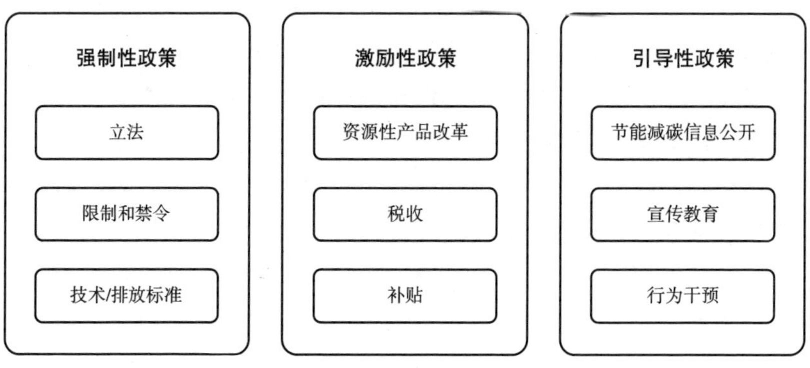

图6－3　我国低碳消费的政策框架

一 强制性政策

第一，立法。立法对低碳消费具有基础性作用，通过政府的强制力来约束社会行为，引导消费者的行为。通过立法建立低碳消费的基本框架，对高碳消费行为做出禁止性规定。立法的效果取决于法律能否得到严格执行，因此，需要建立严格的监督、执法以及强力的惩罚等配套措施。同时，低碳消费为改进立法提供了机会。以前我国的立法主要由政府主导、自上而下进行，消费者及其他组织难以参与政策制定，导致法律的可行性较差，因此，在低碳消费立法时要加强公民参与，从而促进法律的实施。

第二，完善监管措施。在促进低碳消费发展方面，可以通过监管措施授权或禁止某些消费行为以及使用某些产品来实现。与低碳消费相关的监管措施主要包括碳标签、能效标准、技术/排放标准、限制和禁令。制定监管措施有助于落实法律的强制性要求，将自上而下的强制性和自下而上的自愿行动相结合，推进消费行为改变。

二 激励性政策

目前产品或服务的市场价格并没有反映碳排放成本，造成了消费排放的迅速增加，因此，亟须建立反映碳排放成本的价格形成机制，使产品价格真正成为市场信号，约束企业的生产行为，引导低碳产品的生产和消费。低碳消费的经济激励工具主要包括税收和补贴，经济工具通过改变消费行为的成本收益，推动消费行为转变。

第一，税收。税收工具对改变消费模式非常重要，并且实施成本较低。对高碳产品征税有助于调整产品结构，人们会增加对低碳产品消费或减少对高碳产品消费，通过不断优化和调整税率设置可以有效引导生产者和消费者，使消费者将碳排放成本纳入决策，以此来影响消费者的消费行为，提高低碳产品的竞争力。然而，由于低收入群体对价格变化更为敏感，受税收调整的影响较大，高收入群体对价格变化不敏感，所受影响较小，税收政策会产生不利的社会影响。这需要采取配套补贴措施来减少其对社会弱势群体的不利影响。

第二，补贴。政府设立专项资金对低碳产品进行补贴，科学合理的补贴政策设计有助于促进碳消费行为。面向家庭的补贴项目主要有节能改造、增加使用可再生能源；升级空调和热水系统，提升供热能源效率。具有明确目标群体的补贴计划有助于实现社会公平，将弱势家庭和低收入家庭纳入补贴范围内，不仅有助于提高能源效率、改善生活环境，也有助于激励消费者采取低碳消费，以此来引导消费者行为。

三　社会引导性政策

通过社会引导性工具建立低碳消费的价值观体系，低碳消费文化以及低碳消费观念非常重要。基本生存问题解决之后，消费观念将起主导作用，改变原来的消费观念。树立低碳消费是一种文明消费和高级消费的理念，有助于实现消费模式低碳转型，可供选择的政策工具主要有以下几种。

第一，信息类政策工具。其一，近年来信息技术的进步降低了信息收集、分析和传播的成本，使得信息类政策工具得到了普及。信息提供与意识提升工具通过向消费者提供有关产品或服务的信息（如产品质量、认证情况、使用说明等），提高消费者对某种产品特性的认识，进而影响它们的消费行为。目前，能促进低碳消费的最重要的信息化措施是通过第三方认证获得的产品标识。其二，提供个性化的信息服务，如能源审计，它在给居民提供个性化信息服务方面非常有效，促使居民考虑自己的能源消费行为。通过教育和信息宣传手段能够提高居民的能源碳排放认知水平，从而引导居民低碳消费。

第二，行为干预工具。通过日常沟通交流、宣传教育改变消费者的消费观念，进而达到改变消费者消费行为的目的。其一，宣传教育。通过信息公开和环保宣传活动，推动利益相关者结成合作伙伴关系（私营部门、非政府组织等）来推动社会各方共同参与低碳消费，积极推动消费者采取低碳行动。其二，通过建立反馈和事后奖励措施来激励消费者的低碳消费行为，有利于固化低碳行为，促进其低碳消费习惯的养成。以用电为例，反馈可以通过安装智能电表等设备，提供家庭当前和历史消费数据，促使消费者自我监督。

第三，自愿协议。自愿协议指政府机构与私营机构就实现环境目标或改善环境绩效而签订协议，可以包括奖励、处罚或制裁措施。由于是协商进行的，此类措施与自上而下的监管措施有所不同。

综上，为推动我国低碳消费的发展，需要设计科学合理的政策框架，并选择适合的政策工具。需要指出的是，每类政策工具都有各自的优势、劣势及适用范围，同时也要考虑不同政策工具之间的相互作用。由于影响家庭低碳消费的因素众多，政策工具不应单独使用，而需要组合使用各种政策工具，多管齐下，共同推动家庭消费的低碳转型。

第七章　国内外生活用能相关减排政策及其社会福利影响

当前，我国并没有针对生活用能提出明确的减排政策。从国内外政策实践来看，高能耗行业及相关企业是减排的重点，也有部分国家或地区将家庭生活用能碳排放纳入碳税的征收范围。总体来看，目前家庭生活用能并不是减排的重点，但却是未来政策重要的作用对象。与生活用能减排相关的政策涉及标准、定价、推进最佳实践、建立法律框架以及推动技术创新等，从生活用能减排的范围来看，其主要包括家庭用电、家庭取暖以及私人交通能耗等方面。因此，本章就与生活用能相关的减排政策的福利效果进行评估，主要涉及生活用能价格政策（补贴）、可再生能源政策、最低能效管制标准、碳定价工具以及家庭能效政策等。

第一节　国内外生活用能的发展规律

一　发达国家生活用能的发展规律

发达国家生活用能在总能耗中的比重超过工业用能。工业用能和家庭生活用能是能源消费中最重要的部分，发达国家的发展历程表明，随着人类发展水平的提高，工业用能在总能耗中的比例下降，相应的，生活用能的比重上升。根据欧盟（EU）的统计，20 世纪 90 年代家庭生活用能就已超过工业用能的比重；荷兰的统计数据也表明，家庭部门消费了很大一部分能源，荷兰居民生活直接（取暖、电力、燃料）和间接用能占全部能源流的 80%[①]。

① 王腊芳：《能源价格变动对城乡居民能源消费的影响》，《湖南大学学报》（社会科学版）2010 年第 5 期，第 57 ~ 62 页。

发达国家生活用能的发展历程表明，随着生活水平的提高，家庭消费支出增加导致能源消费增长，家庭消费越来越多的电力密集型商品和服务，在生活用能的能源需求结构中，表现为电力和汽车燃料消费的增加。例如，香港家庭生活用能从 1991 年到 2001 年迅速增加，其中电力是主要的能源消费类型（占 63.7%），其次是煤气（占 28.8%）[①]。荷兰的生活用能消费量也一直在增加，且电力和汽车燃料的消费比例增加最快。

政府管制是降低家庭生活用能需求的重要因素。20 世纪 70 年代末到 80 年代，经合组织国家住宅能耗发生了重大变化，其通过较高的能源价格、能源效率项目以及节能新技术推广应用等促进了能源更有效的利用。通过比较九个经合组织国家 1973 ~ 1992 年家庭能源消费碳排放得出：①1992 年，所有国家人均 CO_2 排放量都是最低的；②提高能源效率的主要来源是生产电力和热力所消耗化石燃料的下降；③家庭能源消费碳排放增加的主要原因是家用电器增加，尽管能源效率提高，但电器拥有量迅速增长，导致电力消费增加；④燃料结构的变化，包括家庭消费、发电和集中供热所用化石燃料比例的下降，导致九个国家碳排放量减少；⑤提高电器效率和削减取暖能耗强度是提高能效、降低 CO_2 排放量的关键[②]。20 世纪 90 年代以来，荷兰通过规制有效降低了取暖用能需求；韩国通过将能源密集型产品替代为能源密集度较低的产品，有效降低了家庭能源总需求[③]。

能源结构的变化是影响家庭碳排放的重要因素，发达国家家庭消费支出与碳足迹出现了相对脱钩。20 世纪 90 年代初，英国的能源结构从煤炭转向天然气，使家庭消费支出和碳排放发生了绝对脱钩，之后出现明显的相对脱钩[④]。1966 ~ 1992 年，丹麦家庭消费增加了 58%，而 CO_2 排放量仅

---

① Tso, G. K. F., Yau, K. K. W., "A study of domestic energy usage patterns in Hong Kong", *Energy* 28 (2003), pp. 1671 – 1682.

② Schipper, L. J., Haas, R., Sheinbaum, C., "Recent trends in residential energy use in oecd countries and their impact on carbon dioxide emissions: a comparative analysis of the period 1973 – 1992", *Mitigation and Adaptation Strategies for Global Change* 1 (1996), pp. 167 – 196.

③ Park, H. C., Heo, E., "The direct and indirect household energy requirements in the Republic of Korea from 1980 to 2000—An input-output analysis", *Energy Policy* 35 (2007), pp. 2839 – 2851.

④ Druckman, A., "The carbon footprint of UK households 1990 – 2004: A socio-economically disaggregated, quasi-multi-regional input-output model", *Ecological Economics* 68 (2009), pp. 2066 – 2077.

增加了7%。私人消费增长导致碳排放增加，很大程度上被能源供应和制造业的能源节约所抵消[①]。由于各国处于不同的发展阶段，尽管目前发达国家与发展中国家的能源消费结构差别较大，但未来发展中国家生活用能将遵循发展规律，在总能耗中的比重将逐步提高。

二　发展中国家生活用能的转型

随着收入水平的提高，发展中国家生活用能消费总量迅速增加。根据美国劳伦斯伯克利国家能源实验室的预测，到2020年，中国住宅能源消费量将翻一番还多，增长主要源于城市化与人民生活水平的提高。未来在中国城市的高收入家庭，大多数电器将得到普及，取暖和制冷面积将增加，这些变化将抵消目前政府已经制订的计划和政策所提升的能源效率。因此，减缓中国生活能源需求的增长需要更积极的政策[②]。同为发展中国家的墨西哥，其家庭能源消费正在稳步增加，主要推动因素包括在建房屋类型的变化，取暖、制冷、热水设备和其他设备的增加[③]。

发展中国家生活用能结构升级，能源结构日益清洁化和现代化。发展中国家城市能源供应由低端、污染严重的能源结构过渡到现代、清洁的能源结构，这种能源结构的转型具有深刻的经济社会发展背景，也与家庭的能源消费行为密切相关。城市发展早期，城市居民大多消费传统的生物质能，随着城市的发展与现代化，居民的能源消费结构也随之改变，早期主要是固体燃料，如煤油或煤炭，后来是现代能源——液化石油气（LPG）和电[④]。除城市化之外，收入、能源价格、能源供应和当地燃料供应也是影响能源转型的主要因素。同是发展中国家，中、印两国的能源转型存在较大的差异。总量上看，中国住宅能耗是印度的两倍，中国家庭普遍有电力供应，而印度近乎一半的农村家庭和10%的城市家庭没有电力接入，

① Munksgaard, J., Pedersen, K. A., Wien, M., "Impact of household consumption on CO_2 emissions", *Energy Economics* 22 (2000), pp. 423 – 440.

② Zhou, N., McNeil, M. A., Levine, M., "Energy for 500 million homes: drivers and outlook for residential energy consumption in China", Lawrence Berkeley National Laboratory, European Council for an Energy Efficient Economy Summer Study, 2009, p. 1.

③ Rosas-Floresa, MorillónGálvez, D., "What goes up: recent trends in Mexican residential energy use", *Energy* 35 (2010), pp. 2596 – 2602.

④ Barnes, D. F., "The urban household energy transition: social and environmental impacts in the developing world", Washington D. C.: Resources for the Future, 2005, p. 70.

中国城市家庭消费的液体燃料和电力占77%，印度城市家庭的这一比例为65%。但从每一个收入层次上看，印度家庭液体能源和电网能源的消费比例比同等收入水平的中国家庭略高[①]。

从生活用能的消费总量来看，发达国家的家庭能源消费有饱和的趋势，中国仍保持高速增长但生活用能基础设施还不完善，从积极的方面看，这是通过能源系统创新实现能源结构低碳转型的重要机遇。中国生活用能面临的另一个挑战是：不同收入家庭的生活用能消费存在较大差异。从数量上看，较高的人文发展水平需要较高的能源消费水平；从能源消费结构来看，高收入家庭消费更清洁、更舒适的能源，而低收入家庭更重视能源成本与经济性，受收入的限制，其难以获得充足、清洁的生活用能服务。世界主要国家和地区能源消费结构比较见图7-1。

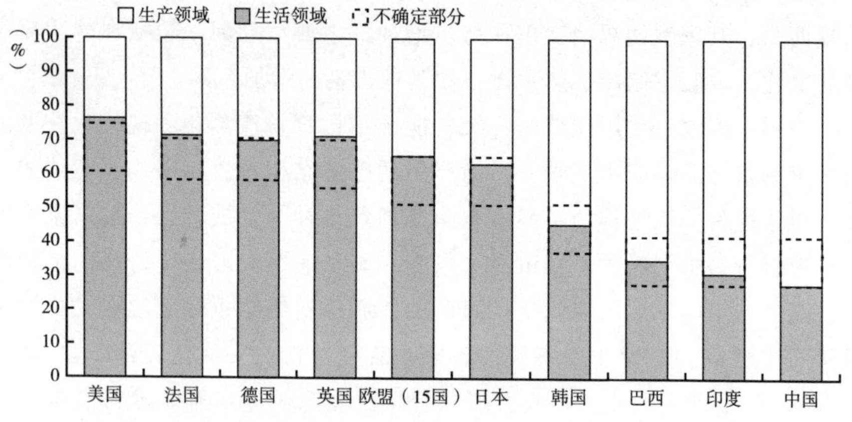

图7-1 世界主要国家和地区能源消费结构比较

资料来源：清华大学建筑节能中心：《建筑节能报告2009》，中国建筑科学出版社，2009。

三 中国生活用能碳排放现状及发展趋势

随着生活水平的提高，中国城市家庭生活用能碳排放迅速增加，生活用能与碳排放的基本特征与发展趋势如下。

① Pachauri, S., Jiang, L., "The household energy transition in India and China", IIASA Interim Report IR-08-009, May 2008, p. 24.

第一，生活能源消费结构正处在转型时期，优质能源的比重不断上升，但与发达国家相比，还有较大的发展空间。随着发展水平的提升，人均生活用能消费量及消费结构都出现了巨大变化。1999～2007年，中国城镇居民生活能源消费构成中，电力和天然气等优质能源的消费量和比重在逐年增加，煤炭和煤油的消费量和比重在逐年减少，总体上看，人均生活能耗和碳排放量逐年增加。但与国外相比，中国优质能源消费比重明显偏低。根据IEA的统计结果，2007年中国居民生活用能中，油品占25.04%，比OECD国家平均水平低24.65个百分点；电力占18.44%，比OECD国家平均水平低2.64个百分点；天然气仅占3.60%，比OECD国家低16.00个百分点；而煤炭占比达到32.95%，高于OECD国家平均水平29.37个百分点。发达国家的生活能源结构以油、电、气为主，三者合计占生活能源消费总量的90.37%，中国油、电、气的比例仅为47.08%，未来中国生活用能的消费结构清洁化仍有较大的优化空间[①]。

第二，生活用能碳排放已成为城市碳排放增长的重要来源之一，这需要改变减排政策，从以往的重视生产领域转向生产和消费领域并重。对天津、北京、南京、厦门、昆明等城市家庭的案例研究表明，近年来，城市居民生活用能碳排放增加迅速。2006年北京市生活能源消费总量为1704.11万吨标准煤，生活能源消费碳排放量占北京市能源消费碳排放总量的40.92%[②]。天津市居民生活消费CO_2排放量呈逐年上升趋势，2008年排放量比2006年增加了13.7%。

第三，从生活用能消费结构来看，采暖、电力与私人交通是能耗增加的重点。对城市居民的生活用能消费结构的调查结果表明，住宅用能占全部碳排放的64%～88%，交通用能的比例约为12%[③]。居住条件的改善对家庭能耗的影响非常显著，照明、制冷等对电力的需求以及采暖的能耗大幅度增加。中国住宅建筑能耗占一次能源消费总量的30%左右，建筑物碳

---

① 冯玲、吝涛、赵千钧：《城镇居民生活能耗与碳排放动态特征分析》，《中国人口·资源与环境》2011年第5期，第93～100页。

② 智静、高吉喜：《生活能源消费及对碳排放的影响——以北京市为例》，International Conference on Remote Sensing，中国浙江杭州，2010年。

③ 牛叔文等：《兰州市家庭用能特点及结构转换的减排效应》，《资源科学》2010年第7期，第1245～1251页。

排放约占城市碳排放总量的60%[①②]。居民交通出行产生的CO_2排放总量呈显著增长趋势，私家车的CO_2排放量增加速度最快。据预测，2030年杭州车辆产生的CO_2排放量比2004年高7倍多[③]。因此，家庭用电、取暖与交通排放具有较大的减排空间。

第四，城乡生活用能消费模式差异显著，不容忽视。未来随着城镇化的深入推进，生活用能消费仍将保持较快增长趋势。从数量上看，2009年城镇人均居民生活用能336千克标准煤（kgce），农村人均居民生活用能184千克标准煤（kgce），后者仅为前者的一半左右。从结构上看，城镇居民用能主要消费比较清洁的电力、天然气等，而农村居民生活用能的主要消费对象是煤炭[④]。这种能源消费结构的差异在减排政策的选择与设计中必须得到考虑。低收入群体受收入和能源基础设施的限制，被动消费高碳能源，这与高收入人群主动选择奢侈性、浪费性碳排放显然不同。

未来中国生活用能需求与碳排放仍将保持高速增长趋势，国家发改委能源所课题组做了情景分析[⑤]，其主要结论如下。第一，未来生活用能需求将不断增长。第二，从终端能源消费结构来看，建筑用能和交通用能在终端用能构成中的比重处于逐年增长的态势。第三，从生活用能的发展路径来看，生活用能增速呈现“先增长，后放缓，最后达到均衡”的格局。2005～2020年是中国居民消费结构升级的关键时期，建筑能耗和交通能耗的增值速度保持在7.3%左右；2020年后，居民对汽车、住房的需求增速有所放缓，其能耗速度也相应放缓，但能耗比重却持续上升；到2050年，在强化低碳情景中，中国的终端能源消费部门构成已接近目前发达国家工业、建筑、交通各占1/3的水平。第四，从能源消费结构来看，居民生活用电将是未来电力增长的重要来源。第五，城市交通碳排放总量仍将保持

---

① 蔡向荣、王敏权、傅柏权：《住宅建筑的碳排放量分析与节能减排措施》，《防灾减灾工程学报》2010年9月，第428页。

② 叶红等：《城市家庭能耗直接碳排放影响因素——以厦门岛区为例》，《生态学报》2010年第14期，第3802～3811页。

③ 赵敏、张卫国、俞立中：《上海市居民出行方式与城市交通CO_2排放及减排对策》，《环境科学研究》2009年第6期，第747～752页。

④ 顾宇桂、韩新阳：《我国居民生活用能发展趋势探讨》，《电力需求侧管理》2010年第5期，第19～24页。

⑤ 国家发展和改革委员会能源研究所课题组：《中国2050年低碳发展之路——能源需求暨碳排放情景分析》，科学出版社，2009，第168页。

上升态势，原因在于：其一，中国城市交通的整体发展水平落后，城市出行的公交分担率低，导致城市交通的能源效率较低；其二，中国城市的快速城镇化和机动化，使小汽车过度使用，未来城市交通能否实现 2030 年节能 20% 的目标，取决于未来城市交通发展模式以及交通出行方式构成[①]。

与生活用能迅速增加相对应的是，“十一五”期间节能减排政策以生产企业为主，当前中国针对生活用能缺乏系统的、有针对性的节能减排政策。居民生活节能以自愿节能为主，效果十分有限，由于居民生活用能长期实行普遍补贴，家庭节能的积极性不高，尤其对于居民住宅节能来说，专业性较强，住户行动的意愿不高，如果没有政府部门的有力支持，这些节能潜力很难实现。《“十二五”节能减排全民行动实施方案》聚焦于宣传教育主线，开展节能减排家庭社区行动，树立绿色低碳家庭生活消费新理念，仍没有改变这一政策差距[②]。为落实中国政府 2020 年单位 GDP 能耗下降 40% ~45%，以及 2030 年左右实现碳排放峰值的目标，挖掘生活用能的减排潜力非常关键。国内外生活用能的发展历程表明，如果没有政府强有力的减排政策支持，要想实现家庭部门的“去碳化”非常困难。

第二节　家庭部门碳减排的特征

一　家庭部门的能耗结构与节能重点

当前，中国正处于城市化快速发展的阶段，城市居民的生活方式是影响生活用能需求的关键，也为控制住宅能耗提供了历史性机遇。2008 年，中国城市住宅单位面积建筑能耗分别为美国和欧盟的 1/3 和 1/2[③]，并且保持高速增长态势，建筑能耗占社会终端能耗的比重不断加大，建筑节能及改造已逐渐成为最具减排潜力的领域。中国生活用能正处于关键的十字路口，选择高碳排放的生活方式还是选择低碳的生活方式，不仅仅是生活方式问题，也关系到中国的能源安全与碳排放问题。生活用

① 江玉林等：《中国城市交通节能政策研究》，人民交通出版社，2009，第 120 页。

② 国家发改委等：《“十二五”节能减排全民行动实施方案》，2012 年，http://www.sdpc.gov.cn/zcfb/zcfbtz/2012tz/t20120206_460419.htm。

③ 中国城市能耗状况与节能政策研究课题组：《城市消费领域的用能特征与节能途径》，中国建筑工业出版社，2010，第 108 页。

能消费方式一旦形成高能耗、高排放模式，不仅难以改变，也需要更高的成本进行减排。因此，当前是控制生活用能碳排放的有利时机。

针对家庭的住宅能源消耗，建筑科学领域的研究人员进行了大量调查。住宅能耗调查结果揭示了生活用能的能耗结构，明确了家庭部门节能的重点所在。针对北京市住宅能耗的调查结果表明，北京地区新建住宅基本达到了新节能设计标准，但住宅实际运行能耗水平却高于设计标准，并没有实现住宅节能的目的①。不同家庭之间，采暖、空调和生活用电的能耗差异都较大。调查结果显示，家庭单位面积热消耗量显著高于北京市第三部建筑节能标准所要求的 14.65W/m^2，并且不同家庭之间甚至存在较大差异，最高能耗超过 70W/m^2，最低不到 30W/m^2。生活用电方面，2000 年北京市家庭住宅平均月耗电 100kWh 左右，随着家庭照明、家用电器的普及与居住条件的改善，平均生活用电超过 38kWh/m^2，折合月用电量超过 300kWh，并且有 1/3 的被调查家庭月用电量超过 150kWh。

从能耗结构来看，采暖与住宅用电是家庭能耗的主要项目，也是节能的重点。所有家庭的采暖能耗均占到全年总能耗的 50% 以上，最高的超过 80%。住户的生活用电能耗，大概占家庭全年能耗的 30% ~40%，能耗占比最小的是家庭夏季空调用电量，最高占家庭全年能耗的 15%。因此，冬季采暖能耗依然是北方城镇住宅建筑能耗的主要部分，生活用电对建筑总能耗的影响也较大。对比分析表明，导致住宅建筑高能耗的主要原因在于居住者不合理的采暖和生活用电行为。因此，在住宅节能中，家庭成员的用能行为应得到足够的重视：一方面，应该推行和建立低碳的生活方式；另一方面，建筑的设计应该考虑居住者的行为模式，对建筑围护结构和采暖空调系统进行适当改造，从而实现对能源的高效利用。

中国当前建筑能耗状况及与其他国家对比情况见图 7 - 2。

二　家庭住宅节能与工业节能的比较

合同能源管理在节能领域得到了广泛运用，虽然建筑节能也是节能重点领域之一，但由于建筑节能的用能特点和建筑项目的实施流程具有一定的特

① 简毅文、白贞：《新建住宅实际能耗状况的研究》，《中国能源》2012 年第 1 期，第 39 ~ 42 页。

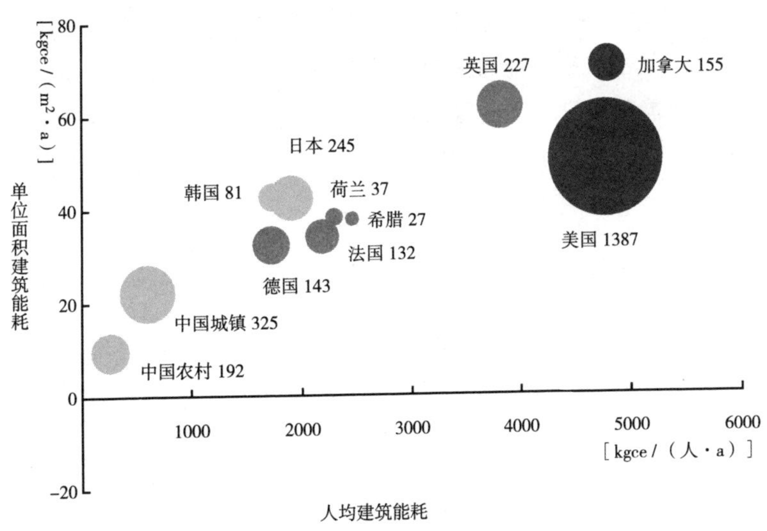

图 7-2　中国当前建筑能耗状况及与其他国家对比情况

注：图中国家（地区）后面的数字为建筑一次总能耗，单位为百万吨标准煤。

资料来源：清华大学建筑节能中心：《建筑节能报告 2009》，中国建筑科学出版社，2009。

殊性，建筑节能合同能源管理发展的速度和规模远远落后于工业领域。根据中国节能协会节能服务产业委员会（EMCA）的统计，“十一五”期间，工业企业的合同能源管理投资份额逐年攀升，项目平均投资规模遥遥领先于建筑行业，占总投资的 71.7%，而建筑节能领域合同能源管理投资仅占总投资的 26.3%，预计“十二五”期间差距还将进一步拉大①。

项目的交易成本差异也是导致建筑节能与工业节能发展差距的重要因素。工业节能具有规模经济的特征，交易成本较低，减排量较大，更有利于吸收社会资本的进入。建筑节能项目通常涉及的利益主体较多，包括能源供应商、项目业主和租房户等，需要较多的沟通和协调。整体来看，建筑节能项目单个项目节能量小，实施流程较长，合同能源管理面临的风险较大，从技术上看，确定能耗的基准线，诊断、评估与监测的成本较高。

即使在建筑节能领域，家庭住宅节能也面临较多的制约因素。建筑节能项目对建筑类型的选择存在一定的偏好，更偏向于国家机关和大型公建

① 中国节能协会节能服务产业委员会：《“十一五”中国节能服务产业发展报告》，2011，第 2 页。

等大项目[①]。与国家机关、大型公建相比，家庭住宅的节能量更小，交易成本更高，限制了家庭节能通过市场化融资的途径。因此，需要政府给予家庭节能发放能效补贴，通过经济激励手段，调动广大居民进行节能改造的积极性；通过建筑物能效强制性标准，以及房屋能效标识来促进住宅节能。

三　家庭部门减排面临的制约因素

国际能源署（IEA）研究指出，家庭部门在提高能源效率方面面临许多困难：消费者缺乏产品和服务能耗水平的信息，市场主体面临的经济激励不同，消费者的行为因素也会影响节能产品的购买决策[②]。所以，对于家庭生活用能来说，不仅仅是碳排放的外部性问题，还面临一系列的市场失灵与社会公平问题，这使得提高生活用能效率的政策面临重重困难。综合生活用能的特点，将生活用能减排面临的市场失灵归纳为三类：信息不完全、委托—代理问题和行为失灵。

第一，信息不完全（Imperfect information）。社会公众对不同能源技术和产品的能效信息掌握不足或者不准确，获取相关的信息成本较高。能源效率措施的成本和收益评估尚不明确，导致消费者和投资者做出次优选择。能源效率是产品或服务的一种属性，在这种情况下，由于不存在统一的能源效率市场，能效通常与其他产品属性结合在一起，因此，获得充分、准确的信息非常困难。市场并不会自动产生或者传递足够的信息来引导消费者做出最优的能效投资决策，这种市场失灵一方面是由于信息收集需要花费成本，另一方面是因为信息的公共物品属性。能效信息具有纯公共物品的属性，消费上具有非竞争性，同时在所有权上具有非排他性。以汽车生产商为例，提供能效信息并不会带来收益，消费者只知道特定型号的能效信息，但对同类其他产品的能效信息掌握不足，并且消费者对厂商提供的能效信息质量缺乏鉴别能力，导致消费者不能做出正确的选择。

第二，委托—代理问题（Principal - agent problems）。委托—代理问题导致激励分离及信息不对称问题。在生活用能领域，房东—房客关系就是

---

① 林泽：《建筑节能领域合同能源管理组织构架及其培育机制的建立》，《建筑科学》2012年第2期，第8~11页。

② Ryan，L.，Moarif，S.，Levina，E.，Baron，R.，"Energy efficiency policy and carbon pricing"，Energy Efficiency Working Party International Energy Agency，2011，pp. 12 - 16.

典型的委托—代理问题。房东是代理人，而房客是委托人，这会导致两个问题：①委托人和代理人具有不同的需求及激励目标（激励分离）；②对于委托人来说很难验证代理人在做什么，或者验证的成本很高（信息不对称）。委托—代理问题对于理解家庭部门能源效率的市场失灵非常重要。国际能源署（IEA）用情景分析来评估委托—代理问题的严重程度，估计家庭用能的30%受委托—代理问题影响。委托—代理问题有4种情形（见表7－1）：情形1表面不存在委托代理问题，因为终端消费者选择技术并支付能源账单，而在其他3种情形中，终端消费者（委托人）或者不能选择技术，或者不支付能源账单，或者两者均不能，因此，就存在了委托—代理问题。

表7－1　委托—代理的几种情形

能源消费 \ 能源技术购买	终端消费者能选择技术	终端消费者不能选择技术
终端消费者支付账单	情形1	情形2
终端消费者不能支付账单	情形3	情形4

资料来源：IEA，2011。

激励分离。能效投资的收益并不归投资方所有，在住房市场，如果电费包含在房屋租金当中，房客没有受到激励来控制能源消费。信息不对称是一种特殊的信息失灵，在交易中，如购买商品或服务，需要获得交易物品的信息，而制造商比消费者知道更多的有关产品的实际节能信息，信息不对称会导致逆向选择和道德风险。激励分离的问题说明，提供住房能耗信息非常重要，同时也说明了通过信息计划和反馈计划提供信息的重要性。对新租住房屋单元的密闭性做出明确规定，有助于减轻委托—代理问题①。

第三，行为失灵（behaviour failure）。负外部性的存在表明有必要通过公共干预来纠正市场失灵，但对于家庭能效问题来说并非如此。在当前的价格水平下，某些能效技术具有经济成本效益，但消费者并没有采用节能技术，这说明消费者存在行为失灵。有限理性理论（Bounded rationality）认为消费者由于信息缺乏和计算能力有限所做出的选择并不总是理性的，

① Gillingham, K., Harding, M., Rapson, D., "Split incentives in household energy consumption", *Energy Journal* 33 (2012), pp. 37－62.

这方面有明确的证据，行为失灵与非理性行为增加了家庭部门节能减排的难度。

四 家庭部门减排政策的类型与特点

20 世纪 90 年代，OECD 对环境政策工具进行了较为系统的总结，并将其划分为命令—控制即直接管制、经济手段或市场机制的应用，劝说式手段即采用教育、信息传播、培训等方法，以及社会压力、协商和其他形式的社会管理方法。发展中国家使用经济手段的必要条件是知识、法律结构、竞争市场、管理能力和政治可行性。史蒂文斯指出几乎所有的环境政策都明确或隐含地由两个部分构成——确切的总体目标：一般性的或特殊性的目标，如空气质量等级或一种排放水平的最高限度；实现目标的手段或工具：为实现目标还要选择相应的传导机制。伯特尼将环境管制的基本方法分为：法律手段、干预和激励手段、集权管制和分散管制方法（见表 7 - 2）。

表 7 - 2 减排政策的分类

提出者	提出年份	分类
OECD	1994	直接管制、经济手段、劝说式手段、社会管理手段
Portney	2004	法律手段、干预和激励手段、集权管制和分散管制方法
Stern	2009	①价格与市场，②交易体系，③推动技术进步，④获取零碳电力——以德国为例，⑤其他市场失灵，⑥责任、公共讨论与偏好，⑦社区、城市规划和公共交通，⑧不同机构和行动的结合
Posner	2010	税收、可交易的排放许可证（总量管制和交易）、减排补贴、行政命令和调控、贴标签和信息要求、研发资助及低碳技术等
IPCC	2007	规制和标准、税费、可交易配额、自愿协议、补贴和激励、信息工具、研发计划、非气候政策

资料来源：作者根据有关资料整理。

虽然环境政策的目标并不是削减碳排放，但环境问题与碳排放问题具有一定的相关性，碳排放政策也属于广义的环境政策范畴。IPCC 在第四次评估报告（AR4）中将减排工具分为：规制和标准、税费、可交易配额、自愿协议、补贴和激励、信息工具、研发计划与非气候政策（见表 7 - 3）。Stern 认为减排政策的核心是碳定价问题，碳定价的主要方法有税收、排放权交易和管制或技术要求。Nordhaus 将碳定价的方法划分为数量方法与价格方法，并认为价格方法优于数量方法。国内学者也对节能减排政策进行了系统梳理，并将减排政策工具分为激励型、管制型和引导型政策工具（见表 7-4）①。

表 7-3　温室气体减排政策工具的分类

规制和标准	限定具体的减排技术（技术标准）或者最低污染物产出排放要求（绩效标准）
税费	对排放源产生的"污染物"征税
可交易配额	为特定的排放源施加了总量限制，需要每个排放源为自己的排放持有排放许可，允许排放配额在不同源之间进行交易
自愿协议	政府机构和更多的私有机构为达到环境目标签署的协议，或者对监管的实体施加超出履约标准的环境绩效，并不是所有的自愿协议都是自愿性质的，有一些包括奖励和处罚措施，为加入协议或实现减排承诺
补贴和激励	政府实施特定的行动，对管制的实体进行直接支付、税收减免、价格支持或者其他等同的措施
信息工具	环境信息的公众披露，通常是产业向消费者披露，包括标签计划、评级与证书体系
研发计划	为鼓励减排基础设施取得创新，政府进行直接资助，为技术进步提供奖励和激励
非气候政策	其他虽然不直接针对减排，但会产生显著气候效果的政策

注：标准定义的工具是直接控制温室气体排放，工具也包括管理产生温室气体排放的活动，比如能源消费。

资料来源：IPCC，2007。

表 7-4　节能减排政策的分类

	财税政策	绿色税收
激励型政策工具	金融政策	绿色财政、绿色信贷、绿色保险、绿色证券、绿色基金
	价格政策	完全成本、价格调控
管制型政策工具	选择性控制	信息公开、公众参与，媒体、网络等舆论监督，行业协会自律
	直接性控制	环境影响评价，区域（流域）限制，节能减排的强制性技术标准、认证、标识，资源环境审计，清洁生产，循环经济
引导型政策工具	道义劝告	绿色行为
	窗口指导	节能减排志愿性技术标准、认证、标识

资料来源：曾凡银，《中国节能减排政策：理论框架与实践分析》，《财贸经济》2010 年第 7 期，第 110～115 页。

---

① 曾凡银：《中国节能减排政策：理论框架与实践分析》，《财贸经济》2010 年第 7 期，第 110～115 页。

结合国内外对减排政策的分类，本书将与生活用能有关的减排政策分为3种类型，如表7-5所示。

表7-5 主要类型减排政策比较

类型	优点	缺点
命令与控制政策	强制性高,易于实现短期目标	成本较高
经济激励政策	低成本实现目标	需要完善的市场基础设施
信息披露政策	调查社会各界共同参与	信息收集难度大

家庭生活用能由于过于分散、异质性强等特点，面临一系列的市场失灵以及行为失灵因素，加上减排政策对社会分配产生的影响，加大了政策选择的难度。目前，除少数国家的碳税涵盖家庭生活用能之外，世界上主要的排放权交易体系管制对象主要是大型高耗能企业，并不包括家庭部门。从我国现有的政策实践来看，我国的减排措施主要是自愿性措施与标准管制性措施，而经济减排手段较少。当前的政策设计既有一定的历史合理性，也存在一定的问题，需要加以改进。

第一，对家庭生活用能碳排放采取碳税或排放权交易的政策成本较高。以碳排放权交易为例，参与配额买卖的都是企业，居民并不被包括其中。由于居民生活用能碳排放种类繁杂，难以进行有效界定和监测，且参与主体比较分散，监测与交易成本较高，如果将家庭部门纳入碳交易体系，则需要加以改造，关键是降低交易成本。当前对家庭生活用能消费量的测量手段，可以为碳排放的计量提供信息基础。借助相应的技术手段，能够有效降低监测成本，例如，智能电表可以对家庭用电量进行精确记录。此外，家庭参与碳交易也面临实际操作的困难。

第二，家庭能耗标准与自愿减排措施难以遏制生活用能消费的快速增长。当前我国对家庭生活能耗提出了建筑物能耗标准、家庭电器能效水平等管制措施，但由于这些标准较为落后且更新缓慢，设计也存在缺陷，执行起来比较困难，产生的节能效果并不明显。自愿减排行动是部分消费者出于对环境的认知，而自愿采取的削减碳足迹的行动，通常这种自愿性行动难以持久，也不能形成合力，并且个体是否采取减排行动还受到信息与认知的制约，因而难以产生实质性的减排效果。

第三，家庭部门节能减排具有共生效益（Co-benefit），需要政府部门发挥积极作用。家庭部门的节能减排不仅是应对气候变化的需要，还涉及社会分配问题。保护每个人的碳权益，不仅有利于实现减排目标，也有利于改善社会弱势群体的地位。为降低小汽车出行能耗、完善城市公共交通体系，需要政府改善城市规划，同时这也有利于改善社会福利水平。家庭部门减排不仅能够减少能源消费支出，也涉及长期的能效投资。提高家庭能源效率、建立低碳生活方式所产生的收益远远超过支出，这是目前的碳交易体系难以做到的。

第四，减排政策的多目标属性需要政策组合。家庭部门减排面临一系列市场失灵，表明减排政策不仅要消除外部性，还需要解决消费者行为失灵、社会公平等问题，这种多目标属性决定了单一的政策工具难以实现，并且单一政策的成本较高，因此，必须通过政策组合来实现。如果政策设计者孤立考虑，而忽略政策综合，不仅会造成短期政策成本较大，也会影响长期的政策效果①。

第五，减排政策的相互作用增加了政策选择的难度。从减排政策的分类可以看出，减排政策种类繁多，既有价格手段，如碳税、碳交易等措施，也有技术、标准管制等手段。这些政策之间是否存在对碳排放的重复管制，政策之间是相互促进还是相互抵触，都会影响到减排政策的环境完整性（enviromental integrity），甚至引发减排政策设计的混乱。

第六，减排的不确定性需要在政策选择中得到考虑。由于气候变化问题复杂，减排政策能否产生预期的效果存在较大的不确定性。气候变化后果的不可逆性，加剧了减排政策选择的风险。减排政策的不确定还包括政策实施的可持续性。针对家庭生活用能，碳排放管制会造成价格上涨，甚至会引发通货膨胀，如果没有合适的配套政策，减排政策的持续性就会存在很大问题。如果没有形成长期稳定的碳价格，就难以吸引家庭进行能效投资。

第三节　生活用能价格形成机制

当前不合理的生活用能定价方式，既不利于节能减排，也有悖于社会公平。对生活用能进行普遍补贴，造成了巨额补贴和公共资源的浪费，同

---

① McCollum, D. L., Krey, V., Riahi, K., "An integrated approach to energy sustainability", *Nature Climate Change* 8 (2011), pp. 428－429.

时产生了社会公平问题，因为消费越多，受到补贴越多，从而形成了“低收入人群补贴高收入人群”的荒诞局面。因此，从社会福利角度看，推进生活用能价格机制改革具有重要意义。

首先，为理顺生活用能价格形成机制，需要改变不合理的补贴方式。按照前文的分析，家庭建筑能耗的重点是取暖能耗和生活用电。对于取暖能耗，当前的供暖计费方式是按照面积收费，并且是带有社会福利性质的低价格，导致居民没有受到激励去改善房屋的保温性能。生活用电也面临同样的问题：当前对生活用电实行普遍补贴政策，是为了保证低收入家庭能够用得起电，所以制定的居民用电价格偏低，较低的价格导致了电力资源浪费严重，电力能效投资严重不足。

其次，从应对气候变化，减少碳排放来看，同样要求改革生活用能补贴方式。政府对化石燃料进行的补贴，削弱了减缓气候变化政策的效果。以 OECD 国家为例，虽然各国一直都在削减补贴，但每年对化石燃料能源的总体补贴大约为 200 亿 ~ 220 亿美元，这些大规模的补贴促进了对碳密集产业的投资，同时阻碍了能源供应体系向低碳能源和可再生能源转型。低碳能源从成本和技术上都难与廉价和稳定的化石能源相比。补贴也向消费者和投资者发出了错误的信息，使得他们不愿意投资于节能以及低碳能源领域。从补贴改革的方向来看，应加大对低碳能源的补贴力度，削减对化石能源的补贴规模，通过结构性调整增加低碳能源的竞争力，促进能源供应结构的低碳转型。

最后，不合理的生活用能补贴政策加剧了能源消费不公平问题。补贴政策是低收入家庭获得现代能源的重要途径之一，然而，其在促进天然气、电力等现代能源的消费与普及的同时，增加了政府的财政负担。根据 IEA 的统计数据，2005 年中国政府对天然气以及电力的补贴高达 120 亿美元，约占当年 GDP 的 0.54%，这个规模与有关研究机构提议征收的碳税规模大致相当。普遍补贴制度加剧了生活用能消费不公。从补贴的去向来看，高收入家庭从补贴中受益较大，而低收入人群的基本需求未得到有效保障，加剧了社会分配不公。这种“高收入人群搭低收入人群便车”的现象亟须解决。中国不同收入群体之间生活用能消费差距明显。2009 年城镇人均生活用能消费为 336kgce，农村仅为 184kgce，农村人均生活用电仅为城市水平的 1/4。考虑收入与消费结构对生活用能需求的影响，需要改革生活用能补贴制度，加大对基本需求的保障力度，同时运用价格手段降低能源的浪费[①]。

为完善生活用能价格形成机制，2010 年国家发改委公布了《阶梯电价征求意见稿》，2012 年温家宝总理在《政府工作报告》中明确提出，将于 2012 年内实施居民生活用能阶梯电价，并将居民生活作为重点节能领域之一，提出综合运用经济、法律和必要的行政手段来实现节能减排。目前，国家发改委已发布阶梯电价改革指导性方案。但是，从出台的阶梯电价方案来看，阶梯电价的价格设计仍有待完善，当前的价格差还不足以限制能源的浪费。

一　热计量收费改革

根据世界银行提供的数据，波兰在没有对建筑围护结构进行节能改造的情况下，仅将按面积收取热费，调整为对供热进行计量收费，就实现了建筑节能 30%。按照这个数字，目前中国北方采暖地区住宅年平均供热能耗为 22kgce，如果进行节能改造和供热计量收费，供热能耗就可以降低 1/3左右。北方地区城镇住宅面积至少 30 亿平方米，初步估算，每年仅采暖一项就可以节约 2000 多万吨标煤，相当于减少 5000 多万吨 CO_2 排放[②]。

家庭取暖是家庭能耗中的重点，政府较早地启动了供热收费制度试点改革。自 1995 年起，中国北方部分地区就开始探索供热收费制度的改革，1996 年建设部发布的《建筑节能九五计划和 2010 年规划》中规定，我国热计量收费工作于 1998 年通过试点取得成效，2000 年在重点城市推行，2010 年基本完成。在其后的近 20 年内，国务院、建设部 2008 年改为“住房和城乡建设部”及其他部委颁布了供热改革的一系列文件，涉及热计量收费实施意见、热价办法、热计量管理规定和节能法等。2010 年住建部出台《关于进一步推进供热计量改革工作的意见》，规定了热改实施路线图，建筑供热取消传统按面积计价而实行计量收费的时间安排是：2010 年及以后北方采暖区新竣工的建筑和完成供热计量改造的既有居住建筑；2010 ~ 2012 年既有大型公共建筑全部完成供热计量改造；“十二五”期间北方采暖地区地级以上城市达到节能 50% 强制性标准的既有建筑基本完成供热计

① 李虹：《公平、效率与可持续发展——中国能源补贴改革理论与政策实践》，中国经济出版社，2011，第 27 页。

② 仇保兴：《建立健全供热计量收费机制，完成“十二五”节能减排任务》，《住宅产业》2011 年第 12 期，第 10 ~ 12 页。

量改造。

然而，当前热计量改革进展十分缓慢，其原因有以下3个方面：第一，国家安装供热计量表的强制性标准难以落实。2007年开始执行的国家标准——《建筑节能工程施工质量验收规范》，要求新竣工建筑必须强制安装供热计量装置。事实上，由于缺乏有效的行政监督体系，近一半的新竣工面积没有达到国家标准。2008～2010年北方采暖地区新竣工的建筑面积约11亿平方米左右，实际安装计量表的面积仅4.6亿平方米，仅占总面积的42%。其中，2010年新竣工建筑面积3.14亿平方米，安装分户供热计量装置的仅1.6亿平方米，占新建建筑总面积的52%。第二，部分建筑企业通过弄虚作假的方式满足国家的强制性标准。在工程项目上安装“假”表，导致热计量工作难以开展。第三，即使是已安装热计量表的地区，也未实行有效的热计量收费。有些地区不执行计量收费，而部分地区搞虚假计量收费，擅自提高“两部制热价”中基本热价的比例，例如，某些地方基本热价占50%或者更高，远超国家基本热价30%的比例，绝大部分供热费仍按面积收取，导致热改的意义不大①。

表面上，导致热改难以落实的是标准执行难及信息不对称问题，深层次的原因在于中国垄断的供热体制。长期以来，供热单位责任不明确，只安装表不收费，也不出台收费政策，加上监管不力、计量方法不正确等，导致虽然完成了热计量改造任务，但实际计量收费严重滞后。在中国供热垄断体制下，建筑节能与热计量改革不同步，给供热企业提供了垄断机会，建筑节能收益归供热企业所有。尽管建筑物的单位面积能耗逐年下降，但面积热价却在不断上涨，实施热计量收费以后，供热企业的利益可能受到影响，所以，供热企业对热计量的支持度不高，甚至反对和阻止供热计量改革②。

发达国家的共同经验是热计量收费和供热节能、既有建筑的节能改造需要建立完善的市场机制，节能投资要通过供热节能来收回成本。欧洲国家供热体制改革先行，建筑节能和热计量改革同步，热计量改革没有给供热商提供垄断机会，供热企业无法通过垄断获取更多的利益。例如，西德1976年出台建筑节能条例，1980年就全面展开热计量改革，三年之内对所

① 仇保兴：《建立健全供热计量收费机制，完成“十二五”节能减排任务》，《住宅产业》2011年第12期，第10～12页。

② 辛坦：《中国供热改革：回顾·反思·展望》，《建设科技》2008年第23期，第37～39页。

有的新建和既有建筑实行了热计量收费。热计量改革和节能改造同步进行有利于降低改革阻力。唐山市在进行老旧住宅节能改造的同时，进行供热计量收费。有的家庭一个采暖季节供热费约 150 元，有的甚至可以节约 500 元。2011 年，沈阳市针对老旧住宅小区正式启动“暖房子工程”。“暖房子工程”就是通过提高房屋的御寒保温能力来保证室温达标。该工程以中央补贴以及地方配套资金的方式推进①。进行热计量收费的前提是对老旧住宅进行节能改造，以消除低收入家庭在热计量收费改革中受到的不利影响。

从社会福利来看，垄断供热的低效率降低了社会福利水平，按照面积收费，对于低收入家庭来说，不利于降低取暖支出，家庭参与热计量收费改革的激励不足，因此，需要打破供暖的垄断体制。通过改革供热体制，引入节能服务公司模式，由节能公司负责热计量改造的设备安装、运行维护，并由其计量收费。由此可以吸引社会资本推动热计量改造，弱化供热企业的垄断地位。目前，天津、承德、石家庄等地正在进行这方面的探索。

二　居民生活用电定价：双轨定价（TWO－TIER PRICING）

电力是家庭生活的基本条件，采用不同的定价方式不仅会影响生活用能需求，也影响社会福利水平。从生活用电的属性来看，它不是简单的商品，具有基本需求的属性，不可能通过边际成本定价实现社会福利的最大化，同时生活用电消费引发的碳排放以及环境成本等负外部性也未得到解决。生活用电的合理定价，需要综合考虑以上各种因素。

从满足基本需求的角度来看，要求对生活用电进行社会定价（social tariff）。这种定价方法在自来水、家用天然气等领域应用较为普遍，即使某些低收入人群没有能力支付生活用电成本，社会也应该满足其基本的生活用电需求，欧美国家对生活用电多采取社会定价方法（或称生命线定价），对基本生活用电给予充分保障。更一般的做法是：对基本需求进行补贴，从而使生活用电作为基本必需品，每个社会成员都可以一个较低（合理）的价格获得。这种基本物品的社会保障对于推动个体的发展与社会进步非常重要。对于非基本需求和奢侈需求，则收取市场水平的价格，以反映生

① 《沈阳市供热计量改造成效显著》，《中国建设报》2012 年 3 月 21 日，http：//www. jdol. com. cn/jdnews/370815. html。

活用电的供应成本与消费的社会成本。此外，还可以对能源浪费行为征收一定的行为调节税。这种定价方法意味着高用电户补贴低用电户，而老年人和低收入家庭通常用电量较少。

社会定价方法兼顾到不同层次的需求，有利于推动削减生活用能碳排放。政府针对碳排放采取管制措施，不可避免地会引起生活用电价格上涨，低收入家庭很容易陷入能源贫困状态，甚至会持续很长一段时间，对生活用电进行社会定价就可以避免产生这样的问题。调整目前公用事业公司的收费政策：降低电力或气体燃料基本消费量的边际成本、提高能源高消费的边际成本，有助于保护家庭能源消费的基本需要，对超过基本需求的能源则提高价格，所得资金可以用于解决燃料贫困，因为燃料贫困的家庭电力和天然气的消耗量要远低于社会平均值（气候变化委员会，2008）。这种定价方式对电价成本结构进行了重新分配，成本由低排放群体转移到高排放群体，有助于抑制高消费和高碳排放量。社会定价方式与普遍补贴的根本区别在于对社会福利的影响不同。社会定价补贴基本需求，而普遍补贴虽然使所有人都受益，但高收入群体得到的补贴更多。运用财政资金进行全面补贴，最终的结果是低收入人群补贴高收入人群，造成社会资源的巨大浪费，也违背了社会福利最大化的原则。

加拿大针对居民生活用电采取双轨定价。2008 年 10 月，加拿大不列颠哥伦比亚省采用两种电力定价方法，以此作为家庭生活用电的价格结构，它对每两个月消费量都在 1350 千瓦时以下的家庭收取较低的价格（即第 1 阶梯价格），对超过这个额度的家庭制定较高的费率（第 2 阶梯价格），此外，还收取一定的基本服务费用，用以保障电力服务的可获得性，以涵盖客户服务的固定成本。从单一价格转向双轨定价遵循收入中性原则，评估结果表明该定价方式产生了更好的收入分配结果，减少了少数家庭所承担的不相称的负担。根据该省电力公司的统计数据，收入最高 20% 的家庭消耗了 44% 的总电量。电力公司估计，在新的计费方式下，75% 的家庭将变得更好，如果按照单一价格他们将支付更多，而当前的价格结构考虑到了不同收入组别家庭收入、所处地区、住宅类型、家庭规模、取暖燃料类型以及顾客年龄对能源需求量的影响因素。为评估价格结构对家庭的影响，根据不同收入群体的家庭能源消费数据，估计每年的电力消耗。比较单一定价和双轨定价对不同家庭的影响，结果表明，新的定价方式对年度成本影响很小，但会改善收入分配的格局和现状：因为较低收入群体支出较少，而高收入群体支出增加，最低收入组的平均每月电力消费（1134 千瓦时）大都低于门槛水平（1350 千瓦时），只有在冬季才会超过门槛水平。对于那些收入超过 80000 加元的家庭，家庭能源消费量超过该标准（每两个月作为一个计费周期），需要支付更高的能源费用。从单一定价到双轨定价的转变，实现了更好的收入分配结果①。

不仅是发达国家，发展中国家针对生活用电定价方式的改革往往使低收入家庭受到较大影响。由于对生活用能长期实行补贴政策，家庭取暖、照明以及其他能源消费得到大量补贴，如波兰和其他社会主义经济转轨国家，其住宅消耗占能源消费总量的比例达到 30%②。这导致低收入家庭对补贴的依赖程度最高，而取消补贴对他们的影响最大。所以，生活用电定价机制的调整需要借鉴发达国家的经验，要注意对社会弱势群体的保护。

三 生活用能价格改革的福利效应

能源价格上涨影响消费者的福利，包括直接影响和间接影响。第一，直接影响。能源价格变动影响能源消费量。直接影响就是能源价格的上涨，导致消费者的可支配收入减少，因此，消费者需要削减其他方面的支出或者放弃购买高能效电器以及耐用消费品，这意味着能源价格上涨导致社会总福利减少。第二，间接影响。能源价格上涨通过进一步传导，将改变资本和劳动力市场的配置，使资本和劳动力资源从能源密集型产业转向高能效产品。由于资本和劳动力市场存在摩擦性障碍，部门间资源配置的变化将导致失业，从而导致社会福利水平进一步下降。家庭生活用能需求与家用电器的拥有量和家庭特征密切相关。从福利的角度看，重要的是要了解价格变化对分配的影响，特别是家庭用能价格上涨对低收入人群和弱势群体的影响。世界银行的研究结果表明，低收入人群因能源支出占收入的份额较大而更容易受到能源贫困的影响（世界银行，2007）。事实上，贫困家庭在用电价格上涨时难以采取应对措施，因为他们的消费水平较低，属于基本需求，而且也没有可能转向其他替代能源。

---

① Lee, M., Kung, E., Owen, J., "Fighting energy poverty in the transition to zero-emission housing: A frame work for BC", Canadian Centre for Policy Alternatives, 2011.

② Freund, C., Wallich, C., "Public-sector price reforms in transition economies: who gains? who loses? the case of household energy prices in Poland", *Economic Development and Cultural Change* 46 (1997), pp. 35 - 59.

针对不同收入人群生活用能的需求价格弹性进行实证研究，得到的结果是：20%最低收入人群的价格弹性为-0.18，而20%最高收入人群的价格弹性为-0.54。与低收入家庭相比，高收入家庭对能源价格的变动更为敏感，所以提高电价会产生累退性的政策效果，生活用能价格调整会进一步影响收入分配。从政策设计考虑，因为高收入家庭对价格变化更敏感，所以消除补贴、实施更严格的能源价格政策有利于产生节能效果，但同时要确保差别价格，确保最贫困家庭可以承担得起，通过适当的社会保障政策，确保不会加重最贫穷家庭的负担。2008 年土耳其对生活用能价格进行了改革，导致生活用能价格上涨 50%，由此产生了对社会福利的不利影响，并引发激烈争论。通过对 18671 户土耳其家庭进行调查发现，不同人群的价格弹性分布存在较大差距，高收入家庭对价格的反应比低收入家庭要高 3 倍，这是因为穷人消费量更少，接近于最低生活需求，对价格上涨缺乏应对措施。从由消费者剩余变化引起的福利损失来看，最低收入人群的福利损失是最高收入人群的 2.9 倍①。因此，生活用能价格上涨会导致社会弱势群体福利水平下降。

从方法论的角度看，对生活用能价格进行改革，可以通过估计不同收入阶层的价格弹性，来评估价格上涨对不同家庭造成的影响。当前对于中国生活用电阶梯价格方案存在争论，一个重要原因就是对改革方案的收入分配影响存在不同认识。生活用电对收入分配的影响主要有两个方面：其一，不同收入家庭之间的分配；其二，消费者与垄断企业之间的分配。前者表现为对阶梯电价价差设置过低，难以产生抑制生活用能高消费的经济激励。后者涉及阶梯电价收入是归垄断企业所有，还是用于家庭能效补贴的问题。目前中国居民消费的电量占社会总用电量的 12%，其中 5% 高收入家庭的用电量占到居民用电量的 24%，10% 的高收入家庭消费了 33% 的居民用电，国家发改委提出的方案价差设置过低（见表 7-6），难以改变生活用能的消费格局。对生活用能进行“阶梯定价”，一般需要兼顾 4 个政策目标：①保障基本需求；②遏制奢侈浪费从而节约资源；③鼓励技术创新，提高资源利用效率或寻求替代品；④调节收入分配。但目前提出的阶梯电价方案对基本需求保障不足，对奢侈消费遏制力度不够，对替代资

① Zhang, F., “Distributional impact analysis of the energy price reform in Turkey”, *The World Bank Policy Research Working Paper* (NO. 5831), 2011, pp. 2-34.

源利用的激励非常有限，不仅难以起到调节消费差距的作用，反而存在增加垄断供电企业不当收益的嫌疑①。

表 7-6　2011 年国家发改委公布的指导性方案

档次	覆盖面(%)	电价(元)	价格增加幅度(%)
第一档	80	0.49	0
第二档	95	≥0.54	10.2
第三档	100	≥0.81	65.3

资料来源：根据国家发改委《关于居民生活用电试行阶梯电价的指导意见》发改价格〔2011〕2617 号文件计算。第一档还规定了一定的免费额度，各地区根据实际情况，对城镇低保户和农村无保户给予每月 10 度或 15 度的免费用电。

当前的阶梯电价改革，谁受益、谁受损是政策福利影响评价的关键内容。供电企业认为提高居民生活用电价格，有利于减少交叉补贴②。交叉补贴不仅增加了企业用户的电费负担，还弱化了居民的节能意识。随着居民生活用电量的增加，居民生活用电所需要的补贴额度越来越大，这将加大企业用户的电费支出负担。从价格改革方案来看，阶梯电价收入用来弥补供电企业成本，供电企业的利益得到了保障。但阶梯电价方案并未改变供电企业的盈利模式，企业利润与销售量挂钩，垄断企业仍有很大的动机去涨价，以获得额外利润。从社会福利角度分析，当前的阶梯电价对于基本用电需求价格并没有做出明确规定，也没有采取明确的措施来保护基本需求。当前，从社会福利最大化的角度来考虑，阶梯电价应该是在电价市场化改革的基础上，从量征收资源消费累进税，累进税率可以为负值，以保障基本需求，且累进幅度一定要大，用以遏制奢侈浪费，改善收入分配格局③。

生活用能供给市场结构的变化也会对社会福利产生重要影响。英国能源部门放松管制的经验表明，生活用能的市场供给结构对消费者影响很大，不仅仅是能源价格，服务质量以及选择能源供应商也都受到巨大影响。英国通过对能源供应行业进行私有化和重组，提高了服务质量，也促

---

① 潘家华：《经济要低碳，低碳须经济》，《华中科技大学学报》（社会科学版）2011 年第 2 期，第 80 页。

② 交叉补贴是指供电企业向企业用户收取高价格，以此来补贴居民生活用电的亏损。

③ 潘家华：《经济要低碳，低碳须经济》，《华中科技大学学报》（社会科学版）2011 年第 2 期，第 80 页。

进了能源节约，最终消费价格出现了下降。然而，改革也产生了一定的负面影响，消费者并没有从转换能源供应商中降低成本，家庭能源供给市场仍保留着寡头垄断结构，低收入群体仍是特别脆弱的群体。英国已签署了欧盟可再生能源指令，2020 年可再生能源在总能源消耗中的比重将达到 15%，届时英国电力生产的 30% ~40% 将来自可再生能源，限制碳排放以及扩大可再生能源使用而带来的成本上涨最终会转嫁给消费者，电力价格的上涨会使得低收入家庭承担不成比例的负担，领取养老金的单身家庭受到的影响最大[①]。对于那些能源贫困家庭，应改善其住房的节能性能，而不仅是提供现金援助：一是实施差别电价，保障低收入家庭负担得起公用事业费用；二是鼓励节约和智能电表的使用，为用户控制能源消费提供更多信息；三是规定生活能源供应商履行提高家庭能效的义务，通过管制来提高生活用能的服务水平。

第四节 家庭可再生能源

一 可再生能源政策的意义

世界各地、城市和地方政府为减少温室气体排放，将促进可再生能源的发展作为重要途径。在 2010 年的国际气候谈判中，地方政府作为“利益相关方”在应对气候变化中的重要地位得到了认可。世界 180 个地方政府的代表为实现低碳方案签署了 10 点行动计划，并且承诺对温室气体排放进行 MRV（测量、报告和核实）。目前，全球至少有 140 个城市制定了可再生能源发展目标，主要包括：第一，规定了城市全部电力消费中可再生能源的比例，该比例一般为 10% ~30%；第二，规定了能源消费总量中可再生能源的比例（不仅包括电力，还包括交通、供热），或者规定了特定部门的可再生能源份额。

为促进可再生能源的发展，各国采取了不同的政策措施：激励机制、标准规划、配给制以及自愿措施在实践中都得到了运用。最常见的方法是在城市规划中融入可再生能源，或在建筑物规制或许可证中规定可再生能

① Laura, P., Pollitt, M., Shaorshadze, I., “The implications of recent UK energy policy for the consumer: A report for the Consumers’ Association”, University of Cambridge, 2011.

源的目标。地方政府还通过税收减免等支持可再生能源的发展，不少地方还采取自愿性措施来推动可再生能源的发展[①]。可再生能源对于满足家庭的能源需求十分重要，尤其对于偏远地区以及农村地区来说，由于缺乏能源基础设施，采用可再生能源分布式能源系统不仅成本更低，也有助于降低碳排放，具有较好的经济效益与减排效果。

二　针对家庭的可再生能源激励政策

为鼓励可再生能源的应用，2011 年英国推出了世界上首个可再生供热激励（Renewable Heat Incentive，RHI）政策，该政策针对家庭可再生供热提供补贴方案，将会影响到整个住房的热能生产和节能情况，有助于减少对化石燃料的依赖和削减 CO_2 排放，从而提高能源供给安全。

可再生供热激励政策提出了支付补贴方案以支持安装设备，即对购买绿色供热系统的家庭提供补贴。可再生供热激励政策支付补贴方案极大地促进了可再生能源技术在英国地区的应用，通过监测安装技术的运行状况，可以使政府、制造商、安装企业和消费者了解如何更好地利用这些技术。对于哪些家庭可以获得可再生供热激励政策的补贴，该方案提出了清晰的评价标准，包括：①根据住房的能效证书确认住房的密闭性能良好；②同意对设备运行状况进行反馈。因使用油等化石燃料取得热能的花费高并且碳排放量较高，所以，开始阶段主要关注依赖供气网的人群。补贴计划于 2012 年 10 月起实行。

除运用激励手段外，强制性规划标准也是促进可再生能源发展的有力工具。例如，运用可再生燃料标准（RFS）来增加对乙醇的需求，降低汽油消费。针对乙醇实施强制性标准对社会福利影响的大小取决于汽油供应弹性的大小，估算结果表明大约可以实现 0.5% ~5% 的减排量。将强制性标准和税收减免相结合，与社会最优政策相比，将导致额外的无谓损失，增加福利成本，其影响程度取决于汽油供给弹性。针对乙醇的标准虽可以提升对乙醇的需求，有利于推动乙醇行业发展，但这样的政策可能会损害国家整体福利[②]。

---

① REN21，“Renewables 2011 global status report”，Paris：REN21 Secretariat，p. 4.

② Ando，Amy W.，Khanna，M.，Taheripour，F.，“Market and social welfare effects of the renewable fuels standard”，*Handbook Of Bioenergy Economics And Policy Natural Resource Management And Policy* 33（2010），pp. 233 –250.

三 针对可再生能源的配额政策

为实现《京都议定书》规定的减排目标，发达国家将可再生能源措施作为重要减排政策之一。欧盟促进可再生能源使用指令 2009/28/EC 提出了欧盟 2020 年可再生能源的目标：能源消费中至少 20% 是可再生能源，交通部门的可再生能源比重达到 10%[①]。为实现这一目标，各国（地区）选择了不同的途径，可再生能源配额制是各国（地区）普遍选择的政策工具，澳大利亚、比利时、丹麦、意大利、荷兰、英国、瑞典和美国部分地区（如德克萨斯州）都采用了该措施。英国是世界上首个引进这种可再生能源配额制的国家，1997 年颁布了《可再生能源义务法》（2002 年生效），1997 年澳大利亚引入绿色证书制度，1998 年荷兰实施了自愿绿色证书计划，1999 年德克萨斯州开始引入可再生能源配额制，意大利、瑞典、比利时也先后引入了可再生能源配额制和绿色证书制度。国际可再生能源配额政策演变历程见图 7－3。

图 7－3 国际可再生能源配额政策演变历程

为保证配额系统的成功运行，确定合理的可再生能源配额目标非常关键，既不能过高也不宜过低，合理的配额应该和可再生能源的生产能力相符合，确定长期发展目标，降低可再生能源投资存在的不确定性。从国际可再生能源的配额政策演变历程来看，建立目标、根据实施情况进行动态调整，是保证政策有效实施的重要途径。

---

① “EU renewable energy targets by 2020”，http：//ec. europa. eu/energy/renewables/targets_en. htm.

四　政府补贴

为推动低碳排放产品和技术的推广，政府往往会采取补贴政策激励减排，理论上讲，补贴可以产生与征税、碳交易类似的效果。补贴可以降低生产者或消费者的成本，但补贴并不具备碳税或碳交易的有效性。补贴可再生能源，相对于化石燃料，可以增加可再生能源的市场竞争力，但不会提高化石燃料的价格，所以消费者可以从选择化石燃料转向可再生能源，但并没有被激励去减少能源消费总量。补贴还面临行政管理上的困难，确定合理的补贴额度存在较大困难。

从市场供给角度来看，政府可以对生产者进行补贴，对技术研发、项目示范以及产业化初期给予支持，旨在降低技术的研发成本。从市场需求角度来看，政府可以对消费者进行直接补贴，但如果设计不合理，同样会对社会福利水平产生不利影响。如果政府对新能源汽车进行补贴，那么最终受益者是高收入家庭，其原因为只有高收入家庭才买得起价格昂贵的新能源汽车，从而产生了不利的社会分配影响。政府的可再生补贴政策应该和一定的社会目标相结合，扶持社会弱势群体，实现社会福利最大化。

五　家庭可再生能源政策的福利影响

从规制手段的选择上看，激励手段可以调动减排的积极性，社会成本较低，但由于可再生能源在家庭部门的运用比较复杂，减排效果存在不确定性。标准与配额管制可以有力推进可再生能源的发展，实现能源结构的较快转型，但经济成本较高。在欧洲，虽然普遍制定了支持可再生能源的目标并实行了相关的政策工具，如上网电价、绿色证书计划，但有研究提出该政策的成本过高，还可能会扭曲欧盟排放交易体系的碳价格。因此，国外的实践表明即使是管制政策也需要保持一定的灵活性，以降低规制对象的履约成本。

从规制政策设计上看，规制对象选择企业还是居民，对社会福利产生的影响差异较大。由于存在交易成本与行为失灵，对企业进行规制比较简便。然而，管制能源供应商，政策成本最终会转嫁给消费者。因此，为降低管制对社会弱势群体的影响，还需要建立补贴的甄别机制，这会导致政策成本进一步上升。从公平性来看，对家庭进行直接管制效果较好，针对特定的目标群体进行补贴有助于实现社会目标，并可以有效提高家庭可再生能源的比重。

第五节　碳定价政策及其福利影响

一　碳税

按照征税对象可以将碳税分为两种：第一种，在化石燃料生产阶段或初次销售阶段，面向大型能源生产企业或者销售企业征收的碳税；第二种，针对化石燃料的终端消费者征收的碳税。家庭是化石燃料的终端消费源之一，部分国家将家庭生活用能纳入碳税征收范围，以此来实现对化石能源消费碳排放的全面管控。不同的碳税模式选择会对居民生活与社会福利产生较大影响，目前国际上主要有三种模式，分别是：瑞典模式、加拿大模式以及澳大利亚模式。

1. 瑞典模式

瑞典减少温室气体排放的政策工具几乎覆盖了所有的温室气体排放源，包括能源供应、工业、交通、居民和服务业、农业。政策工具采取了碳交易和碳税同时进行的模式。高能耗企业参与欧盟排放交易体系（EU－ETS），而对没有参加碳交易的部门则征收碳税，以实现减排范围的全覆盖，最大限度地保障环境完整性。

瑞典碳税的特征在于对居民征收全额碳税，对未参与碳交易的企业征收较低税率的碳税，长期来看，这两种价格存在较大的差异。针对家庭和服务业收取全额税率碳税，1991 年是 27 欧元/吨 CO_2，2011 年达到了 114 欧元/吨 CO_2（见图 7－4）。对参与国际竞争和存在碳泄漏的部门征收较低水平的碳税，如工业、农业和热电联产部门，1991 年为 7 欧元/吨 CO_2，2011 年对没有纳入 EU－ETS 的行业征收 34 欧元/吨 CO_2，而对参加 EU－ETS 的工业部门则免征，对热电联产部门征收 8 欧元/吨 CO_2，对工业征收能源税仅为了满足欧盟的最低税收要求。从碳税实际负担来看，家庭的碳税负担要高于企业①。瑞典采取的主要减排政策工具见表 7－7。

---

① Ministry of the environment, Sweden, "20 years of carbon pricing in Sweden 1991 - 2011, history, current policy and the future", www. ceps. eu/files/MinistrySweden. pdf, pp. 1 - 6.

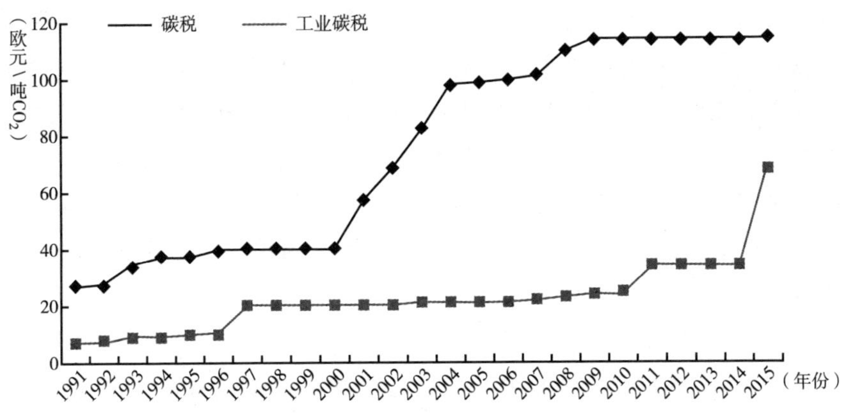

图 7－4 工业碳税与家庭部门碳税的差距

资料来源：瑞典财政部，2011。

表 7－7 瑞典采取的主要减排政策工具

	价格工具	其他工具
能源供应	EU－ETS 涵盖 2007 年 33% 的碳排放能源，以 CO_2 税涵盖其他排放源，并有豁免（一般税率是 21%）	电力证书系统；针对风能和太阳能的特别计划
工业	EU－ETS 几乎涵盖所有碳排放，以能源和 CO_2 税涵盖其他排放源，并有豁免（通常是一般税率 21%）	含氟气体法规；工业能效项目
交通	能源和 CO_2 税	针对新汽车的 CO_2 排放要求；对生物燃料免征碳税；针对交通工具征收差别碳税；界定绿色汽车；汽车受益税收；基础设施规划
居民和服务业	能源和 CO_2 税（全额）	能源声明；建筑物管制；能源劝告；技术流程；能源标签
农业	能源和 CO_2 税（一般税率 21%）	支持生物质燃气；农村发展项目
全部经济	EU－ETS 涵盖 32% 的碳排放，能源和 CO_2 税涵盖 68% 的碳排放（2007 年）	气候投资计划；公共研发政策

资料来源：瑞典环境部，2011。

瑞典采取碳交易和碳税的组合政策，但没有形成统一的碳价格，导致经济效率出现损失。近年来欧美经济持续低迷，导致能源需求下降，引发碳配额过剩，碳市场价格一直处于较低水平，企业通过出售多余的配额获利，而家庭仍需要支付较高的碳税，这种不公平的负担机制应该得到改善。英国已针对企业排放配额的价格实施了最低限价，并限制部分配额进行交易。碳价格的有效性将会影响到实际的投资活动，并影响到能否通过长期投资来实现中长期减排目标。因此，需要继续缩减碳税的豁免比例，并制定统一的碳价格，以提高碳价格对企业和家庭的引导作用和可信度①。

2. 加拿大模式

加拿大 BC 省向消费者征收碳税，为消除实施碳税对社会福利的不利影响，政策设计采取了相应的措施。2008 年 2 月 19 日，加拿大 BC 省公布 2008 年度财政预算案，规定从 2008 年 7 月起开始征收碳税，即对汽油、柴油、天然气、煤、石油以及家庭暖气用燃料等所有燃料征收碳税，按照不同燃料的碳含量征收不同的税率，且未来 5 年对燃油所征收的碳税将逐步提高。

加拿大 BC 省针对家庭生活用能征收碳税，是在化石燃料的终端销售阶段征收的。同时，该省运用保证金制度来降低碳税的征收成本。在化石燃料的首次销售阶段，总经销商需要向政府缴纳与终端消费者所缴碳税额相当的保证金。在化石燃料的再次销售阶段，从分销商处购进燃料的批发商，以及从批发商处购买燃料的零售商则分别需向总经销商和分销商缴纳保证金。在化石燃料的最终销售阶段，由购买化石燃料的消费者承担最终支付碳税的义务。尽管面向消费者征收碳税存在征收效率较低的弊端，但通过保证金制度，征收居民碳税并没有引起成本的显著增加。消费者可以直接面对碳税价格，这有利于推动形成低碳消费的经济激励机制。

加拿大 BC 省的碳税设计坚持税收中性原则，征税的目的是减少能源消耗与 CO_2 等温室气体的排放。该省通过征收碳税预计一年可增加税收收入 3.38 亿加元，随后，政府通过减税的方式，将碳税收入返还给居民，实现碳税征收的收入中性②。碳税设计遵循以下几个原则。①所有的碳税收

---

① Jamet, S., "Enhancing the cost-effectiveness of climate change mitigation policies in Sweden", *OECD Economics Department Working Papers* (No. 841), 2011, pp. 1 - 3.

② 《加拿大 BC 省在北美首次开征碳税》, http: //www. chinaacc. com/new/253/263/2008/3/zh1512924498380021534l - 0. htm。

人通过减税进行循环。政府通过法律规定，展示如何将获得的碳税收入通过对纳税人减税来返还，这笔钱将不会被用于其他的政府支出计划。②碳税设定的初始税率较低，以后再逐渐提高。以较低的碳税税率起步，可以给个人和企业以足够的调整时间，这是征收碳税的优先选项，同时通过立法确定五年内的碳税税率。③保护低收入个人和家庭。通过气候行动税收抵免计划来帮助低收入家庭，改善他们的生活境况。④碳税的税基较宽。按照加拿大环境部编制的国家温室气体清单，对省内所有化石燃料燃烧排放进行征税，且无征税豁免，除了为避免重复征税，需要考虑的未来与其他气候政策重合的领域。⑤坚持碳税与其他减排手段的结合。单纯的碳税并不能实现加拿大 BC 省的减排目标，但却是减排战略的关键。其他配套措施，如排放权交易体系以及其他手段都是碳税的有益补充。加拿大 BC 省通过结构性减税降低碳税对家庭生活的负面影响。该省将碳税收入按照一定的方式全部返还给纳税人。征收碳税所得的收入，用于削减个人所得税税率。例如，2009 年，该省的个人所得税降低了 5%。通过对年收入低于 11.8 万加元的本省居民减免所得税，推动该省个人所得税税率成为加拿大的最低水平。此外，为实现碳税收中立，加拿大 BC 省每年都会报告说明碳税收入的具体用途。该省运用税收减免措施，在确保完成温室气体减排目标的同时，最大限度地降低了碳税对社会福利造成的不利影响。

加拿大 BC 省针对家庭征收碳税的成功之处在于：首先，该省借助化石燃料销售商的监控体系，是实现成功征收碳税的前提条件，以较低的征税成本，有效避免了个人的偷漏税；其次，针对消费者碳税的税收返还，完全建立在现有的税收申报体系之上，由消费者自主申报，并没有建立新的碳税征收机构，有效降低了政策实施成本。

3. 澳大利亚模式

澳大利亚的碳税方案不向家庭生活用能直接征税，但方案设计考虑了碳税对居民生活用能的影响，并通过补贴以及转移支付措施来消除碳定价对居民生活的影响，甚至部分低收入家庭还会因此受益。澳大利亚议会《清洁能源法案》（*The Clean Energy Act 2011*）对碳税方案进行了详细规定：碳税的征税对象是大型排放企业，年 CO_2 直接排放量达到或超过 2.5 万吨的企业是纳税人。澳大利亚大约有 500 家企业需要支付碳税，涉及能源、交通、工业、非传统废弃物和排放物等行业。对家庭、小型企业，家庭交通燃料、轻型车辆商业交通燃料和农业、林业、渔业用非交通燃料、农业排放，都免征碳税[①]。从征税对象来看，该国碳税方案和 EU – ETS 类似，采取“抓大放小”的方针，仅针对大型高能耗产业征收，不包括家庭和小型企业。

在碳价格的稳定性方面，澳大利亚充分吸取了欧盟排放交易体系的教训，采用碳税和碳交易相结合的方式，并对碳交易的价格实施价格限制。澳大利亚碳价格的形成分为两个阶段：首先，通过碳税对碳排放收取固定价格，自 2012 年 7 月 1 日起实施，第一年（2012 ~ 2013 财年）为每吨 23 澳元，之后每年提高 2.5%。其次，由固定价格向弹性价格过渡。自 2015 年 7 月 1 日起，碳价格逐渐过渡到碳排放交易体系，在此过程中，碳价格由市场供求关系确定。在实施弹性价格的前 3 年，实行最高价与最低价限制。最高限价应高于国际预期价格（20 澳元），每年实际增长 5%；最低价应为 15 澳元，每年实际增长 4%，逐步扩大碳价格的弹性区间。

澳大利亚非常重视碳税对居民福利的影响，通过给予家庭足够的补贴消除碳税的不利影响，因此，整体上来说，碳税对居民生活水平的影响十分有限。到 2015 年之前，家庭补助支出就达到排放配额销售收入的 62.75%。根据澳大利亚财政部长韦恩 · 斯旺公布的数据，引入碳税对居民生活影响较小，政府将通过转移支付和减税等方式来减轻居民日常生活成本的上涨。如果征收 23 澳元/吨的碳价，电费将上涨 10%，天然气费用将上涨 9%，食品上涨小于 0.5%，总体生活成本提高约 0.7%，每周每户家庭需要多支出约 9.9 澳元，完全在普通家庭的承受范围之内。受政府补贴影响的家庭，估计有 800 万户，其中 600 万户家庭由于碳定价造成的额外支出可以部分消除，有 400 万户家庭的生活水平甚至有所提升（家庭收入可达到实施碳税前的 120%）[②]。澳大利亚政府通过补贴减轻了碳税对居民日常生活的负面影响，有利于改善国家收入分配格局，是推进碳税实施的有效方式。澳大利亚碳定价政策的财政影响见表 7 – 8。

---

① 陆燕等：《澳大利亚 2011 清洁能源法案及其影响》，《国际经济合作》2011 年第 12 期，第 27 ~ 30 页。

② 许明珠：《国外碳市场机制设计解读》，《环境经济》2012 年第 1 期，第 61 页。

表 7-8　澳大利亚碳定价政策的财政影响

单位：百万美元

	2011～2012 年	2012～2013 年	2013～2014 年	2014～2015 年	预计影响
排放配额销售收入	0	7740	8140	8590	4470
家庭补助	-1533	-4196	-4802	-4825	-15356
家庭补助占碳收益比重(%)	—	54.21	58.99	56.17	62.75
商业总援助	-26	-3017	-3475	-3773	-10291
就业和竞争力计划	0	-2851	-3059	-3312	-9222
清洁技术计划	-19	-142	-245	-312	-717
其他	-7	-25	-171	-149	-352
清洁能源金融公司	-2	-21	-467	-455	-944
能源安全基金	-1009	-1	-1003	-1042	-3084

资料来源：澳大利亚政府，2011。

关于澳大利亚碳税方案给予家庭慷慨的补贴，存在一定的争议。有人提出补贴方案会影响减排政策的有效性，欧盟和新西兰的排放交易体系都没有对家庭进行补偿，认为补贴家庭会削弱碳定价的有效性。然而，澳大利亚著名经济学家 Garnaut 并不认同这种说法：有人认为在引入碳定价的同时给家庭提供补助——如果碳定价使家庭成本增加 100 美元，再给予家庭 100 美元的税收减免就不会对碳排放产生任何影响，这种说法的错误之处在于没有认识到碳定价改变了市场上不同产品直接的相对价格，即使附带补贴也会改变低碳和高碳产品、服务的相对价格，所以减排政策仍然有效。欧盟排放交易体系将碳排放配额免费发放给企业，借此能够减轻对消费者的不利影响。实践结果表明，能源企业通过出售免费配额获得了大量的额外利润，但同时提高了能源价格，导致居民生活支出增加，社会福利水平下降。欧盟排放交易体系采取免费分配配额的方式，既没有产生财政收入，同时也使家庭受到了实际的不利影响，因此，能够产生收益的碳定价机制是对家庭进行补贴的财政基础。通常能源供应商处于垄断地位，其通过追求利润最大化的方式进行能源定价，直接补贴家庭要优于对企业进行补贴。

各国（地区）碳税实施的社会福利效果比较见表 7-9。

表7－9　各国（地区）碳税实施的社会福利效果比较

国家(地区)	模式	优点	缺点	社会弱势群体保护
瑞典	对家庭征收碳税，企业参加碳交易	全面管制易于实现减排目标	导致重复管制，家庭和企业碳价格差异大	未有明确保护条款
加拿大BC省	对家庭征收碳税	避免税负转嫁	征收效率不高	有低收入家庭保护措施
澳大利亚	对企业征收碳税	碳价格稳定	补贴家庭可能破坏有效性	对家庭进行大量补贴

在评价各个国家征收碳税的成效，以及一国生活用能政策应该选择哪种碳税模式时，需要结合国家经济发展水平、经济结构和能源结构，以及碳税的经济影响等因素综合做出判断。碳税作为一种税收，必然导致社会财富再分配，征收碳税必然会给不同的利益集团带来不同的影响，与高收入家庭相比，低收入家庭在家用能源和交通燃料上的消费支出占收入（或总支出）的比例要比高收入家庭高，所以征收碳税通常会导致低收入家庭受到较大影响。OECD所做的实证研究证明了碳税具有收入累退性，低收入家庭的税负相对较重。Smith等人考察了碳税和能源税对英国不同收入水平家庭的影响，结果显示20%收入最低的家庭，支付碳税的份额占到其总支出的2.4%；而20%收入最高的家庭，支付的碳税只占其总支出的0.8%。针对碳税分配效应的国别案例研究（见表7－10）表明，碳税是累退的。碳税对不同收入家庭的影响，主要取决于以下几个因素。第一，家庭的消费结构，包括对能源产品和其他产品的消费，家庭的消费结构不同，受到分配效应的影响程度也不同。第二，税负的最终承担者。例如，碳税是通过提高产品价格将税负转嫁给了消费者，还是由能源生产者接受更低的利润自行承担。第三，环境质量改善的受益者，CO_2排放的减少给不同人群带来的收益不同。第四，碳税收入的循环使用，将碳税收入再投入经济中，能够在一定程度上抵消分配效应。第五，碳税对资本—劳动要素价格的影响，如果有些家庭主要收入来源的要素价格受到影响，就会受到较大的影响。第六，政府转移支付政策的设计。能源价格上涨，会提高低收入家庭的生活成本，如果将政府社会保障转移支付进行指数化，则有助于减轻碳税对低收入人群的影响。政府的经济决策也影响碳税的分配效应。如果政府将碳税收入用于资本积累，将提高财产收益占国民收入的比

重，降低劳动报酬在国民收入中的比重，征收碳税最终会提高工资成本，降低劳动力市场需求，因此，征收碳税必然会扩大资本所有者和劳动者之间的收入差距。从成本和收益比较来看，碳税的累退性使得低收入家庭承担不成比例的成本，高收入群体从环境改善中获得较大收益，所以需要政府通过转移支付实现社会公平①。

表 7－10　不同国别碳税分配效应的影响

国别研究	能源税类型	考察指标	分配效应
瑞典（Branlund，R.，Nordstrom，J.，1999）	对所有化石燃料征收碳税	不同的收入水平、每家的孩子数量	没有其他税时，是累退的；税收中性时，不是累退的
西班牙（Labandeira & Labeaga，1999）	对所有化石燃料征收碳税	不同的支出水平、不同的人口特征	不是累退的
澳大利亚（Cornwell & Creedy，1996）	对用于生产和消费的化石燃料征收碳税	不同的收入水平	没有技术替代时，是累退的；技术替代时，累退影响较小
英国（Symons et al.，1994）	对燃料征收碳税	不同的支出水平	没有其他税时，是累退的；税收中性时，累退影响较小
部分欧盟国家（Symons et al.，2000）	能源税/碳税	不同的收入水平	德国、法国、英国是累进的；西班牙是累退的
意大利（Silvia Tiezzi，2005）	对能源产品消费征收碳税	福利效应	对家庭福利水平影响是累进分布的

资料来源：Tiezzi，S.，"The welfare effects and the distributive impact of carbon taxation on Italian household"，*Energy Policy* 33（2005），pp. 1597－1612。

如何使碳税负担在不同收入人群之间合理分担，主要取决于以下 3 个方面：①碳税征收对象的选择；②碳税收入的循环使用；③针对不同类型生活用能选择适合的政策。碳税征收对象的选取，是碳税设计中需要解决的首要问题。关于征税对象的争论，主要有两点：①是否向家庭征收碳税；②向企业征收和向家庭征收哪个效果好。关于是否向家庭征收碳税，目前国内提出的碳税方案主张不对家庭征收碳税，认为征收碳税会加重个人的税收负担，降低社会福利，免征有利于减轻征收碳税的社会阻力（王金南等，2009；苏明等，2009）；但从减排效果来看，家庭消费化石燃料是碳排放的主要来源之一，为保证减排的有效性，需要对家庭生活用能征收碳税，因此，需要在减排目标和社会福利目标之间进行权衡。从碳税的

① 刘长松：《减排政策分配效应研究进展》，《经济学动态》2011 年第 9 期，第 127 页。

政策效果来看，管制上游企业或终端消费者具有不同的社会福利含义，这关系到碳税属性的界定：碳税究竟是间接税还是直接税，如果是间接税，就要对生产企业进行征收，企业可以通过提高产品价格，将碳税成本转嫁给消费者，低收入人群受到较大影响，由此产生社会分配问题，这就是间接税的累退效应；如果将碳税作为直接税，针对家庭消费征收，税收负担就不能转嫁，还可以通过累进税率抑制奢侈浪费，使碳排放的社会成本内部化，同时将碳税收入用于改善低收入家庭的能效水平，从而达到改善收入分配的目的，这就是碳税的新“双重红利”。与针对生产征收碳税不同，针对消费征收碳税不仅实现了减排目标，还改善了收入分配格局，从而实现了减排与社会福利之间的协同。考虑到政策可行性和征管现状，现阶段对企业征收碳税可行性较高，在碳税实施初期可在化石能源开采和生产环节征收；在未来征管条件具备的情况下，可考虑将成品油和天然气调整到批发和零售环节征收，将煤炭调整到耗能企业的消费环节征收①。

征收碳税而不加重贫困家庭的负担，很大程度上取决于碳税收入的循环使用、碳税收入如何使用，以及是否采取措施解决能源贫困问题。碳税收入有多种使用方式：一次性税收返还、弥补财政赤字、削减个人所得税边际税率、削减公司税税率、削减工资税税率、增加投资税收优惠等。碳税收入如果用来减少其他扭曲性的税收，可能产生双重红利效应。耶鲁大学著名经济学家 Nordhaus 教授提出将碳税收入用以减少其他扭曲性税收的负担，有助于提高经济效益，既实现了温室气体排放的“外部性”，也减少了其他扭曲性税收，提高了经济运行效率，这就是碳税的“双重红利”效应。然而，对于“双重红利”是否存在，目前仍存在较大争议。“双重红利”的来源主要有两个方面：①收入循环效应（revenue recycling），运用环境类税收来削减其他税收造成的扭曲效应，可带来社会福利的改进；②税收交互效应（tax interaction），碳税收会提高相关产品的价格，在一定程度上导致失业的增加，造成社会福利减少。碳税的总效应，将取决于这两方面效应的比较。如果收入循环效应的福利收益大于税收交互效应所造成的福利损失，那么碳税将带来福利上的净收益，表现为“双重红利”效应，否则就不存在“双重红利”。将碳税用于目标能效补贴，通过为低收入家庭能效改造提供补贴，消除不同收入家庭之间的能效差距，以补贴的

---

① 苏明等：《中国开征碳税的障碍及其应对》，《环境经济》2011 年第 4 期，第 10 ~ 23 页。

方式帮助低收入家庭可以取得较好的社会福利效果，可以在实现减排目标的同时改善社会分配，碳税也可以使获得“双重红利”[①]。

由于不同类型生活用能的消费格局不同，征收碳税的范围不同还会导致不同的社会福利影响。家庭生活用能消费主要有两部分化石燃料：第一部分，家庭成员居住所消耗的能源，主要包括用电、天然气、生活用煤等；第二部分，私人小汽车的燃油消费。这两种生活用能的属性与消费格局存在显著差异，居住用能（生活用电、天然气、生活用煤）的需求弹性小于交通用能（汽油），居住用能在低收入家庭支出中所占比例较高，如果征收碳税，会使低收入家庭所受影响较大；相反，对家庭汽油消费征税，则税收成本主要由高收入家庭承担。因此，针对生活用能选择何种碳税模式，不仅要考虑减排效果，也需要考虑消费格局、社会福利影响、政策的可行性及税负成本的公平分担等多个方面。

二 个人碳交易

从碳交易的国际实践来看，当前国际上主要国家与地区实行碳交易的管制对象均是高能耗、高排放的企业，通常不包括家庭生活用能碳排放。为促进生活用能的减排，英国学者提出了个人碳交易（Personal Carbon Trade，PCT）的政策概念，就是将传统的碳交易方式用于家庭生活用能碳排放，并且提出了不同的个人碳交易方案，例如，可交易能源配额（TEQs）（Fleming，2007）和家庭能源交易（Niemeier et al.，2008）。虽然各个方案不尽相同，但所有的方案都基本包括以下几个要素：①在一定时期内给每个人分配免费碳配额；②对于交易体系涵盖的所有涉及碳排放的活动，都必须支付碳配额；③市场上配额过剩与配额不足的碳消费者可以进行交易。如果一个人的排放水平超过分配的配额，就需要购买额外的配额；相反，如果一个人的排放低于其初始分配所允许的排放水平，则其可以把多余配额售出。因此，个人碳交易非常类似于欧盟的排放贸易体系。

PCT是一个激进的政策，给所有的成年人分配均等、可交易的碳配额，用以支付家庭能源及个人交通的碳排放，因此具有显著的收入再分配效应。因为高收入人群比低收入人群消费更多的能源，所以需要从低收入人

① Dresner, S., Ekins, P., “Economic instruments to improve UK home energy efficiency without negative social impacts”, *Fiscal Studies* 27 (2006), pp. 47 - 74.

群那里购买配额，这相当于将资源从高收入家庭转移到低收入家庭。通常PCT都被认为是激进的政策，被排斥在主流政策之外。2006～2007年，在社会各阶层都需要对减排做出贡献的背景下，英国环境、食品和乡村事务部（Department for Environment，Food and Rural Affairs，Defra）环境大臣David Miliband委托了PCT的研究项目，对PCT的社会可行性、经济与技术可行性、公平性和收入效应及现有政策体系的有效性进行研究①。研究结果表明，这种激进的政策使大多数低收入人群成为受益者，因为他们是低排放群体，技术并不是引入PCT的障碍，真正的问题在于建立PCT的注册和交易系统所花费的成本，以及系统每年的运行维护成本。Defra估计该系统的成本将大大超过其收益——在一些主要案例中达到15倍，每人每年的运行成本是30（34）英镑。公众对PCT的态度呈现两极分化：由于该政策具有收入再分配效应，很容易招致高收入人群的反对，但得到低收入人群的支持。学术界与政府的看法存在明显差异：2008年，英国政府对个人碳交易进行评估之后宣布，目前这是一个超前的政策思想，政府对PCT的主要关注点是它的社会接受度和高成本，高昂的实施成本将面临社会公众的反对，最终英国政府放弃了采纳PCT政策的设想；与政府的结论相反，研究人员认为PCT至少和碳税一样好，它是公平、有效的。PCT的建立和运行成本虽然比碳税高，但PCT可以从个人和社会变迁中获益，特别是受政策的非经济因素驱动，可以获得巨大的潜在收益，PCT仍是一个很好的政策②。

不同的个人碳交易政策方案见表7－11。

表7－11　不同的个人碳交易政策方案

方案	范围	特征和评论
限额—共享（FEASTA，2008）	整个经济	一个独立的委员会确定国家碳限额。所有成年人定期收到排放证书代表他们在国家排放中平等的权利。证书由个人通过银行或邮局卖给进口或开采化石能源的公司。供给者在进入市场时需要交出与化石能源使用排放相等的证书，市场就形成一个排放价格。该方案是一个详细、有效的方案，在爱尔兰得到发展，已经受到爱尔兰政府的重视

① Department for Environment，Food and Rural Affairs，"Personal carbon trading：public acceptability"，March 2008，p. 50.

② Fawcett，T.，"Personal carbon trading：a policy ahead of its time?"，*Energy Policy* 38（2010），pp. 6868－6876.

续表

方案	范围	特征和评论
可交易能源配额（TEQs）（Fleming，2007）	整个经济	先前被称为家庭贸易配额（DTQs），TEQs 目的在于解决季节变化和能源依赖，为未来 20 年每年的排放设置了限额，而且每周滚动。40% 的配额按照人均原则免费分配给个人，个人排放配额可以支付家庭能源使用和个人交通，但不能用于飞行。余下的 60% 通过招标卖给所有的能源使用者。所有的燃料都有碳比率购买者，其必须为相关的排放支付碳配额，交易可以电子化方式进行，所有的配额均可交易。TEQs 是一个发展较完善的方案，在英国得到发展，受到英国政府的可行性研究支持
可交易消费配额（Ayres，1997）	整个经济	为国家的碳排放设定配额，所有的国家排放按照人均原则免费分配给个人，对所有的产品实行碳标签，个人可以使用配额支付购买物品的非生产性排放及家庭直接排放，制造商从个人手中购买配额来支付生产过程的碳排放，该体系尚不够完善
个人碳配额（PCA）（Hillman and Fawcett，2004）	家庭能源和个人交通	为家庭能源和个人交通（包括飞行）设定国家排放限额，所有的配额定期按照人均原则免费分配给个人来支付这些排放。每次购买电、交通燃料和服务，就需要支付配额，交易通过电子化方式完成，所有配额可以在个人碳市场交易。PCA 是发展较好的方案之一，在英国得到发展，得到英国政府的可行性研究
家庭能源交易（Niemeier et al.，2008）	家庭能源	根据减排目标为居民能源使用设立年度限额，配额分配给每户家庭，按照每户相等的原则，通过公共事业服务商存入每个用户的账户，然后定期由公共事务公司根据能源使用扣除，如果出现赤字必须购买额外配额，所有配额可以全部交易。在履约期末，国家从公共事业公司收集许可证来履约，家庭碳交易在加利福尼亚得到发展，并就其减排目标进行检查
可交易交通碳配额（Raux & Marlot，2005）	私人道路交通	为私人交通设立排放限额，配额免费分配给所有人（不一定是人人相等），每次购买燃料，配额转移给监管机构来支付一升燃料和相互抵消的 CO_2。交易通过电子化方式进行，参与者通过中间人（如银行）在加油站买卖配额，可交易交通配额最初在法国产生，并被法国私人交通检验，在英国也有应用（Harwatt，2008）

资料来源：Fawcett，T.，"Personal carbon trading：a policy ahead of its time?"，*Energy Policy* 38（2010），pp. 6868 - 6876.

PCT 与生产侧碳交易存在明显差异：针对生产部门的碳交易是指将碳排放配额分配给企业，企业作为市场主体进行碳排放配额的买卖，而个人碳交易是指赋予个人一定的碳排放配额，根据个人消费需求进行碳配额的买卖。面向企业的排放权交易的分配效应取决于采取什么样的配额分配方式，以及如何使用排放权收入。一般认为，免费向企业分配或按“祖父制”分配碳配额，都会导致严重的收入累退性，拉大收入差距；如果采取拍卖方式分配碳排放配额，并将所得收入对低收入家庭进行返还，则可以减轻分配效应，但这会受到企业界的强烈抵制。个人碳交易对所有人平均分配碳排放权，显然更有助于维护社会弱势群体的利益。个人碳排放交易，有利于解决碳交易对社会分配所产生的不利影响。对于生活用能消费者来说，其既需要支付货币成本，也需要支付碳排放成本。那些排放量较低的群体可以将多余的碳配额进行出售，而高排放群体则需要为他们的高排放购买碳排放权，由此形成了从高收入群体向低收入群体的资源转移机制。个人碳交易可以涵盖全部的生活用能，根据小汽车与乘坐飞机的消费格局，在这些领域采取措施可以产生累进性效果，通过碳配额直接分配有利于促进消费行为改变。虽然个人碳交易在行政管理方面存在一定的困难，但比现金补贴更具有合理性，所以该项政策如果设计得当，可以克服碳税与其他管制措施对社会分配造成的不利影响。

PCT 是减排政策的创新，但作为政策实施仍存在一些需要解决的问题。第一，PCT 的核心在于对消费进行配给，通过限制消费数量来减少碳排放，这与政府鼓励消费、推动经济增长的政策存在一定矛盾。消费增长同时降低碳排放的需求，只有通过低碳技术和产品创新才能实现，这就要求具备一定的基础条件。第二，PCT 与其他减排政策的衔接问题，以消除重复计算或者避免管制遗漏，PCT 导致政府干预私人消费，容易将配给制的弊端及恐惧感带给公众，削弱社会公众的接受度。第三，PCT 还面临政策的有效性。由于不同家庭收入、消费支出结构、能效水平、生活方式等差异很大，考虑到低收入家庭的房屋能效水平低下，或有家庭依赖于汽车出行，或有特殊需要，在配额分配计划里需要有很多豁免情况，这会影响整体计划减排的有效性，而且政策的执行成本很高。第四，PCT 运用到家庭交通用能上还面临不少困难：①移动排放源很难监测；②碳交易对小汽车的运营成本影响很小，通过碳价格来减少小汽车交通出行需求面临很大的不确定性；③由于缺乏低碳排放汽车的成本和收益信息，消费者难以做出有效决策；④公共交通服务的完善取决于公共部门投资，而不是碳交易的价格信号；⑤城市规划、交通规划以及城市设计也是影响交通模式选择的重要因素，这些并不会对碳交易的价格做出反应①。这说明市场化的减排工具在交通部门应用还存在不少局限性，需要政策配套加以解决。

综上，个人碳交易的优势在于可以控制家庭消费碳排放，同时可以消除减排对社会分配的不利影响，但政策执行成本较高。从社会福利来看，个人碳交易可以实现双重红利，不仅能够减少家庭生活用能碳排放，还有助于改善收入分配格局，其劣势是政策的实施与执行、MRV 成本较高，总体上个人碳交易体系的运作成本过高，导致其经济可行性较差。碳交易对社会各界的要求较高。一是各家庭必须明确碳交易的基本概念与流程，这需要对社会公众进行充分的宣传教育。二是要建立并完善家庭生活用能碳排放的测量和监测体系。目前我国大部分住宅尚未完成热计量改造，难以计算采暖能耗与碳排放及交通能耗，也未建立针对家庭汽油消费的监测体系，化石燃料销售商尚未纳入政府税务部门的管控范围②。三是碳交易还对政府的管理能力提出要求，配额分配、系统运行和管理等市场基础设施还未建立，碳市场还处于试点阶段，因此，目前尚不具备实施个人碳交易的条件。

第六节　生活用能能效标准

生活用能能效标准对生活用能消费具有重要的影响，从能源服务生产框架考虑，能效投资作为能源服务生产的投入要素之一，可以较好地解释能效标准对社会福利的影响。能源服务将资本（能效投资）和能源视为生产能源服务的基本投入③，对于既定的能源服务水平，存在一条能源服务水平的无差异曲线，能源利用的最小成本是相对价格与无差异曲线的切点，相对价格将取决于资本成本、能源效率、贴现率、能源价格上涨、设

---

① Glover, L., "Personal carbon budgets for transport", Australasian Transport Research Forum 2011, p. 1.

② 傅志华等（2011）认为碳税征管方式有两种：化石能源开采和生产环节，以及终端消费环节，并认为应该对生产源头进行征收，而终端消费的征管成本较高，因此不具有经济合理性。这种两分法与加拿大 BC 省针对居民征收碳税的方式存在明显不同，BC 省碳税向化石燃料征收保证金的制度有效降低了征管成本，政府税务部门只需做好对少数大能源消费公司的监管即可，事实上碳税征收工作部分由化石燃料的销售体系负担，这种制度可以为中国征收消费碳税提供借鉴。

③ Gillingham, K., Newell, R. G., Palmer, K. L., "Energy efficiency economics and policy", *Resources for the Future* (*discussion papers*), 2009, pp. 1 - 35.

备利用率和决策的时间跨度。

图7-5中，能源服务的生产需要资本和能源两种投入要素，资本表示对能效产品和技术的投资。在这个框架下，更高的能源效率来自两种市场的推动力。第一种情形，如图A所示，能源效率改进替代，由于能源和资本的相对价格发生变化，家庭为获得同等的能源服务量，就会在无差异曲线上移动，投资于能源效率设备，减少能源消费量，能源消费由 *Qe* 下降到 *Qe*'，相应的，资本消费量由 *Qc* 增加到 *Qc*'。第二种情形，如图B所示，节能技术的进步将无差异曲线向内推进，改变了家庭的生产可能性边界，同样导致能源需求量下降，能效投资增加。相反，如果节能不是由能源效率改进引起的，则会导致较低的能源服务水平。

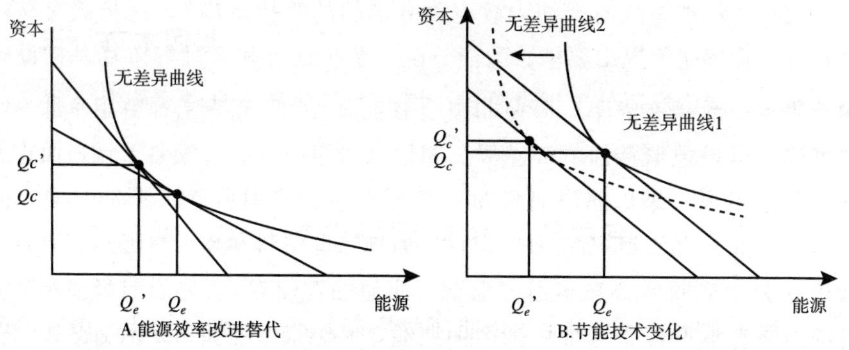

图7-5　能源服务生产示意

按照能源服务的分析框架，提高能源价格可以促进能效投资，通过节能技术进步，也可实现以较低的能源消耗来产生所需的能源服务量。根据能源服务的概念界定，生活用能消费的不平等具有双重含义：第一，生活用能消费量的不平等；第二，居民能效水平与节能投入的不平等。对于高收入人群来说，为应付生活用能价格的上涨，他们可以通过家庭能效投资，利用更节能的技术，从而以较少的能源消费满足自己的能源服务需求；而对于低收入人群来说，其受收入限制，缺乏资本进行能效投资，可以选择的节能措施也极其有限，这种能效水平的差异及其节能投入方面的不平等在减排政策的设计中应该得到考虑。要实现生活用能减排成本的公平负担，其前提是确保不同收入家庭具有平等利用节能与低碳技术的能力。然而，由于家庭能源利用技术存在的不平等现状，低收入家庭缺乏支付能力，因此，需要政府以提供公共物品的形式，帮助低收入家庭进行能效改造，或者按照一定的收入标准，对符合条件的家庭给予能效补贴。

一　家电最低能效标准

能源危机促使世界各国对家电能耗进行严格限制。早在20世纪70年代，欧洲国家就通过立法限制家电能耗。1976年，法国和德国率先实行强制性标识，美国也较早引入家庭最低能效标准，其“能源之星”计划获得了巨大成功。1992年，美国环保署（EPA）与能源部（DOE）合作启动“能源之星”计划，主要通过区域能效组织、产品制造商、零售商和建筑商与环保署及能源部签订合作伙伴协议，推动全社会来节约能源，覆盖了商业设备、家用电器、办公室设备、照明产品、房屋建材产品5大类60类终端耗能产品。“能源之星”计划取得了显著的减排效果和经济效益。2010年，美国通过该计划减排了1.7亿吨温室气体，相当于3300万辆汽车的排放量，节省了大约180亿美元。20世纪80年代中末期以来，中国也对很多电器设备制定了强制性能源效率国家标准。2005年起对空调器与冰箱强制执行能效标识制度，以此来帮助消费者节能，鼓励制造商提高用能产品的能源效率，同时鼓励销售高能效产品。

虽然在家庭领域实施最低能效标准取得了较好的节能效果，同时被认为是成本低、见效快的减排方式，但是，进一步提高家电最低能效标准对社会福利的影响尚存在争议。一种观点明确指出最低能效标准会损害贫困群体利益福利①。最低能效标准制度作为一种严格的行政手段，不符合能效标准的产品不能进入市场，这种手段在有效促进社会提高能效标准的同时，也会带来一定的负面影响。在一定的技术水平条件下，家电能效水平越高意味着其造价和售价也越高，低收入家庭的选择因此受到限制。另一种观点认为高的能源效率标准可以帮助低收入家庭节约能源支出成本，这会增进社会福利。导致这两种观点差异的关键在于成本—效益分析使用贴现率的选择。如果使用较低的贴现率，提高能效就可以为低收入家庭节约成本；如果使用较高的贴现率，由于低收入家庭通常选用并购置成本低而

① 刘民权、俞建拖、李瑜敏：《金融市场、家电最低能效标准与社会公平》，《金融研究》2006年第10期，第116页。

运营成本较高的家电，提高标准将导致巨大的净成本，导致低收入家庭承担不成比例的成本，提高最低标准将限制低收入家庭的选择，而高收入家庭并不会受到影响[①]。此外，提高家电能效标准对社会福利的影响，还取决于能效产品的市场供给结构。如果市场供给是完全竞争的，为满足消费者需求，市场将提供各种能源效率水平的家电。如果最低能效标准提高较多，就会导致低收入家庭的福利出现较大水平的下降。如果市场不是完全竞争的，生产者可以使用价格歧视，通过能效水平来细分市场，低端家电的消费者获得较低的能源效率，而高端消费者需要为能效产品支付更高的价格，能源效率标准可以提高社会福利。

二　建筑物能效标准与能效标识

建筑具有较大的减排潜力，在不影响生活水平的前提下，通过利用现有的技术水平就可以实现。提高建筑能效水平，可以降低化石能源价格上涨对家庭收入造成的影响，为家庭降低能源成本。即便是建筑节能在技术、经济上都具有可行性，但是在实践中，由于信息、认知和市场并没有结合起来，单一的价格机制并不能产生有效作用，且建筑能效投资仍存在巨大的缺口，对建筑物能效进行直接管制更加有效。

对于建筑节能来说，建筑能效信息具有非常重要的作用。房屋建筑商通常认为，由于购房者与租房者不会注意房屋能效提高所产生的能源成本的下降，其很难收回投资。提供建筑能效信息有助于消费者做出正确选择。德国运用建筑能效标准有效降低了建筑能耗，其建筑节能标准历经五次主要变革，其管理目标也从传统的维护结构与设计标准转变为关注终端能耗。目前，德国建筑节能标准的发展具有以下特征。①建筑节能标准围绕建筑物终端能耗，与用户的能源支付成本挂钩。②建筑节能标准不断提高。③建筑节能标准与家庭 CO_2 排放联系起来。1991 年欧盟理事会的《马斯特里赫特条约》提出了限制 CO_2 排放及提高能效的战略，其中就包括对采暖、空调、热水应按实际用量进行结算。④运用建筑节能证书为市场主体提供建筑能耗信息。2002 年《欧盟建筑物综合能效准则》要求提供建筑节能证书，使节能减排成为实实在在、能源证书

① Fischer, C., "Who pays for energy efficiency standards?" *Resources for the Future* (*discussion papers*), 2004, pp. 1 - 16.

上标明的 CO_2 排放量。

德国建筑节能标准的发展演变与生活用能价格、供热收费制度的改革基本同步。生活用能价格改革与节能标准的修订高度重合，建筑供热收费从按面积分摊转变到分户计量实际热耗，同时，德国将终端能耗作为建筑节能的评价准则。《欧盟建筑物综合能效准则》则由终端能耗转向一次能源消耗量，从而将建筑节能与减排联系起来。以终端能耗作为建筑节能的评价准则，是以用户管理为核心的：一方面，可以将建造过程与使用过程中节能标准的实施联系起来，采用终端能耗指标有利于用户监管开发商节能建筑的质量，同时有助于用户监督能源供应商能源服务水平；另一方面，将新建建筑与既有建筑联系起来，通过在能源证书中标注终端能耗有利于推动新建建筑节能标准的实施和既有建筑节能的改造。

建筑节能证书标明了建筑物能源消耗和 CO_2 排放的信息，它使得所有利益相关者可以方便获得信息。自 2008 年起所有建筑在销售或出租时，都需要提供节能证书。德国通过发放住宅节能证书，提供住宅能效信息，有效解决了委托—代理问题。具有“节能证书”的住宅，虽然租金较高，但因房子采暖费用明显降低，舒适程度也很好，其在租房市场上比较受欢迎。反之，如果住宅达不到节能要求，出租率和租金都较低，也会影响房东的租金收入，因此，房东就会受到激励申请政府优惠贷款进行节能改造，这种经济激励极大地调动了住宅节能改造的积极性，也降低了节能标准的实施成本，最终取得了较好的节能效果。德国住宅的综合能耗已经从原来平均 277kWh/（m^2·年），下降到 30～140kWh/（m^2·年），目前平均值是 98kWh/（m^2·年）[①]。德国建筑能耗标准成功实施是管制措施、经济激励与信息手段有机结合的结果，德国建筑能耗标准管制的变革与其生活用能价格改革和供热收费制度密切相关，并且为家庭节能市场主体提供了住宅能效信息——建筑节能证书，这种政策组合是德国家庭住宅能耗下降的根本原因。

当前中国住宅节能标准是设计标准，与建筑运行能耗关系不大，通常实际运行能耗要高于设计标准。所以，提高设计标准对家庭部门

---

① 赵辉、杨秀、张声远：《德国建筑节能标准的发展演变及其启示》，《动感》（生态城市与绿色建筑）2010 年第 3 期，第 40～43 页。

的节能效果十分有限。首先，建筑能效标准水平与发达国家相比较低，并且难以落实；其次，按面积进行供热收费，生活用能价格较低，住户缺乏经济激励；最后，针对既有建筑进行大规模的节能改造，获得充足的市场融资是关键①。与国外相比，当前中国建筑能效标准还存在以下问题。

第一，当前中国的建筑能效标准水平较低且执行困难。中国20世纪80年代中期出台第一部建筑节能标准，所有的建筑节能标准均以1980年的建筑能耗水平为基准线。2010年修订的国家建筑节能标准为节能65%，单位面积能耗为14.3kgce/m^2，相当于德国1984年的水平（见表7-12、表7-13）。即便如此，建筑节能标准也未得到充分执行。2005年建设部对17个省市的建筑节能进行抽样调查，结果发现北方地区只有50%左右的项目满足节能设计标准，缺乏有效的监管体系是导致标准未能落实的重要原因。

表7-12　我国不同时期建筑节能设计标准中规定的供暖耗热量指标限值

单位：W/m^2

1981年通用住宅设计标准	JGJ26-86《民用建筑节能设计标准（采暖居住建筑部分）》	JGJ26-95《民用建筑节能设计标准（采暖居住建筑部分）》	JGJ26-2010《严寒和寒冷地区居住建筑节能设计标准》
41.2	24.7	20.6	14.3

资料来源：舒海文等：《我国北方地区居住建筑节能率再提高的瓶颈问题分析》，《暖通空调》2012年第2期，第14页。

表7-13　德国不同时期建筑节能设计标准对应的供暖耗热量指标

单位：W/m^2

DIN4108（1976年）	保温规范 WSVO'77（1977年）	保温规范 WSVO'84（1984年）	保温规范 WSVO'95（1995年）	节能规范 ENEV'2002（2001年）	低能耗建筑 ENEV'2004（2004年）
23.48	19.70	15.86	10.88	9.89	8.79

资料来源：舒海文等：《我国北方地区居住建筑节能率再提高的瓶颈问题分析》，《暖通空调》2012年第2期，第14页。

① 吴延鹏：《世界银行与建设部共同召开中国居住建筑节能标准经济分析研讨会》，《中国建设信息供热制冷》2005年第11期，第19页。

第二，社会各界对建筑节能标准的理解存在“误区”。建筑节能标准只是强制性的最低节能要求，市场认为建筑只要达标即为节能建筑。政府主管部门将节能激励基金用于鼓励新建建筑达标，既削弱了节能标准的强制性特征，也弱化了市场超越节能标准的动力。在国际上，建筑节能标准通常明确规定强制性的最低节能要求，新建建筑必须达标。政府奖励资金用于鼓励超越节能标准的新建筑。通过定期修订节能标准，并逐步提高强制性节能标准的最低要求，促使新建筑的节能水平不断提高①。

第三，建筑节能标准难以解决住宅能耗水平差异较大的问题。根据清华大学建筑节能中心（2009）的调查数据，高收入家庭单位面积总电耗为 17.9kWh/m^2，低收入家庭是 6.2kWh/$m^2$②。高收入家庭空调电耗为 4.6kWh/m^2，低收入家庭没有安装空调；高收入家庭家电电耗为 6.6kWh/m^2，低收入家庭为 2.2kWh/m^2。从非电耗来看，高收入家庭能耗为 2.45kgce/m^2，而低收入家庭为 3.3kgce/m^2。不同家庭之间的能源消费差距受多种因素的影响，显然不是单纯的节能标准就可以解决的。由于住宅用能的需求弹性较小，征收碳税对节能的效果不大，而使用能效标准更有效，并且能效标准获得的潜在福利收益超过碳税③。

三　汽车油耗标准

1973 年中东石油危机导致油价暴涨，世界经济和人民生活受到重大影响。为了降低对石油消费的依赖，1975 年美国制定了控制汽车燃油消耗量的法规，该项法规要求各汽车厂大幅度降低汽车产品的燃油消耗量。在 1978～1985 年，平均每年油耗要求降低 6%～7%。20 世纪末，随着对气候变化的关注，控制 CO_2 排放已经成为汽车油耗标准的重点内容。美国油耗管控的对象主要是轿车和轻型货车。中重型货车油耗占运营成本的比例较大，车主自身十分关心车辆的燃油消耗量，这部分车辆的油耗可以通过

① 莫争春：《低碳建筑能力的相关政策和行动》，载王伟光、郑国光主编《应对气候变化报告 2010》，社会科学文献出版社，2010，第 229 页。

② 清华大学建筑节能中心：《建筑节能报告 2009》，中国建筑科学出版社，2009 年，第 293～294 页。

③ Ian, W. H. P., Evans, D. A., Wallace E. Oates, “Do energy efficiency standards increase social welfare?”, 2010.

市场机制加以解决，政府不必进行干预。美国油耗法规管制的标准是所谓的“公司平均燃油经济性”（Corporate Average Fuel Economy，CAFE），以“英里/加仑”为单位。每个制造厂每年销售的各型轿车或轻型货车，以其所占总销售量的百分比为加权系数，乘以该型车辆的燃油经济性，再将各车型的加权燃油经济性加总，得到该厂的总平均燃油经济性值，此值应满足法规限值的要求。美国轿车和轻型汽车 CAFE 限值见表 7－14。

表 7－14　美国轿车和轻型汽车 CAFE 限值

单位：英里/加仑

年份	小轿车	轻型货车	年份	小轿车	轻型货车
1978	18	—	1993	27.5	20.4
1979	19	—	1994	27.5	20.5
1980	20	—	1995	27.5	20.6
1981	22	—	1996	27.5	20.7
1982	24	17.5	1997	27.5	20.7
1983	26	19	1998	27.5	20.7
1984	27	20	1999	27.5	20.7
1985	27.5	19.5	2000	27.5	20.7
1986	26	20	2001	27.5	20.7
1987	26	20.5	2002	27.5	20.7
1988	26	20.5	2003	27.5	20.7
1989	26.5	20.5	2004	27.5	20.7
1990	27.5	20	2005	27.5	21
1991	27.5	20.2	2006	27.5	21.6
1992	27.5	20.2	2007	27.5	22.2

资料来源：陈春梅等：《美日汽车燃油经济性标准及对我国的启示》，《公路与汽运》2008 年第 5 期，第 8 页。

从表 7－14 可见，自 1990 年至今 20 多年来，燃油经济性一直保持在 27.5 英里/加仑的水平（折合 8.55 升/百公里）。1986～1989 年，轿车的燃油经济性不但没有提高，反而有所降低，美国国会在 1996 年冻结了 CAFE 标准，但由于能源形势十分严峻，2011 年公布了新的燃油经济性标准。1996～2004 年，轻型货车的燃油经济性一直维持在 20.7 英里/加仑（11.36 升/百公里）水平，2005 年后有所提高。为促进燃油经济性标准的落实，美国政府采取了以下措施。①对不能满足 CAFE 限值的汽车生产厂家处以罚款。②如果购买的新车达不到最低燃油经济性标准，将对机动车用户征收“油老虎税”。③CAFE 指标履约的灵活性。轻型货车有一个“前三年和后三年”的灵活办法（3 Year Carry - forward and 3 Year Carry - back），如果制造厂某一年的 CAFE 值超标，可用前三年中的 CAFE 富余量（credits）来抵消，而某一年的 CAFE 富余量，则可用于填补后三年中的超标量，这些富余量还可以在汽车制造商之间进行交易。④信息措施。规定每辆新车都必须贴上燃油经济性标签，美国能源部和环保局出版燃油经济性指导手册（Fuel Economy Guide），记载了各种新车型经调节的燃油经济性，便于消费者做出选择。CAFE 的最大优点是，政府从整体上控制汽车燃油消耗，又赋予了汽车厂商一定的灵活性。自 1974 以来，美国轿车的燃油经济性提高了一倍多，其中 CAFE 发挥了重要作用。根据最新修订的美国汽车燃油能耗标准，2016 年前美国汽车每加仑燃油平均行驶里程要达到 35.5 英里，比美国现行标准提高 10 英里，燃油经济性增幅约为 39%。最新修订标准要求的油耗约合 6.6 升/百公里，并首次将碳排放限制标准写入小汽车排放标准，要求平均 CO_2 排放量降低至每公里 155 克[①]。当前，世界主要国家（地区）的燃油经济性标准如图 7-6 所示。

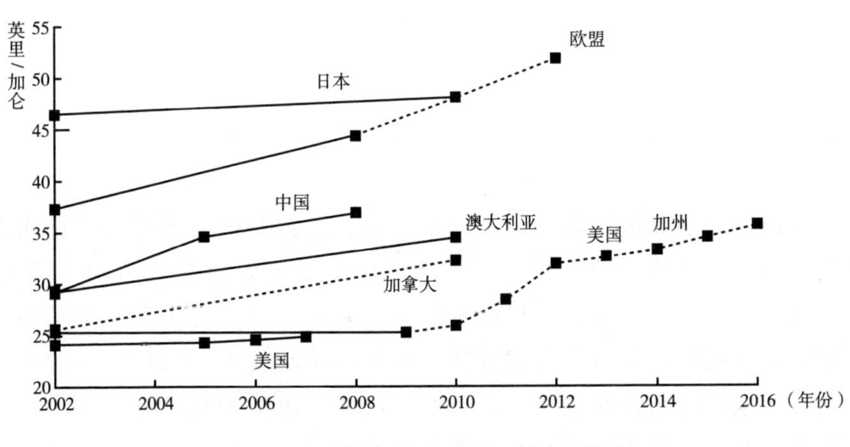

图 7-6　世界各国（地区）燃油经济性

从汽油需求的价格弹性来看，采用价格工具可以取得较好的减排效果。表 7-15 列出了文献对能源价格弹性的估计范围。因为可以采取更多

---

① 刘婧：《美国 CAFE 新标准公布，首次限制汽车碳排放》，《中国汽车报》2010 年 4 月 21 日。

的能效措施，所以长期价格弹性大于短期弹性。汽油价格弹性高于电费价格弹性。电力作为生活用能的基本需求，被大多数研究证明是低弹性的。电力和汽油需求价格弹性差异，具有丰富的政策含义。表 7－15 的弹性估计结果由国外家庭生活用能的消费方式计算得出，发展中国家与发达国家的区别在于私人交通出行方面，发达国家使用小汽车已经成为一种生活方式，对私人交通出行的依赖程度较强。但对于发展中国家来说，小汽车的人均保有量仍较低，出行方式以公共交通和非机动出行为主，所以，汽油消费的价格弹性更大。从政策选择来看，对于控制小汽车汽油消费，使用价格手段（碳税）比油耗标准可以取得更好的减排效果。

表 7－15　能源价格弹性估计

	短期	长期	来源
电力	—	0.09～0.13	Boonekamp (2007)
	0.24	—	Brännlund et al. (in press)
	0.16～0.39	—	Filippini and Pachuari (2002)
	0.15	0.16	Holtedahl and Loutz (2004)
汽油	0.34	0.84	Brons, Nijkamp, Pels and Rietveld (2008)
	0.2～0.3	0.6～0.8	Graham & Glaister(2002)

注：所有的值都是负数，表中数值为其绝对值。

资料来源：Laura, P., Pollitt, M., Shaorshadze, I., "The implications of recent UK energy policy for the consumer: a report for the consumers' association", University of Cambridge, 2011。

从减排成本负担来看，对小汽车交通燃油消费征收碳税，减排成本由高收入阶层负担，且难以转嫁，社会弱势群体不会受到影响。因此，针对家庭交通能耗采取较严格的管制措施并不会对社会福利产生不利的影响，相反可以缓解改善交通拥堵、获得环境收益等，增加了针对交通用能征收碳税的经济有效性。对于交通用能，运用碳税比提高油耗标准更利于提高社会福利。因存在严重的市场失灵，能效标准并不是最好的政策。碳税的净成本要低得多，并可以获得车辆减少使用而产生的额外收益，采用能效标准则不能实现这些目标。如果碳税水平是固定的，只有当 CO_2 的损害达到非常高的水平（每吨 100 美元以上），能效标准才能显著改善福利。

尽管如此，当前中国正处于机动化快速增长的阶段，燃料经济性法规作为政府控制机动车排放和油耗的有效手段，仍可以发挥重要作用。中国机动车排放控制技术较为落后，提高小汽车油耗标准是推动技术创新的重要途径，有利于推动先进车辆技术的研发和市场化。通过研究影响技术推广的因素发现，较高的能源价格通常导致能效产品更大规模的运用，能效技术创新在很大程度上取决于能源价格和标准管制，能源利用和节能技术的推广和创新很大程度上是对能源价格变化的反应，所以，汽车油耗标准的提高和价格调整结合使用更有利于促进油耗标准的实施，并提高油耗控制水平。

第七节 生活用能能效政策

从消费角度来看，能源效率是指终端用户获得的能源服务与能源消耗量之比。提高能效意味着为获得等量的能源服务所需要的能源投入更少。现代意义上的节能不是减少能源使用、降低生活品质，而应该是提高能效。生活用能能效政策的目标就是促进能效投资，通过能效项目促进低碳排放与节能技术在家庭部门的推广与运用，提升家庭的能源利用效率。

尽管生活用能的市场价格可以为能源效率提供经济激励，但家庭用能存在一系列的市场失灵：外部性、信息不完全、有限理性、不适当的奖励措施、缺乏资本和价格波动、非最优化选择等，阻碍了消费者和企业进行能效投资，这说明政府干预非常必要①。家庭能效政策可以有效弥补能源效率差距，降低消费者能源消费支出，同时提高生活质量，改善外部环境条件。能效政策是国外能源政策的重要组成部分，美国通过能效政策有效减少了能源需求②。英国规定了能源供应商提供消费终端能效水平的义务。德国政府投入大量资金，对住宅采取更多的能源效率措施。由于家庭生活用能存在市场失灵，仅通过生活用能的价格改革及碳定价无法有效推动家庭部门节能减排，政府部门推动家庭能效改造有助于克服市场失灵，是其他政策手段的重要补充。国外一般将能效政策分为激励性、管制性与信息和自愿性措施，详见表 7 - 16。

---

① Gillingham, K., Newell, R. G., Palmer, K., "Energy efficiency economics and policy", *Annual Review of Resource Economics* 1 (2009), pp. 597 - 620.

② Gillingham, K., Newell, R., Palmer, K., "Energy efficiency economics and policy: a retrospective examination", *Annual Review of Environment Resources* 31 (2006), pp. 161 - 192.

表 7 – 16　针对家庭部门的能源效率政策组合

政策工具的类型	政策工具的范例	实施国家(地区)	国家特定的政策
激励性措施:经济、金融和市场化手段,通过提供奖励或惩罚措施,改变目标对象的经济条件。新的经济/财务工具目的在于激发(或防止)有针对性的变化(如改造)	税(减少/抵免/豁免)	奥地利、比利时、法国、日本、卢森堡、挪威、葡萄牙、瑞典、美国	葡萄牙对效率较低的白炽灯征税
	补贴/津贴	澳大利亚、奥地利、比利时(瓦隆)、加拿大、芬兰、德国、匈牙利、爱尔兰、新西兰、西班牙、英国	芬兰对住宅翻新给予能效补贴
	可交易证书	澳大利亚、意大利、法国	意大利"白色证书"交易计划
	软贷款	澳大利亚、奥地利、法国、德国、匈牙利、日本、卢森堡	德国(KFW)对住房改造提供优惠贷款
	返款	奥地利、意大利、荷兰、葡萄牙、英国	英国暖锋计划(Warm Front Scheme)
	第三方融资	奥地利、德国、意大利、日本、荷兰	奥地利为建筑节能投资提供金融支持
管制性措施:指政府部门通过立法,针对特定的目标对象施加的强制履行义务,必须达到一定的目标,或放弃执行某些活动	性能标准	澳大利亚、加拿大、欧盟、日本、挪威	欧盟家电最低能源性能标准
	建筑规范	美国、新西兰、加拿大、欧盟	欧盟建筑物能源性能指令
	标签/认证方案	澳大利亚、欧盟、日本、墨西哥、美国	欧盟家电能效标签
信息和自愿性措施:以提供信息和知识为重要组成部分,推动社会变革,通过自愿行动或政策措施来激发市场本身、政府、参与主体之间的行动意愿	宣传活动	澳大利亚、奥地利、加拿大、瑞典、英国、美国	英国节能信托的能源效率活动,节省能源、金钱和环境
	能源(审计)管理	奥地利、法国、德国、意大利、新西兰、瑞典	瑞典能源、气候社区顾问计划
	自愿性认证/标识	巴西、法国、德国、新西兰、瑞士、美国	美国"能源之星"计划
	自愿协议	澳大利亚、奥地利、加拿大、芬兰、日本、卢森堡、荷兰、美国	荷兰效率计划

资料来源：Lius, M. , Neji, L. , Worrell, E. , McNeil, M. , "Evaluating energy efficiency policies with energy-economy models", *Annual Review of Environment Resources* 35 (2010), pp. 305 – 344.

成本—效益分析表明，家庭能效政策可以产生净收益。麦肯锡公司的减排成本曲线说明家庭部门的减排成本多数为负值，每吨 CO_2 减排的成本

为 -60 ~ -80 欧元。各国最低能效标准和信息标签计划有效降低了能源消费和碳排放。国际能源署也认为提高能效是目前最大限度降低温室气体减排成本的手段。但当前世界各国能效政策的执行力度不够：一是政府的行动还不够，二是政府的能效政策缺乏执行和评估，在设计方面还需要强化。

家庭能效政策的减排效果，容易受到反弹效应和能效投资缺口的不利影响。第一，家庭能效政策的反弹效应（rebound effect），对于节能减排具有负面作用。消费者购买了高能效产品之后，使用的频率增加从而导致能效增加，但对于反弹效应的大小存在不同认识。有研究提出，反弹效应基本上可以抵消技术进步所实现的节能，所以能效政策减排效果不大。但也有研究证实反弹效应确实存在，但是并不大，能效政策的节能减排效果还是非常显著的，不同国家节约能源约 25% ~40%[①]。总之，能效政策能否推动能源消费总量下降尚存在不确定性，但如果没有能效政策，能源消费总量增长会更快。

第二，能效投资缺口。家庭能效不只是技术问题，还需要建立适当的运作与体制结构，保证大规模能源效率投资。住宅能源效率投资最常见的障碍是缺乏激励。能源替代及可再生能源并不是家庭面临的首要问题。生活用能价格较低、能效产品价格昂贵、住宅的能效水平与其物业价值缺乏关联，导致业主、建筑商都缺乏经济激励进行能效投资。因此，与合乎经济理性的规模相比，家庭能源效率的投资规模存在较大缺口。

家庭能效政策除了推动节能减排外，还可以作为社会政策使用。英国家庭部门排放约占 CO_2 总排放量的 30%，并对家庭用能制定了雄心勃勃的减排目标，即到 2050 年实现温室气体减排 80%。当前的政策尚不能实现这样的长期目标。为此，英国牛津大学的研究人员提出应该更新现有的政策措施，从政策设计来看，不仅要实现减排目标，而且要解决公平问题，要消除能源贫困。最贫穷的家庭应该得到补助[②]。英国家庭能效政策规定，生活用能供应商有义务帮助低收入家庭进行能效改造，但由于存在委托—代理问题，消费者和能源供应商的利益并不一致，所以需要政府支持消费

① United Nations Economic Commission for Europe, "Green homes towards energy-efficient housing in the United Nations Economic Commission for Europe region", Geneva, 2009, pp. 23 - 34.

② Boardman, B., "Home truths: a low carbon strategy to reduce UK housing emissions by 80%", 2007, http://www.eci.ox.ac.uk/research/energy/hometruths.php.

者，提高其参与能效项目的积极性①。

加拿大BC省的家庭能效项目实践表明，低收入家庭在提高能效方面临更大困难。第一，信息和知识差距。大多数低收入家庭没有能力分析其生活用能消费模式，也不知道怎样改进，并且由于很难确定未来能源价格，导致能效投资存在很大的不确定性。第二，复杂性。即使对于懂行的消费者来说，因其涉及选择不同的技术、融资方案以及承包商，也很难理解不同的能源效率方案。第三，融资。能源效率投资的前期费用是许多家庭需要面对的障碍，低收入家庭难以支付，尽管现实中已经出现了一些私人融资的工具，但经济激励可能不足，因为能效项目投资不能立即产生回报，其投资回收期一般在10～20年，目前尚未在偿还期与能效产品本身间建立联系。第四，资格问题。老年人家庭以及老旧小区在提升能效方面存在更大困难，但可能不在政府能效支持的范围内。第五，所有权问题。许多低收入家庭往往是租房居住，由于房东与租客之间存在“激励分离”，租客未必愿意减少他们的消费来进行能效投资。由于是租客支付能源账单，业主显然也缺乏经济激励控制这些成本，如果业主支付能源账单，租户也没有受到激励去节能，那么这些都会削弱能效投资水平。

在发展中国家，逐步消除生活用能补贴已是大势所趋，这会导致生活用能价格上涨，低收入家庭获得基本的能源服务存在困难，这种问题即使在发达国家也存在。1996年，英国有近20%的家庭处于燃料贫困状态，由于供暖不足，冬季出现了非正常死亡现象。能源效率政策可以帮助低收入家庭降低用能成本，并减少公共财政补贴支出。欧盟研究结果显示，通过改善能源效率，平均每个家庭可以节约200～1000欧元公用事业费用支出，能效政策还可以减少公共预算压力，如针对住宅节能的补贴。IPCC指出能源效率政策可以最大限度地减少能源支出，消灭能源贫困，使低收入家庭能够支付得起基本的能源服务需求。实践表明，采取长期的能效投资要优于针对水电费支出进行的一次性补贴。如果结合可再生能源的发展来看，其还有助于减少对化石能源燃料的依赖。家庭能效政策有利于保障低收入人群的基本生活用能需求，是实现社会福利最大化的重要途径。

家庭生活能效的市场失灵及政策选择见表7－17。

---

① Parag, Y., Darby, S., "Consumer-supplier-government triangular relations: rethinking the UK policy path for carbon emissions reduction from the UK residential sector", *Energy Policy* 37 (2009), pp. 3984－3992.

表 7－17　家庭生活能效的市场失灵及政策选择

潜在的市场失灵	可能的政策选择
能源市场失灵	—
环境外部性	排放定价(碳税/碳交易)
平均成本电力定价	实时定价,市场定价
能源安全	能源税,战略储备
资本市场失灵	—
流动性约束	融资/贷款项目
创新市场失灵	—
研发外溢	研发税收优惠,政府资助
干中学外溢	早期市场使用激励
信息问题	—
信息缺乏:信息不对称	信息计划
委托—代理问题	信息计划
用中学	信息计划
潜在的行为失灵	—
前景理论	教育,信息,产品标准
有限理性	教育,信息,产品标准
启发式决策	教育,信息,产品标准

资料来源：Gillingham, K., Newell, R. G., Palmer, K., "Energy efficiency economics and policy", *Annual Review of Resource Economics* 1 (2009), pp. 597－620.

第八节　小结

通过比较国内外生活用能的发展历程，未来随着人均收入的提高、居住条件的改善、家用电器的日益普及和机动化出行比例的提升，中国生活用能将保持高速增长态势，其在能源消费中的地位也会更加重要。从能源消费品种上看，电力和汽油将是未来生活用能消费的重要增长点。因此，生活用能的发展趋势将是决定中国未来能否实现 2030 年碳排放峰值目标的关键因素之一。

从碳排放的属性和家庭部门的特点来看，减排政策的选择是一个非常复杂的过程。减排对生活用能消费格局及社会福利的影响应该在政策设计中得到考虑。首先，碳排放具有多重属性，不仅是外部性，还具有公共物品、权利属性、碳权益属性等特征，决定了减排政策不能只是简单的碳定价政策，还需要考虑社会分配问题以及弱势群体的权利保护。其次，家庭部门生活用能面临一系列市场失灵、行为失灵与管制失灵，使得任何单一的政策都无法解决家庭部门的减排问题，设计合理的政策工具非常重要。最后，生活用能的社会福利含义也应该得到足够重视。生活用能消费与收入、消费模式密切相关，作为基本的生活必需品，对社会福利具有较大影响。当前我国的减排政策对生活用能消费格局、社会福利含义以及收入分配影响缺乏关注，因此，未来减排政策的选择与设计需要运用社会福利分析方法。

当前，国内还没有明确提出生活用能减排政策，本书所指的生活用能减排政策是指与家庭生活用能相关的减排政策，如表 7 - 18 所示，家庭生活有关的减排政策包括生活用能定价、碳定价、信息计划、标准管制、能效补贴等一系列措施。

表 7 - 18　家庭生活用能减排需要解决的问题与政策选择

市场失灵的类型	政策选择	社会福利影响
价格扭曲	消除生活用能补贴	低收入人群受到较大影响
外部性	碳定价最有效,碳税简便可行	低收入人群受到较大影响
信息不完善	强制性能效信息披露	注意低收入者的信息获取
行为失灵	强制性能效标准管制	低收入人群受到较大影响
管制失灵	对管制对象施加经济激励	低收入人群受到较大影响
社会分配	目标性补贴政策	减少分配不公
消费格局	对住宅用能采取标准管制,对交通用能征收碳税	减少分配不公

生活用能相关的减排政策，按其解决的不同问题，可以分为以下几种类型。

（1）针对生活用能的价格扭曲，消除不合理的价格补贴非常关键，不仅可以减少生活用能消费，而且有利于调整能源消费结构。例如，针对化石能源的普遍补贴不仅造成了能源浪费，而且抑制了非化石能源的发展以及替代能源技术的研发，消除价格扭曲是生活节能的第一步。

（2）针对生活用能碳排放的外部性。运用碳定价最有效，但需要在不同碳定价工具之间进行选择，理论上碳税和个人碳交易可以产生同样的效果，但考虑政策的可操作性，针对生活用能采取碳税简便易行。

（3）生活用能消费相关信息不完全。政府可以为社会公众提供能效信息，如强制性要求生产厂商披露家用电器、住宅以及小汽车的能耗信息，并标示能效标识。

（4）生活用能存在行为失灵。外部性定价在政治上难以接受，信息计划失效，消费者难以做出正确选择，运用强制性标准来管制碳排放就十分必要。

（5）生活用能存在管制失灵。在缺乏有效监管的情况下，被管制对象缺乏激励遵从强制性标准，因此，需要建立经济激励机制。例如，中国建筑节能标准，采暖计量收费改革进展缓慢，履约会增加被管制者的成本，由于缺乏严格的行政监督体系，建筑企业受到很强的激励去规避监管。

（6）减排会导致社会分配问题。政策如果设计不当，会引发社会分配问题，使得低收入家庭承担不成比例的成本负担，而高收入人群所受影响不大，需要采取目标性补贴政策来解决社会分配问题。

（7）考虑不同类型生活用能的消费格局，需要选择不同的减排政策。住宅用能和交通用能具有不同的能源消费格局与需求价格弹性，对住宅用能采用标准管制的效果较好，对交通用能运用碳税的效果较好。

IPCC 在第四次评估报告中对主要的减排政策效果做了评估，见表 7－19。该评估结果主要根据发达国家的经验得出，其在不同国家、行业、环境下的可适用性，尤其是发展中国家可能会有很大差异。对政策手段进行政策组合或根据具体情况进行调整，可以提高其减排效果和成本效益。

表 7－19　主要减排工具政策效果比较

手段	环境成效	成本效益	分配影响	制度的可行性
法规和标准	直接规定排放水平，可能存在例外情况；取决于履约达标情况	取决于设计；统一的法规和标准可能导致总体履约成本上升	取决于是否受到平等对待；对低收入者可能不利	在市场功能弱的国家，规管者普遍采用
碳税	取决于碳税能否引发行为改变	广泛应用的成本效益较好，体制不完善导致行政管理成本较高	累退性，可以通过收入循环得到改善	通常在政治上不受欢迎；如果制度不完备，难以实施
碳交易	取决于排放上限、参与情况和达标情况	随着参与程度和参与家庭的减少而下降	取决于最初排放权的分配	需要功能完善的市场和配套措施
补贴	取决于政策设计；不如法规/标准那么确定	取决于补贴的水平，以及计划的设计，可能使市场扭曲	获得补贴的参与者受益；而有些并不需要补贴	受到获得补贴者的欢迎；既得利益者可能会抵制

资料来源：根据 IPCC 资料进行修改。

从社会福利影响来看，如表7-20所示，价格工具、能效标准、碳税、个人碳交易以及能效补贴等或影响居民生活用能的价格，或影响生活用能的供给，对社会福利的影响较大。即便是同一政策，不同的政策设计也会导致截然不同的社会福利影响。

表7-20　生活用能相关减排政策福利影响

类别	受益群体	受损群体	社会福利最大化
生活用能定价			
单一价格	高收入家庭	—	×
阶梯价格	低收入家庭	—	√
能效标准			
家电标准	—	低收入家庭	低收入群体选择受限
住宅标准	—	低收入家庭	取决于存量如何改造
小汽车标准	低收入家庭(间接)	—	√
可再生能源	—	低收入家庭	可能推高能源价格
碳税	—	低收入家庭	取决于碳税设计
个人碳交易	低收入家庭	—	√
能效补贴	不确定	不确定	取决于谁得到补贴

（1）征收碳税导致低收入家庭所受影响较大。碳税对居民的影响通过能源价格和一般商品、服务的价格最终转嫁给消费者，会引发社会分配问题，使得低收入家庭承担不合理的负担。澳大利亚碳税方案对家庭给予充分补贴，以减少碳税对居民生活的影响。加拿大不列颠哥伦比亚省征收碳税，其设计坚持收入中性原则，并补贴低收入家庭。减排政策会增加社会弱势群体的生活成本并限制他们的选择，从社会福利角度出发，需要通过补贴和社会政策帮助社会弱势群体。

（2）不同的减排政策选择与设计对社会福利的影响差异较大。生活用能实行阶梯价格，有利于保护基本生活用能需求。提高能效标准可能会限制低收入家庭的选择，而差异化标准虽然成本高，但有助于社会公平。普遍补贴使高收入人群“搭便车”，专项目标补贴（family-targeted）有助于实现能源效率与公平。理论上，碳税（交易）最有效，其以最低的成本使所有家庭参加减排。标准要求所有家庭都进行同等幅度的减排，可能导致减排过度或减排不足，经济有效性较差，同时还难以确定最佳标准，标准的效果还依赖于政策的监督与执行。标准管制不仅涉及企业，也与消费者选择有关。能效标识和信息计划有利于促使全社会共同参与节能。碳税的设计也影响社会福利，如果对企业征收，不利于保护社会弱势群体；如果对家庭征收，可以通过差异化税率来保护低收入家庭的碳权益。如果碳交易在生产端实施，就会产生分配效应，而实行个人碳交易，则有助于解决社会分配问题。

（3）从分配效果上看，个人碳交易可以产生最有利的分配结果，阶梯价格有助于优化生活用能消费格局，保障基本需求。碳税的累退性，会使低收入家庭承担不合比例的政策成本，加剧生活用能消费不公。消除生活用能补贴会增加低收入家庭的生活成本，实施目标性能效补贴，有助于降低减排对低收入家庭的影响。提高家庭最低能效标准会限制低收入人群的选择，高收入人群并不会受到影响。

生活用能减排政策的选择，除考虑减排政策的社会福利效果外，还需要考虑政策实施可能遇到的问题。从政策可行性来看，如果不存在投资无效率，碳定价（碳税、碳交易）最有效，针对节能产品实施最低能源效率标准，社会福利成本较高，所以，能效标准和管制是减排的次优选择。如果披露能耗信息的效果有限，即使生产商按要求披露能耗信息，但消费者通常不注意或者不理解这些信息，就会导致信息披露或者其他直接干预措施效果不佳，那么能效补贴与标准就成为解决此类问题的次优选择①。设备最低能效标准和能效信息标签政策，可以解决碳定价所不能解决的市场失灵，影响最终用户的投资和消费行为，不同的管制（如建筑规范、产品标准等）和信息措施对于解决消费者的行为失灵非常必要。

（1）从社会的接受度来看，政策的可行性排序为阶梯价格 > 能耗标准 > 碳税 > 个人碳交易。在当前的政策环境下，征收碳税可能会遇到较大的社会阻力，通过技术标准进行隐性定价比较容易得到社会公众的认可和接受。但从减排效果来看，如果没有明确的碳定价，难以产生改变消费行为的价格信号。对生活用能征收碳税简便易行，但碳交易需要一系列的基础设施，例如，对排放源的监测，以及对碳排放配额交易的监督、管理与运行，相比可行性较差。

（2）现阶段对家庭生活用能碳排放进行碳定价仍存在较大困难。当

① Allcott, H., Greenstone, M., "Is there an energy efficiency gap?" *The National Bureau of Economic Research Working Paper* (*No.* 17766), 2010.

前，中国尚未对企业碳排放征收碳税，对家庭生活用能征收碳税还需要较长的时间，遇到的阻力也会比较大。针对生活用能实施碳交易，需要统计和监测居住用能，且小汽车等流动性排放源难以监测，获得真实有效的碳排放数据非常困难。碳交易体系的运行成本很高，考虑政策的监督与执行成本，个人碳交易的经济可行性较差。加拿大不列颠哥伦比亚省通过监管能源销售商有效降低了家庭碳税的征管成本。

（3）家庭之间的异质性，使得差异化减排政策难以落实，且执行成本较高。不同家庭之间存在很大的异质性，导致其能源需求不同，而且对生活用能价格上涨的承受能力不同。统一的减排政策虽然简便，但没有考虑家庭间的差异。以能效标准为例，最低住宅能效标准，可能会降低部分消费者（低价格、低利用率）的福利，而增加部分消费者（高价格、高利用率）的福利。一方面，理想状态下，可以按照地理因素制定不同的标准，例如，对极端天气较多的地区与气候温和的地区实施不同的政策标准；另一方面，对于其他家电标准，由于家电制造商和零售商在全国范围内经营，所以必须在差异化标准以及复杂性监管导致的高成本之间进行权衡。差异化的减排政策虽然可以兼顾到不同家庭的需求，但差异化导致管理难度与成本上升，政策选择需要在政策公平性与效率之间进行平衡。

综上，生活用能减排政策的选择与设计需要注意以下特征。

（1）减排政策的选择与设计要兼顾减排的多目标属性。有效性（effective）、有效率（efficiency）、公平性（equity）是减排政策设计应当兼顾的目标。有效性是指政策的选择可以实现既定的减排目标，有效率是指选择的政策成本最低，公平性是指政策选择要使政策成本在不同人群之间实现合理分摊。从社会福利角度来看，就是通过政策选择来保障生活用能的基本需求，抑制生活用能的奢侈浪费，建立公平合理的生活用能价格机制。单一的政策工具不仅政策成本较高，而且难以实现减排目标，还会产生不利的社会分配效果。对于生活用能碳排放的外部性，通过碳定价来解决；对于行为失灵，则需要标准管制；对于管制失灵，则需要运用经济激励手段，实现政策法规的自我实施（Self-Implementation）；为消除减排的行动阻碍，还需要为市场主体提供有效信息，采取干预措施推动产生有利的分配结果。

（2）家庭减排面临市场失灵，行为失灵与社会公平难题，需要通过政策组合来解决。与家庭有关的减排政策主要包括三种类型：①激励性措施；②强制性指令和标准管制；③信息和自愿性措施。激励性措施着重于建立长期的价格信号，监管手段通过强制性措施来确保实现目标，信息和自愿性措施可以提高被管制对象的履约能力。这三类政策不能独自发挥作用，需要通过政策组合来实现家庭减排。消费者用能行为既受经济因素的影响，也受非经济因素的影响，被管制群体如果缺乏经济激励，强制性标准就难以得到执行。行为失灵表明经济因素难以促使消费者参与减排，所以需要经济手段与强制性手段的结合。经济手段是强制性标准执行的经济诱因，有助于降低政府管制成本，既保持了强制性标准的有效性，又赋予了经济主体一定的灵活性，有助于降低履约成本。家庭生活用能面临一系列市场失灵、行为失灵与社会公平问题，需要综合运用价格、标准、信息标签、定向补贴以及生活用能能效等政策来实现减排目标、经济目标与社会目标。

（3）根据不同类型生活用能的需求价格弹性与消费格局特征，选择最适合的减排政策。居住用能（包括用电、用气、取暖）具有明显的基本能源需求特征，低收入家庭的能源需求弹性远小于高收入家庭，提高生活用能价格，会使低收入家庭受到较大的福利损失。因此，采用能效标准比碳税政策有效，但高能效意味着高价格，也限制了低收入家庭的选择，需要政府对低收入家庭提供能效补贴。政策组合宜采取“最低能效标准 + 阶梯价格 + 信息 + 能效补贴”的政策框架。私人交通用能（汽油消耗）的需求弹性较大，运用碳税更有效，由于私人交通的使用者主要是高收入家庭，对交通碳排放征收碳税，不会产生社会分配问题。同时需要制定配套政策，完善城市规划与公共交通体系，避免不合理的交通出行需求，对于交通用能，政策组合宜采用“碳税 + 最低能效标准 + 信息 + 配套政策”的框架。

第八章　生活用能碳排放基本格局研究——北京案例*

随着北京市人口规模迅速膨胀和人民生活水平持续提高，生活用能在能源消费中的比重不断上升，合理控制生活用能将成为北京市未来节能减碳的重要抓手之一。2012年北京市人均GDP已达13857美元，按照世界银行的划分标准，北京市已经达到高收入国家的发展水平①。因此，能源消费与碳排放将呈现出发达国家的特征与趋势。根据发达国家的发展历程，能源消费特别是生活能源消费的比例将会继续增长，其比重最终将超过生产用能的比重。如果北京市在生活用能管理方面进行一定的经验探索，不仅可以为国内其他省市提供经验借鉴，对世界特大城市的生活用能管理也将起到一定的推动作用。

"十一五"期间，北京市采取了一系列强有力的措施，通过调整能源消费结构，使得煤炭消费比重大幅下降，天然气、电力等优质能源消费比重提升到68%。在能源消费总量不断增长的情况下，北京市万元GDP能耗下降率连续五年超过5%，累计下降26.59%，超额完成"十一五"期间节能降

---

* 本部分分别发表于：
刘长松：《北京市家庭生活用能消费的基本格局与政策取向》，《北京社会科学》2011年第5期，第41～46页；刘长松：《北京市家庭生活用能碳排放分配格局及对策》，《郑州航空工业管理学院学报》2011年第6期，第44～50页；刘长松：《北京市城镇家庭生活用能碳排放基本格局与政策涵义》，第28届中国气象学会年会——"S4应对气候变化，发展低碳经济"，厦门，2011年11月1日。

① 1993年世界银行曾公布了一个标准，即人均GNP少于650美元的为低收入国家（地区）；人均GNP为650～1200美元的为较低的中等收入国家（地区）；人均GNP为1200～2555美元的为中等收入国家（地区）；人均GNP为2555～7911美元的为中上等收入国家（地区）；人均GNP大于7911美元的为高收入国家（地区）。1999年世界银行对不同收入国家（地区）又作了一次划分，低收入国家（地区）人均GNP小于725美元；中等收入国家（地区）人均GNP为725～8956美元；高收入国家（地区）人均GNP在8956美元以上。转引自朱孔来：《对世界"中等发达国家"的界定》，《理论学刊》2005年第11期。

耗20%的规划目标，是全国唯一连续五年完成年度单位GDP能耗下降目标的地区，节能减排工作在全国处于领先地位，并得到了国务院的通报表扬①。

“十二五”期间，为进一步推动节能减排工作，北京市提出了能源消耗总量与结构调整目标。根据《北京市“十二五”能源发展规划》，2015年北京市标准煤消费总量控制在9000万吨，到2015年，优质能源消费比重达到80%以上，其中天然气比重超过20%；煤炭消费总量控制在2000万吨以内，五环路内基本实现无煤化；新能源和可再生能源占能源消费总量的比重力争达到6%左右。到2015年，北京市万元GDP能耗比2010年下降17%，万元GDP CO_2 排放比2010年下降18%。北京市提出的能源消费总量控制目标的难度远超过能源强度控制目标，尤其是北京市经济与人口规模仍在继续扩张，总量控制目标是一种新的政策探索。鉴于生活用能在能源消费中的比重不断增长，如何通过政策调整控制其增速，是北京市未来能源与碳排放管制政策的重点。但政策设计也必须考虑生活用能消费格局的不合理现状，考虑政策对不同收入群体的成本分担和社会福利的影响。本书探索如何在不降低社会福利总水平的前提下，寻找控制生活用能增长的政策措施，以提高北京市的低碳、绿色和可持续发展水平。

第一节 北京生活用能发展现状及基本特征

一 北京市能源消费格局演变：生活用能的重要性日益凸显

北京能源消费弹性系数稳步下降，经济结构调整成效显著。能源消费弹性系数②直接反映了经济增长对能源消费的依赖关系。从北京市2000～2012年GDP增长率、能源消耗增长率及能源消费弹性系数变化来看（见

---

① 2011年9月26日，国务院印发《关于对“十一五”节能减排工作成绩突出的省级人民政府给予表扬的通报》，对包括北京市在内的8个“十一五”期间节能工作成绩突出的省（区、市）予以通报表扬。

② 能源消费弹性系数是衡量经济发展效益的重要指标，是能源消费总量增长率与地区生产总值增长率的比值。类似的，电力消费弹性系数，指电力消费量增长率与地区生产总值增长率的比值。能源消费弹性系数反映了GDP每增长1个百分点，所需要的能源消耗变量率。弹性越小，说明经济发展对能源的依赖较小，经济发展所需的能源投入较少；弹性越大，说明经济发展对能源投入依赖较大，单位经济增长所需的投入越大，也表明能源利用效率低下。一个时期的能源消费弹性系数与经济结构调整、技术水平提高以及人民生活消费结构变化等因素有关。

图 8-1)，北京能源消费弹性系数显著小于 1，自 2004 年后总体上呈现稳步下降的趋势，只是在某些年份存在一定的波动，这表明北京市经济增长对能源的依赖较小并在逐渐降低。能源弹性系数不断下降与北京市产业结构调整和能效不断提高密切相关。主要原因在于自 2003 年以来北京不断加大产业结构调整力度，以电子、汽车制造等为主体的技术资金密集型产业成为北京经济发展的主导产业，并加大以金融保险业为主导的生产性服务业的发展力度；同时，北京市进一步加强节能减排政策的落实，强制淘汰高耗能落后产能，强化技术创新能力，不断提高能源利用效率。2009 年北京市万元 GDP 能耗在全国 30 个省市区（西藏无数据）中最低，万元 GDP 能耗从 2002 年的 1.03 吨标准煤下降到 2009 年的 0.54 吨标准煤，下降将近一半。上述措施促使北京能源消费弹性系数不断降低，2008 年仅为 0.07，以较低的能源消耗支撑了经济社会的快速发展。与能源消费弹性系数相比，北京市电力消费弹性系数略高，这说明在能源消费结构中电力对其他能源载体具存在一定的替代，是能源消费结构变化导致的结果。

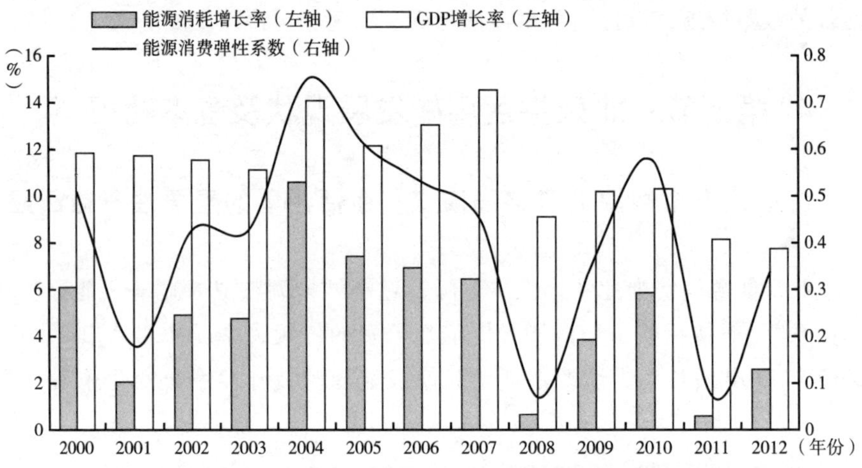

图 8-1 北京市 2000～2012 年 GDP 增长率、能源消耗增长率及能源消费弹性系数变化

北京市能源消费格局已呈现出显著的“后工业化社会”特征，第三产业和生活能耗占据主导地位。近年来，北京市加快产业结构优化调整，首钢搬迁，北京焦化厂、北京有机化工厂等能耗水平较高的工业企业加快关停搬迁，工业技术节能工作持续开展，带动工业能耗水平显著下降。与此同时，服务业和居民生活用能增长迅速，都市型能源消费特征日趋明显。从终端能源消费结构来看（见表 8-1），北京市能源消费已呈现出“后工业化社会”的特征：第一产业在能源消费总量中的比重微乎其微，第二产业的能源消费比重不断下降，而第三产业和生活用能的能源消费比重不断增加。按照我国的统计口径，2012 年北京市生活能耗占能源消费总量的 19.49%；如果按照国外学者对家庭生活直接用能（相当于统计口径的生活能耗）和间接用能（即考虑消费者消费产品和服务的内涵能源）的界定，我们估算出宽口径的居民生活能耗比重约为 64.8%。由此可见，居民生活用能已是北京市能源消费的重要驱动力。可以说，未来北京市能源消费的总体发展轨迹取决于居民生活消费的能源需求，以及为满足居民生活用能需求采取何种政策措施。

表 8-1　北京市三次产业能源消费总量

单位：万吨标准煤，%

项目	2004 年	比重	2012 年	比重
能源消费总量	4927.98	100	7177.7	100
第一产业	85.60	1.74	100.8	1.40
第二产业	2476.85	50.26	2426.1	33.80
工业	2362.78	47.95	2275.7	31.71
第三产业	1613.80	32.75	3252.1	45.31
生活能耗	751.73	15.25	1398.7	19.49

资料来源：《北京市统计年鉴》（2013 年）。

与整体能源消费相比，随着收入的提高、居住条件的改善、家用电器逐渐普及、家庭小汽车保有量逐渐增加，生活能源消费保持了持续快速增长。从北京市终端能源消费结构变化来看，第一产业能源消耗比例基本保持不变，稳定在 1.5% 左右的水平；第二产业的能耗比例从 2004 年的 50.26% 下降到 2012 年的 33.80%，随着北京市产业结构的调整和“后工业化社会”的深化，工业在经济中的比重会继续萎缩，未来生活能源消费仍有较大的增长潜力和发展空间。从总量上看，近年来北京市生活能源消费总量增长迅速。1999 年能源消费总量为 3906.61 万吨标准煤，2009 年达到 6570.34 万吨标准煤，10 年间增加了 68.19%。与此同时，生活能源消费则从 1999 年的 477 万吨标准煤增加到 2009 年的 1166.81 万吨标准煤，增加了1.45倍，远超过能源消耗总量的增速，生活能源消费比重由1999年的12.21%增加到2009年的17.76%（见表8－2）。从生活能源消费增速来看，1998～2009年，年平均增速为9%。从结构来看，电力和汽油是北京市生活能源消费的主要品种，分别占33%和27%，其次是原煤和天然气，分别占17%和10%，然后是热力和液化石油气，分别占10%和4%，柴油的消费量很小，仅占0.06%。北京市生活能源消费基本形成以汽油、电力、天然气为主的能源消费结构，煤炭主要由农村消费，农村消费占生活能源煤炭消费量的74.8%。

表8－2　1999～2010年北京市生活能源消费

单位：万吨标准煤

年份	1999	2000	2001	2002	2003	2004
能源消费总量	3906.61	4144	4229.21	4436.13	4648.17	5139.56
生活能源消费	477	534	561	584	681	751.73
生活能源消费比重(%)	12.21	12.89	13.26	13.16	14.65	14.63
年份	2005	2006	2007	2008	2009	2010
能源消费总量	5521.94	5904.1	6285.04	6327.1	6570.34	6777.08
生活能源消费	814.37	909.44	1005.26	1069.23	1166.81	1229.71
生活能源消费比重(%)	14.75	15.40	15.99	16.90	17.76	18.15

资料来源：《北京市统计年鉴》（1999～2011年）。

推动北京市生活能源消费增长的主要因素有两个。一是人口规模的迅速膨胀。2010年北京市第六次全国人口普查数据显示，北京市共登记常住人口1961.2万人，与2000年第五次全国人口普查相比，10年共增加604.3万人，增幅达44.5%，平均每年增加60.4万人，年平均增长率为3.8%。城镇人口占常住人口的86.0%，与2000年相比增加8.5个百分点。如果保持当前的人口增长速度不变，北京市2020年人口将达到2848万人，人口规模将是2010年的1.45倍，远远超出城市总体规划中“2020年控制在1800万人”的目标。庞大的人口增量是生活能源消费增长的重要推动力。根据国外的发展规律，生产用能在能源消费中的地位会逐渐下降，人民生活能源消费比例将会继续增加，生活用能将逐渐成为决定能源消费总量走势的关键因素，增添了北京市节能减碳工作的压力。生活用能的峰谷波动较大，加剧了电力供应负荷，生活用电供需矛盾更加突出。随着城市小汽车的普及，汽油供应可能中断的风险为城市交通运行增加了新的不稳定因素。化石能源的消费导致城市空气污染严重，城市居民身心健康受到损害。因此，城市生活能源消费不受节制增长的局面必须尽快得到扭转，这关系到北京市能否实现可持续发展。

二是人均生活用能消费水平迅速提升。居民收入水平快速增加，生活水平迅速提高，消费方式升级，汽车普及率提高，新竣工住宅面积保持高速增长，推动生活用能需求大幅增加。最近 10 年来，北京人均可支配收入平均增速为 10.19%，2012 年北京平均每人年可支配收入 36469 元，约合 5777 美元。人均收入水平的提升带动了消费结构升级，住房、机动车、家用电器等的大量普及，导致了北京市生活用能较快增长，“十一五”以来年均增幅达到 9.5%，人均生活用能从 1999 年的 433.8 千克标准煤，提高到 2012 年的 684.3 千克标准煤，增长了 57.7%。同期，北京市人均生活用电由 324.2 千瓦时增加到 791.8 千瓦时，增长了 1.44 倍，由此可见，电力消费将是未来北京生活能源消费增长的主要类型。从人均生活能耗看，北京大致为全国平均水平的 2～3 倍[①]；从国际比较来看，北京市人均 GDP 高于世界平均水平，人均能源消费量比世界平均水平高 29.30%，但与高收入国家人均生活用能消费量相比，不到高收入国家人均能耗的一半[②]。相对而言，北京生活能源消费仍处于较低水平，未来具有较大的增长空间。随着城镇化水平的提升和消费方式的升级转型，未来生活用能仍有高速增长的发展趋势。

二　居民交通出行方式的转变是生活用能增长的重要推动力

随着生活水平不断提高，交通出行机动化需求快速增长，推动了交通能耗在北京市居民生活用能中的比重快速增加。导致居民交通能耗迅速增长主要有以下 3 个驱动因素。

一是私家车保有量增长。随着人均收入的增加、生活水平的提升，小汽车迅速进入寻常百姓家里，1997 年北京私人汽车数量仅为 29.7 万辆，随后私家车在不受限制的情况下呈爆炸式增长，2007 年小汽车保有量为 212.1 万辆，2009 年达到 300.3 万辆，2010 年底北京私人汽车拥有量到

---

① 高云龙、佟立志：《北京市高耗能行业能源消费与经济增长关系及节能对策浅析》，《节能与环保》2010 年第 11 期。

② 黄毅、张荣娟：《北京市能源消费情况及国内外比较分析数据》，《数据》2007 年第 2 期，第 24～25 页。

374.4 万辆，机动车保有量则达到 480 万辆。尽管 2011 年北京实施了汽车限购，但 2014 年私人汽车保有量仍达到 437.2 万辆，机动车拥有量达到 559.1 万辆。2014 年北京每百户家庭拥有 63 辆，远远超过同期全国平均每百户家庭拥有 25 辆私家车的水平。

二是交通出行方式的变化。20 世纪 80 年代北京市交通出行以公交车和自行车为主。近年来自行车出行比例日益下降，小汽车和公共交通出行比例迅速增加。2009 年北京居民各种交通方式出行构成中（不含步行），轨道交通的比例为10%，公共汽车的比例为28.9%，公共交通（轨道交通和公共汽车）比例合计为 38.9%，较 2008 年提高了 2.1 个百分点，增幅较大；小汽车出行比例为 34%，较 2008 年提高了 0.4 个百分点；出租车出行比例为 7.1%，较 2008 年下降了 0.3 个百分点；自行车出行比例为 18.1%，较 2008 年下降了 2.2 个百分点，降幅较大（见图 8 -2）[①]。小汽车出行比例的迅速普及、自行车出行的比例不断下降已经成为推动北京生活用能迅速增加的重要因素。

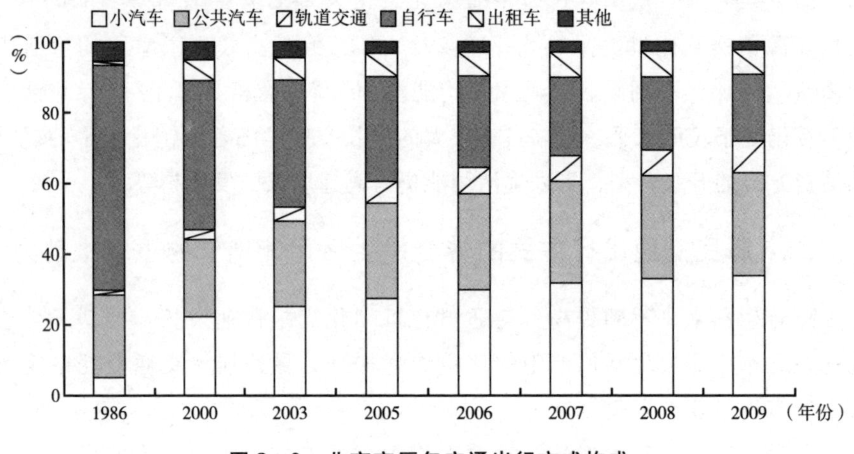

图 8 -2　北京市历年交通出行方式构成

资料来源：张铁映：《城市不同交通方式能源消耗比较研究》，北京交通大学硕士学位论文，2010，第 56 页。

三是私家车出行是高能耗的城市交通出行方式。与公共交通的公共汽车、轨道交通相比，私家车出行的能源消耗量较高，私人小汽车是单位燃

---

① 张铁映：《城市不同交通方式能源消耗比较研究》，北京交通大学硕士学位论文，2010，第 56 页。

油消耗量最大的交通方式。通过对北京和上海居民的出行结构进行案例研究也发现，城市交通出行结构的变化对交通能源需求和温室气体排放有显著影响①。交通出行方式的转变推动生活用能需求和支出不断增加，2004年人均年车辆用燃料及零配件支出仅为108.2元，2010年北京人均生活用能汽油消耗量为167.3升，平均每人每年车辆用燃料及零配件支出637元，短短几年内增加近5倍。

三　生活能源消费城乡差距较大

北京市具有典型的城乡二元经济特征，城乡不仅在人均GDP、人均收入和人均消费上存在巨大差异，在生活用能消费方面，同样也存在巨大的差距。2004年以来，城乡生活能源消费总量比基本保持在3∶1左右。城乡生活能源消费的另一个差异是能源消费类型不同（见表8－3）。城镇居民生活能源类型多样，农村生活能源消费类型比较单一；汽油、电力、天然气、热力是城市生活能源消费的主要载体，煤炭与电力是农村生活能源消费的主要形式；城市生活能源结构更优质、更清洁，而农村冬季没有热力供应，生活取暖以煤炭为主，导致污染水平较高，碳排放量更大。城乡能源消费差异不仅体现在消费数量上，也体现在消费结构、能源效率等深层次的方面，这些因素加重了城乡之间的能源消费不平衡，特别是当前农村能源基础设施薄弱，限制了农村居民获得清洁、高效的生活能源。

表8－3　2009年北京城乡居民生活能源消费结构比较

单位：%

项目	煤炭	汽油	柴油	液化石油气	天然气	热力	电力
生活消费合计	17.11	27.09	0.06	3.34	10.22	9.24	32.94
城镇	5.55	34.16	0.02	3.27	12.65	11.92	32.43
乡村	56.97	2.69	0.22	3.59	1.85	0.00	34.68

资料来源：《北京统计年鉴》（2010年）。

四　生活能源消费结构日益清洁化

随着生活水平的提高，北京市生活能源消费结构日益清洁化，清洁的

① 朱松丽：《上海城市交通能耗和温室气体排放比较》，《城市交通》2010年第5期。

电力、天然气逐步替代了污染严重的煤炭，煤炭在生活能源消费的比重逐渐下降。城镇居民对机动性的需求逐渐增加，导致汽油消耗量迅速增长。1997~2009年，北京市煤炭及其制品消费占能源消费的比重从1997年的41.47%下降到2009年的17.48%，而天然气消费占能源消费的比重则从1997年的0.56%上升到2009年的8%，电力消费占能源消费的比重从1997年的25.47%上升到2009年的33.2%，油品消费比重从1997年的21.18%上升到2009年的31.14%。总的来看，1997~2009年，北京市煤炭及其制品消费占能源消费的比重不断下降，清洁能源消费所占比重不断上升，北京市能源消费结构在较短时间内经历了能源转型。

从生活能源消费的类型来看，中国生活能源消费中煤炭直接利用的比例下降、相对清洁的能源比例上升。1988~2009年，中国人均生活用能从141千克标准煤增加到240.8千克标准煤，而煤炭的消费量从159.1千克下降到69.1千克，与此相反，电力、天然气、液化石油气和煤气的消费量增加迅速。生活能源由固体燃料向气体燃料和电力转变，北京的情况与此类似，特别是城镇居民的能源消费。2009年，北京生活能源消费电力消费比例为33.2%，汽油消费比例已经达到31.41%。为保护城市环境，2007年北京市已全部实现天然气对煤气的置换，天然气以其清洁、安全的特点成为城市居民的理想燃料，但由于中国“富煤缺气”的能源格局，2009年天然气仅占能源生产总量的4.1%。国内近200个城市建有天然气管网，天然气需求旺盛，供需缺口很大，2009年中国天然气消费量为812.94亿立方米，进口量为76.4亿立方米，天然气进口依存度为9.4%。从国内天然气产能和需求来看，缺气将是长期问题。因此，从国家层面上看，煤气在生活能源消费中所占的地位具有历史合理性。

从分项生活能源来看，2009年北京市汽油终端消费量是535.02万吨标准煤，生活消费量为316.06万吨标准煤，生活用能汽油消耗量占汽油消耗总量的59.1%，从城乡汽油消费构成来看，97.8%的汽油由城镇居民消费。2009年北京市液化石油气消费量为83.76万吨标准煤，生活消费量为38.95万吨标准煤，占消费总量的46.5%。

综上，居民生活能源消费结构的转型是一个复杂的过程，是经济社会发展的结果，同时受制于能源资源供应体系，政府的资源环境管理政策也是重要的影响因素。北京对城镇居民进行天然气置换煤气改造的成功经验说明，政府规制是实现环境目标的重要途径。

五　不同收入家庭消费模式差异大

2009年北京5000户城镇居民家庭基本情况调查结果显示，高收入家庭平均每人年可支配收入是低收入家庭的5倍，低收入家庭恩格尔系数为40.4%，而高收入家庭恩格尔系数仅为28%。不同收入家庭消费模式的差异主要体现为食品、交通和通信消费支出比例的不同。一般来说，随着生活水平的提高，食品在消费支出中的比重逐渐下降，人们对小汽车和交通出行的需求增加。高收入家庭在交通和通信方面支出的比例为18.3%，而低收入家庭仅为10.2%（见图8-3）。高收入家庭在汽车上的平均消费是1809元，而低收入户仅为120元，相差约14倍。不同收入家庭主要耐用消费品拥有量的差距更大，低收入家庭汽车百户拥有量为12.6辆，高收入家庭则为46.6辆，后者约是前者的3.7倍；洗碗机高收入户的拥有量是低收入户的26倍。不同收入家庭对交通方式的选择不同，低收入家庭出行主要依靠公共交通、自行车或步行，高收入家庭出行基本依赖小汽车。

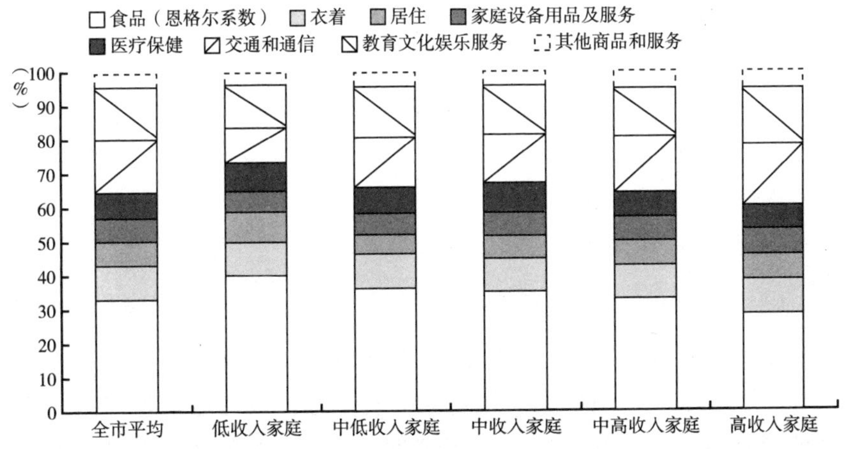

图8-3　北京5000户城镇居民家庭消费性支出构成（2009年）

第二节　北京市生活能源消费发展趋势展望

北京市生活能源消费的增长，是城市人口、人民生活水平和能源利用技术水平等多方面因素共同作用的结果。美国生态学家Ehrlich和

Comnoner 在 20 世纪 70 年代提出了 IPAT 模型，用公式表示为：

$$Environmental\ impact(I) = Population(P) \cdot Affluence(A) \cdot Technology(T) \quad (8-1)$$

这是评估环境压力的著名公式，公式表明，影响环境的 3 个直接因素是人口、人均财富量（或国内生产总值中的收益）和技术。我们假设，P 和 A 所代表的变量将继续增长；T 是唯一可以进行战略收缩的变量，且 T 构成了所有积极环境政策的核心环节。这意味着 T 收缩得越小，环境压力越小。在 IPAT 模型的基础上，York（2003）提出 STIRPAT（Stochastic Impacts by Regression on Population，Affluence and Technology）模型来评价收入、财富和技术对环境的影响，用公式表示为：

$$I = aP^b A^c T^d e \quad (8-2)$$

对公式两边取自然对数，得到方程：

$$\ln I = \ln a + b(\ln P) + c(\ln A) + d(\ln T) + \ln e \quad (8-3)$$

其中，a 为模型的系数，b、c、d 为各自变量指数，e 为误差。指数的引入使得该模型可用于分析人文因素对环境的非比例影响。与传统的 IPAT 公式相比，STIRPAT 可以识别 3 个不同因素对环境影响的权重，原始的 IPAT 公式隐含着权重影响相同的假定。与 IPAT 公式类似，日本 Yoichi kaya 教授（1989）提出了关于 CO_2 排放的 Kaya 恒等式，根据恒等式可直观分析碳排放的 4 个推动因素：人口、人均 GDP、单位 GDP 能源（能源强度）和能源结构（碳强度），用公式表示为：

$$\text{Kaya 恒等式 } CO_2 = POP \times (GDP/POP) \times (PE/GDP) \times (CO_2/PE) \quad (8-4)$$

Kaya 恒等式与 IPAT 公式相比，对技术对环境的影响做了进一步的分解，将其分解为单位 GDP 的能源需求量与单位能源的污染物产出，单位 GDP 的能源需求量属于技术概念，而单位能源的污染物产出则反映了能源结构的变化，即使两者技术水平相同，由于能源消费结构不同，其产生的环境影响也不相同。按照 IPAT 公式和 Kaya 恒等式，将影响北京市生活能源消费的因素分为规模因素、生活水平与技术因素，以下分别从这 3 个方面考察北京生活能源的演变情况。

一　规模因素

影响北京生活能源消费需求的规模因素主要是城市人口的迅速增加，

使其对居住和交通出行的需求增加，从而导致生活能源消费量的迅速增长。

1978～2009年，北京市常住人口的平均增速是2.31%，按照2009年1755万常住人口基数计算，每年新增常住人口为40.53万人，北京市2010年第六次全国人口普查主要数据公报显示，平均每年增加60.4万人，按照2009年人均生活能源消耗676.4千克标准煤计算，每年仅新增人口就要多消耗40.85万吨标准煤，占2009年生活能源消费总量的3.5%。

人口的迅速增加必然导致住房面积的迅速增加。2009年北京市城镇住房实有房屋建筑面积为6.69亿立方米，是1995年的3倍多；2009年住宅建筑面积为3.78亿立方米，是1995年的3.38倍，住宅建筑面积增长速度超过房屋建筑面积的增速。从住宅面积的增量来看，自2004以来，北京市每年新增住宅面积为4000万平方米，住宅面积每年增长10.6%，从住宅施工面积来看，北京市住宅每年施工面积保持在7000万平方米的水平，城镇住房面积未来仍将保持高速增长势头。

供热在家庭能耗中所占比例最大，城镇住宅面积的迅速增加，导致集中供热的能源需求量增长迅速。2009年北京市集中供热面积为4.424亿平方米，其中住宅供热面积为2.769亿平方米。与2005年相比，供热面积增加了2.165亿平方米，其中住宅供热面积增加了1.013亿平方米。根据《北京市“十二五”时期民用建筑节能规划》，2009年北京市全市建筑采暖总能耗为999万吨标准煤，其中住宅采暖能耗所占比例为61.6%，约为615.38万吨标准煤。

私人小汽车是北京市生活用能增加的又一推动因素。1987年私家车数量仅为0.71万辆，2003年北京市私家车达107.1万辆，第1个100万辆经过16年积累达到。随后，私家车在不受限制的情况下呈爆炸式增长，2007年私家车保有量为212.1万辆，2009年约为300.3万辆，达到第2个100万辆只用了4年时间，而达到第3个100万辆，从2007年到2009年仅用了2年时间。与发达国家相比，北京市人均小汽车保有量仍处于较低水平，随着汽车价格的下降，小汽车的保有量将步入高速增长期。

二　生活水平

1999年以来，北京市人均可支配收入保持高速增长，由1999年的9182.8元提高到2009年的26738元，年均实际增速为10.4%。消费结构不断升级，恩格尔系数由1999年的39.5%下降到2009年的33.2%。人均住房面积从1999年的15.88平方米提高到2009年的21.61平方米，人均生活用电从1999年284.69度提高到658.75度，增长了约1.31倍。城镇居民家庭主要耐用消费品拥有量迅速增加。空调器1992年百户拥有量仅为0.1台，2009年达到了162.7台，且仍保持增长态势；家用汽车1998年百户拥有量仅为0.8辆，2009年则达到了29.6辆，平均每3户家庭就有1辆汽车；洗衣机、沐浴热水器、计算机、电冰箱等基本实现了普及，彩色电视机百户拥有量为137.6台，移动电话达到了百户212.7部，平均每户2.13部。每百户家庭拥有量最多的耐用消费品依次是：空调器、彩色电视机、电冰箱和洗衣机。耐用消费品普及率与发达国家相比，仍有一定的差距。2007年，日本每百户家庭拥有空调器257.1台，家用汽车105.9辆。

三 技术因素

北京市在居住建筑节能方面走在全国的前列，率先在降低住宅采暖能耗方面进行了探索，综合运用建筑标准、规范等降低新建居住建筑采暖能耗。自1988年对新建住宅实施节能30%的设计标准以来，居住建筑采暖能耗标准已历经4次修订，北京市现在执行的是节能75%的《北京市居住建筑节能设计标准》。依据新的标准，新建居住建筑要在外窗安装遮阳设施，普及使用太阳能热水系统和节能照明系统。北京市居住建筑单位面积采暖能耗标准的情况见表8-4。

表8-4 北京市居住建筑单位面积采暖能耗标准

	非节能（基准）	节能30%	节能50%	节能65%	节能建筑（合计）
标准实施年份	1981	1988	1998	2004	—
面积（万 m^2）	10070	6500	12500	8666	27666
比例（%）	26.69	17.22	33.12	22.96	73.31
单位面积采暖能耗（$kgce/m^2$）	25.2	17.64	12.6	8.82	—

注：节能75%的标准于2012年颁布，2013年6月执行，目前尚没有相关统计数据。

资料来源：北京市住房和城乡建设委员会，2010。

按照不同取暖能耗标准的住宅分布，计算得出北京市居住建筑取暖面积能耗加权平均值 $X = \sum X_i P_i = 15.96 kgce/m^2$，$X_i$ 为每类住宅单位面积采暖能耗，P_i 为每类住宅面积所占比例。

北京市节能建筑和节能居住建筑数量与比重持续居国内首位，但与国外相比，北京市住宅采暖能耗水平仍然比较落后。很多欧洲国家住宅的实际年采暖能耗已普遍达到每平方米 8.57 千克标准煤，北京市达到节能 50% 标准的建筑，采暖耗能是每平方米 12.6 千克标准煤，约为欧洲国家的 1.5 倍。

通过实施强制性能效标识管理制度，家用电器能耗进一步下降。2004 年 8 月，国家发改委和质检总局联合发布《能源效率标志管理办法》，截至 2015 年 3 月已先后发布了 12 批能效标识产品目录，涉及家用电器、空调制冷设备、工业产品、照明器具及办公设备等领域。小汽车油耗与国外水平相比仍偏高。从全国范围来看，我国国产汽车近几十年来油耗水平变化不大，与国外相比，目前我国车辆除部分车型的标牌油耗接近国际同类型产品水平外，其他绝大部分产品的油耗比国际先进水平高出 10% ~20%。

综上，虽然技术进步提高了家庭能源利用效率，降低了能源消耗，但新建住房面积及家庭电器与小汽车数量的迅速增加，抵消了技术进步所带来的能耗下降，规模效应占据主导地位是导致生活用能增加的根本原因。

第三节　家庭生活用能消费影响因素模型研究

通过国际比较发现，人均收入、小汽车拥有量的差异是造成生活能源消费差距的重要因素。从区域能源消费来看，主要有三类因素影响生活能源消费。第一类因素是家庭人均收入和消费水平。一般来说，人均收入越高，对能源的需求就越大，人均消费支出越高，对能源的消费也越高。第二类因素是居住条件及用能设施。人均住房面积是反映居住水平的重要因素，家用电器拥有量是反映居住条件和质量的重要因素，大功率家用电器的拥有量与能源消费有直接关系。交通方式的选择、小汽车拥有量及其使用强度是影响交通能耗的关键因素。第三类因素是消费模式。即使处于同一收入水平，不同家庭由于消费结构的差异，能源消费量迥异。恩格尔系数、家庭水电气燃料支出、交通费用支出等指标可以有效反映不同的消费模式对生活能源消费的影响。

2009 年北京市城镇居民家庭生活能源消费中，汽油消费占 34.16%，电力消费占 32.43%，仅这两项就占 66.59%。目前北京市消费结构正处于转型升级阶段，汽车消费和耐用商品消费是主要的消费热点，随着机动化出行比例和家庭电气化水平的提升，未来生活能源消费中汽油和电力的消费比例还会进一步提高。鉴于此，本书选定人均生活用电和人均汽油消费来建立计量经济模型。本书选取 2009 年全国 31 个省份城镇居民人均可支配收入、人均消费支出、食品支出（以恩格尔系数衡量)、平均每户每年水电燃料支出、交通支出、百户家庭汽车拥有量、百户家庭空调器拥有量、百户家庭彩色电视机拥有量等变量，分别建立人均生活用电量模型和小汽车平均油耗模型。

一 人均生活用电量计量经济模型

2009 年中国区域人均生活用电影响因素的模型回归结果见表 8－5。

表 8－5 2009 年中国区域人均生活用电影响因素

解释变量	模型 1	模型 2	模型 3	模型 4	模型 5
常数项	－10.905 (－6.039)***	－11.177 (－7.143)***	－10.771 (－7.614)***	－10.397 (－9.029)***	－10.385 (－9.089)***
ln*PDI*	1.085 (2.303)**	1.105 (2.407)**	1.175 (2.665)**	1.116 (2.679)**	1.419 (12.349)***
engel	－0.269 (－0.320)				
ln*consum*	0.296 (0.640)	0.305 (0.672)	0.309 (0.690)	0.332 (0.757)	
ln*con*	－0.020 (－0.755)	－0.018 (－0.722)	－0.010 (－0.469)		
ln*tv*	0.235 (0.705)	0.190 (0.640)			
ln*utility bill*	0.373 (2.350)**	0.391 (2.663)**	0.356 (2.640)**	0.347 (2.639)**	0.372 (2.944)***
R^2	0.887	0.887	0.885	0.884	0.882
F 值	31.529	39.223	50.061	68.659	104.294

注：括号内为 *t* 值，* 表示在 10% 的显著性水平上通过检验，** 表示在 5% 的显著性水平上通过检验，*** 表示在 1% 的显著性水平上通过检验。

模型中人均生活用电量是因变量，为消除截面数据的异方差而对原始数据取自然对数，ln*elec* 表示人均生活用电量的对数值，ln*PDI* 表示人均可支配收入的对数值，*engel*表示恩格尔系数（食品支出占消费支出的比重），ln*consum* 表示人均消费支出的对数值，ln*con* 表示百户家庭空调器拥有量的对数值，ln*tv* 表示百户家庭彩色电视机拥有量的对数值，ln*utility bill* 表示平均每户每年水电燃料支出的对数值。

模型估计结果表明，人均可支配收入和平均每户每年水电燃料支出是影响人均生活用电量的重要因素。人均生活用电量的收入弹性系数为1.419，即在保持其他条件不变的情况下，人均可支配收入每提高1%，人均生活用电量就增加1.419%；人均生活用电量与平均每户每年水电燃料支出的弹性系数是0.372，即在保持其他条件不变的情况下，平均每户每年水电燃料支出每增加1%，人均生活用电量就增加0.372%。人均可支配收入和平均每户每年水电燃料支出对人均生活用电解释较好，模型的 R^2 为0.882。回归方程如下：

$$\ln elec = 1.419 \ln PDI + 0.372 \ln utility\ bill - 10.385 \quad (8-5)$$

二　小汽车平均油耗计量经济模型

当前对小汽车汽油消耗的研究主要集中在工程技术领域，鲜有涉及家庭交通出行方式的选择、对居民通勤特征的研究。从经济学角度对小汽车汽油消耗进行研究的领域几乎是空白的，尤其是在人民生活水平迅速改善、机动化出行方式剧增、小汽车平均油耗不断上升的背景下，亟须加强对小汽车油耗影响因素的研究。

（1）小汽车平均油耗估算方法

在目前我国的统计制度中，只在分行业的能耗统计数据中把交通运输、仓储和邮政业作为一个行业进行统计，而缺乏对居民交通运输能耗的统计，能源平衡表中居民生活用汽油消耗量即为居民交通运输能耗①，小汽车保有量数据源自中国2009年私人车辆拥有量统计（按地区分）乘用车辆的小型与微型车之和，小汽车平均油耗 = 居民生活用汽油消耗量/小汽车保有量。

（2）建立小汽车平均油耗影响模型

为确定影响小汽车油耗的关键因素，首先对自变量和因变量求相关系

① 《北京市交通运输能耗现状、未来需求及节能途径分析》，http://www.bjzx.gov.cn/pub/lanmus/30/detail_jsp_qid_e26053_qsc_lanmuId_e30.htm。

数，从相关系数来看，小汽车油耗影响因素的显著性从大到小依次排列为：人均消费支出 > 人均可支配收入 > 交通支出 > 交通费用支出比例，其他的影响因素都未通过显著性检验。交通支出与人均消费支出的相关系数达到0.924，与人均可支配收入的相关系数达到0.918，这可能会导致模型设定中出现多重共线性问题。根据以上分析，建立小汽车平均油耗计量经济模型，为消除自变量之间的多重共线性，采用后向逐步回归法进行模型估计。估计结果见表8-6。

表8-6 2009年区域小汽车平均油耗模型

解释变量	模型1	模型2	模型3	模型4
常数项	-13.186 (-1.867)*	-13.317 (-2.00)*	-13.098 (-1.993)*	-7.886 (-1.217)
ln*trans*	-3.735 (-2.114)**	-3.736 (-2.158)**	-3.134 (-2.125)**	
ln*transhare*	1.657 (1.929)*	1.662 (1.984)*	1.656 (1.997)*	0.095 (0.232)
ln*income*	-0.124 (-0.067)			
ln*com*	5.975 (2.350)**	5.865 (3.093)***	5.400 (3.083)***	1.904 (2.984)***
ln*car*	0.258 (0.652)	0.249 (0.683)		
ln*engel*	4.227 (3.382)***	4.229 (3.455)***	3.982 (3.440)***	3.377 (2.832)***
R^2	0.51	0.51	0.5	0.414
*F*值	4.158	5.196	6.511	6.350

注：括号内为*t*值，*表示在10%的显著性水平上通过检验，**表示在5%的显著性水平上通过检验，***表示在1%的显著性水平上通过检验。

ln*oil* 表示平均汽油消耗量的对数值，ln*trans* 表示交通支出的对数值，ln*com* 表示人均消费支出的对数值，ln*transhare* 表示交通费用支出比例的对数值，ln*engel* 表示恩格尔系数的对数值，ln*income* 表示人均可支配收入的对数值，ln*car* 表示百户家庭汽车拥有量的对数值。

从回归结果来看，交通支出、交通费用支出比例、人均消费支出和恩格尔系数是影响小汽车平均油耗的重要因素。交通费用支出比例和人均消费支出的系数为正，符合经济规律。然而，交通支出的回归系数显著为负，恩格尔系数的回归系数显著为正，显然与一般经济规律不符合。经检验，交通支出（ln*trans*）和人均消费支出（ln*com*）高度相关，故从模型中剔除交通支出变量（ln*trans*）并重新估计模型 3，得模型 4。

从模型估计结果来看，交通费用支出比例与人均消费支出对小汽车平均油耗的影响为正，但恩格尔系数对小汽车平均油耗的影响仍显著为正，对模型进行共线性检验，条件指数（condition index）为 171.327，共线性程度较高。为降低模型的多重共线性，选用两种方法处理：筛选变量法和主成分回归法。

（1）用筛选变量法剔除恩格尔系数

进行 OLS 回归可得：

$$
\begin{aligned}
\ln oil &= -6.426 + 1.403\ \ln com + 0.152\ \ln transhare \\
t\text{ 值}\quad & (-0.889)\quad (2.047)\quad (0.334) \\
P\text{ 值}\quad & 0.381\quad 0.050\quad 0.741 \\
& R^2 = 0.24\quad F = 4.410 \qquad (8-6)
\end{aligned}
$$

回归结果表明，小汽车平均油耗与人均消费支出的弹性系数是 1.403，居民人均消费支出每提高 1%，小汽车平均油耗就上升约 1.4%；交通费用支出比例每提高 1 个百分点，小汽车平均油耗就上升约 0.15%。人均消费支出与交通费用支出比例仅能解释小汽车平均油耗 24% 的变化（R^2 仅为 0.24），结果偏低。

（2）主成分回归法

为减小剔除变量所引起的信息损失风险，消除多重共线性，首先对自变量和因变量进行标准化，然后运用因子分析（factor analysis）对自变量提取主成分。将主成分回归进行还原得：

$$\ln oil = -2.82 + \ln com - 1.42 \ln engel + 0.63 \ln transhare \qquad (8-7)$$

从方程回归系数来看，经过主成分回归，恩格尔系数的符号已经发生改变，符合经济学含义。小汽车平均油耗对人均消费支出的弹性为 1，在其他条件不变的情况下，人均消费支出每增加 1%，小汽车平均油耗就增加 1%；恩格尔系数每下降 1 个百分点，小汽车平均油耗就增加 1.42%；交通费用支出比例每增加 1 个百分点，小汽车油耗就增加 0.63%。然而，

模型的 R^2 仅为0.113，自变量对因变量的解释能力不够理想。与式8-6相比，式8-7利用更多的信息来解释油耗差异，在数据缺乏的情况下，运用尽可能多的信息可以得到较为理想的估计结果。

总之，小汽车平均油耗模型的拟合效果不理想，但这是在当前缺乏基础数据情况下的次优选择。本书初步构建了城市居民收入与消费水平、消费结构与小汽车平均油耗的关系，据此测算不同生活水平下生活能源的需求量，为估算家庭能源消耗奠定了基础。

三　消费结构对居民生活用能的影响

家庭消费结构是影响家庭能源需求的重要因素。消费结构中恩格尔系数、水电燃料支出和交通支出是影响生活能源消费量的重要指标。本书研究中，恩格尔系数、水电燃料支出比例均出现了与经验规律不符的现象。

恩格尔系数是国际公认的生活水平评价指标，依据恩格尔系数对中国居民生活水平进行评价时，如果按联合国粮农组织（UNFAO）制定的标准，则会产生与中国实际情况相背离的现象，因此，恩格尔系数在中国面临适用性问题①。随着生活水平的提高，人们有能力消费更多种类的东西，食品支出的比例自然会下降。但是考虑到价格变化因素，如果食品与其他产品的相对价格发生变化，恩格尔系数也会发生相应变化，即便如此，生活水平并未发生变化。因此，在中国，恩格尔系数与居民生活水平不能简单画等号。从消费方式看，在外就餐的支出一般要高于食品支出，因此，在外就餐比例较大的上海、广东等发达地区居民的食品支出所占份额较大，从而恩格尔系数也较大。外出就餐支出的增加是生活水平提高的标志，高收入家庭的外出就餐还需通过小汽车来完成，外出就餐比例的增加可能导致小汽车油耗增加。因此，将恩格尔系数作为生活水平评价的唯一指标具有很大的局限性。为更准确地反映生活水平的变化，需要对恩格尔系数进行细分：基本食物支出变化较好地体现了恩格尔定律，高档食品与外出就餐则体现了生活水平的提高。恩格尔系数的变化与能源消费量的变化不是简单的确定性关系，对生活水平的判定，还需要结合人均可支配收入、人均消费支出等进行。

① 张鸿武、王亚雄：《恩格尔系数的适用性与居民生活水平评价》，《统计与信息论坛》2005年第1期，第20~23页。

水电燃料支出比例是消费结构中影响生活能源消费的另一重要因素。随着水电燃料支出比例的增加，人均生活用电量下降。但水电燃料支出比例高，并不一定意味着获取能源服务存在困难，也可能与燃料消费水平较高有关。例如，河北、吉林、山西的水电燃料支出比例均高于甘肃，并不能说明这些省份比甘肃的生活水平低。水电燃料支出比例作为结构指标，还必须与数量指标结合起来对生活水平进行综合评价。综上，无论是恩格尔系数还是水电燃料支出比例等结构指标，作为反映家庭消费结构的关键指标，虽然与人均生活能源消费可能存在一定的经验关联，但评估其对生活能源消费的影响还必须结合数量指标加以确定。

四　北京生活能源消费时间序列模型

收集北京市 1978～2009 年相关数据，以人均生活用电量为因变量，人均住房面积、人均实际可支配收入、人均实际消费支出和人均实际 GDP 为解释变量，估计如下方程：

$$\ln elec = \beta_0 + \beta_1 \ln housing + \beta_2 \ln income + \beta_3 \ln consum + \beta_4 \ln GDP \quad (8-8)$$

北京人均用电量影响因素的模型回归结果见表 8－7。

表 8－7　北京人均用电量影响因素

解释变量	模型 1	模型 2	模型 3
常数项	－8.244 (－2.433)**	－3.419 (－7.494)***	－3.092 (－13.897)***
ln*housing*	2.204 (3.434)***	1.853 (3.065)***	1.705 (2.970)***
ln*income*	－1.442 (－1.616)	－0.521 (－0.824)	
ln*consum*	1.438 (1.991)*	0.975 (1.481)	0.451 (2.699)**
ln*GDP*	0.974 (1.436)		
R^2	0.986	0.985	0.984
F 值	465.274	597.018	905.212

注：括号内为 *t* 值，* 表示在 10% 的显著性水平上通过检验，** 表示在 5% 的显著性水平上通过检验，*** 表示在 1% 的显著性水平上通过检验。

回归方程式为：

$$\ln elec = 1.705 \ln housing + 0.451 \ln consum - 3.092 \qquad (8-9)$$

回归分析显示，人均住房面积对人均生活用电量的弹性为1.705，即人均住房面积每增加1%，人均生活用电量就增加1.705%。人均实际消费支出对人均生活用电量的影响效果显著，每增加1%的人均实际消费支出，人均生活用电量就增加0.45%。人均实际可支配收入和人均实际GDP对人均生活用电量的影响不显著。模型的可决系数较高，而Durbin－Watson值为0.502，存在自相关的可能。因此，对模型做进一步检验，对时间序列进行平稳性检验，发现各序列均属于一阶单整序列，即I（1）序列。对模型残差的稳定性检验表明残差序列是平稳序列，上述变量之间确实存在长期均衡关系，不是虚假回归。模型设定合理，回归模型的因变量和解释变量之间存在稳定的均衡关系①。

第四节　北京市城镇居民家庭碳排放基本格局

一　北京市不同收入家庭碳排放估计

（一）家庭能源消费调查结果碳排放估算

2009年5000户北京城镇居民家庭基本情况见表8－8。不同收入家庭每年户均 CO_2 排放估计见表8－9。

表8－8　2009年5000户北京城镇居民家庭基本情况（按收入水平分）

项目	平均	低收入	中低收入	中等收入	中高收入	高收入
家庭规模(人)	2.8	3.1	3	2.8	2.7	2.5
人均消费性支出(元)	17893	10009	14538	16752	20529	28541
人均年可支配收入(元)	26738	11729	18501	23475	30476	50816
户均年家庭可支配收入(元)	74866.4	36359.9	55503	65730	82285.2	127040

① 高铁梅：《计量经济分析方法与建模：EViews应用及实例（第2版）》，清华大学出版社，2009年5月，第180页。

表 8－9　不同收入家庭每年户均 CO_2 排放估计（调查结果）

	电力(kWh)	天然气(m^3)	汽油(l)	排放（吨 CO_2）	取暖排放（吨 CO_2）	家庭排放（吨 CO_2）
低收入	878.76	51.87	0	0.96	1.23	2.19
中低收入	1987.32	218.94	0	2.33	1.86	4.19
中等收入	3158.52	584.49	319.92	4.83	2.22	7.05
中高收入	4257.36	1084.23	1167.84	8.70	2.67	11.37
高收入	9974.28	3123.96	4128.26	24.54	3.34	27.88

注：单位面积家庭采暖能耗采用 57 度电/m^2 计算（江亿：《我国建筑能耗趋势与节能重点》，《建设科技》2006 年第 7 期，第 10～13 页）。电力、天然气、汽油消耗量数据来源于作者调查，其中假定低收入和中低收入家庭使用公共交通出行，汽油消耗量为零。

低收入家庭平均每年碳排放量为 2.19 吨 CO_2，生活方式比较简单，没有大功率电器，家庭用能非常节约，仅满足基本生存需要。中低收入家庭家电普及率提高，生活水平较高，户均碳排放量为 4.19 吨 CO_2；中等收入家庭家电基本普及，家庭出行采用小汽车与公共交通相结合的方式，其碳排放水平也提升到 7.05 吨 CO_2；中高收入家庭追求舒适的生活条件，交通出行基本依赖小汽车，家庭每年碳排放达到 11.37 吨 CO_2；高收入家庭追求奢华的生活方式，出行完全依赖小汽车，不注意生活节能，导致碳排放迅速上升到 27.88 吨 CO_2，基本与发达国家生活方式一致。

图 8－4 的调查结果反映出，占家庭总数不到 10% 的高收入家庭，碳

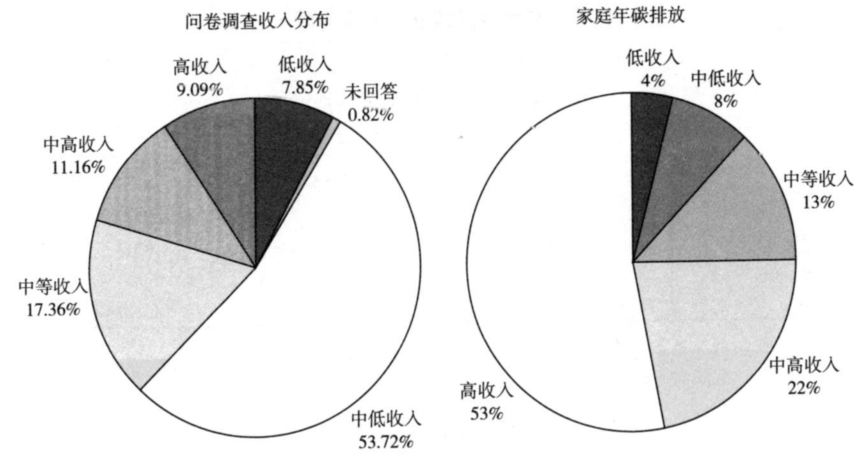

图 8－4　家庭收入分布和碳排放分布

资料来源：调查数据。

排放量占比达到53%。生活用能对所有家庭来说都是核心的基本物品，未来能源价格上涨可能会成为社会问题。如果能源价格上升，社会不平等问题也会随之上升。因此，减排政策需要在效率和平等之间进行权衡，社会分配不仅仅是收入分配，生活用能的消费格局也应得到考虑。

从调查样本的收入分布来看，调查样本的中低收入家庭比例高于按照平均工资估算的比例，与实际的居民收入分布基本相符，调查样本的低收入家庭与高收入家庭的比例与按照平均工资估算的基本一致（见图8-5，表8-10）。因此，调查样本的生活用能消费量与碳排放量基本上能够反映不同收入层次的实际水平。

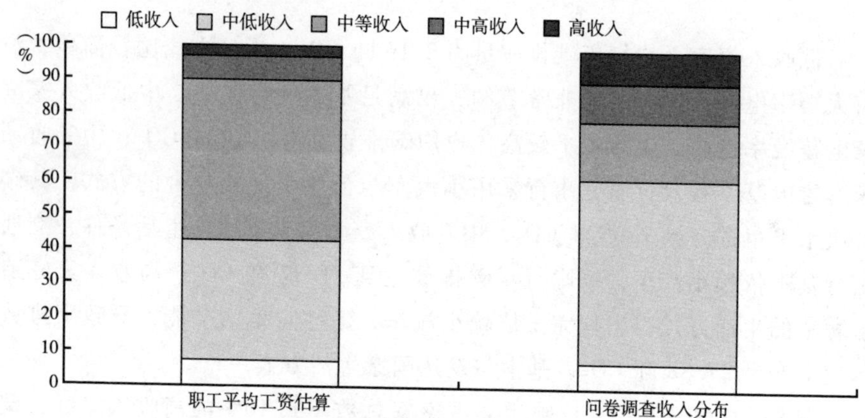

图8-5　家庭用能调查样本家庭收入分布

表8-10　家庭用能调查样本家庭收入分布

类别	职工平均工资估算(%)	问卷调查收入分布(%)	个人月收入(元)
低收入	7.61	7.85	1000以下
中低收入	35.33	53.72	1000～3000
中等收入	46.93	17.36	3000～5000
中高收入	6.99	11.16	5000～8000
高收入	3.14	9.09	8000以上

注：另有0.82%的被调查者对自己的收入情况未予回答。

资料来源：根据调查数据整理。

（二）运用模型估计家庭碳排放

2009年北京城镇居民不同收入人群家庭碳排放估计见表8-11。

表 8－11　2009 年北京城镇居民不同收入人群家庭碳排放估计

项目	平均	低收入	中低收入	中收入	中高收入	高收入
生活用电(kWh)	1919.81	457.99	840.98	1463.37	2544.87	5556.09
生活用电碳排放(吨 CO_2)	1.91	0.45	0.84	1.45	2.53	5.52
天然气消费(立方米)	159.88	177.01	171.30	159.88	154.17	142.75
天然气碳排放(吨 CO_2)	0.26	0.29	0.28	0.26	0.25	0.23
取暖能耗(kgce)	1824.23	989.52	1496.25	1787.52	2154.60	2693.25
取暖排放 * (吨 CO_2)	2.26	1.23	1.86	2.22	2.67	3.34
家庭碳排放(不含交通)	4.43	1.97	2.98	3.93	5.45	9.09
汽油消费(升)	1558.19	513.75	1118.88	1284.81	1861.93	3520.59
汽油消费碳排放(吨 CO_2)	3.58	1.18 *	2.57 *	2.96	4.28	8.10
家庭碳排放(吨 CO_2)	8.01	3.15	5.55	6.89	9.73	17.19

注：* 按照北京市能源消费结构，取暖能耗碳排放系数为 1.24 吨 CO_2/吨标准煤。

运用模型计算家庭碳排放，对家庭天然气消费做出假设：北京市 94.4% 的城镇家庭使用集中供暖，天然气仅用于炊事和热水用能基本生活需要，假定所有家庭人均消费等量的天然气，取 2009 年全市人均消费量——57.1m^3。取暖碳排放计算采用经验数据估算。交通碳排放方面，低收入家庭和中低收入家庭使用公共交通，参考平均出行距离①，公共交通能耗与按汽油消费计算的结果基本一致。小汽车油耗模型估计结果为年平均油耗 1558.19 升，按照小汽车平均年行驶距离 1.5 万公里计算，小汽车平均油耗约 1500 升，模型估计结果基本与实际相符②。

（三）运用北京时间序列数据估算家庭用电量

以时间序列数据模型计算的家庭用电量见表 8－12。

---

① 按照平均每人每年公交出行距离约 10000km（平均每天交通出行 27.4km）。参考公共交通每公里排放 0.062 千克 CO_2，平均每人每年排放约 678.9 千克 CO_2，三口之家平均每年使用公共交通排放约 2.04 吨 CO_2，如果平均每人每天出行 20km，三口之家年交通排放为 1.36 吨 CO_2。平均出行距离参见《2010 中国新型城市化报告》、张艳等（2009）、王德起等（2009）、交通部科学研究院的数据。

② 北京市政协城建环保委所发布《关于机动车总量调控与需求管理问题的调研报告》称，北京市公车（机关企事业单位小汽车）年平均行驶里程为 2 万公里，私人小汽车年平均行驶里程 1.5 万公里；私人小汽车年均使用费用为 10681 元。与世界大城市机动化发展历程进行对比，北京机动车，特别是私人小汽车发展存在高速度增长、高强度使用、高密度聚集的特点。

表 8－12　时间序列数据模型计算的家庭用电量

项目	平均	低收入	中低收入	中等收入	中高收入	高收入
家庭规模(人)	2.8	3.1	3	2.8	2.7	2.5
消费性支出(元)	17893	10009	14538	16752	20529	28541
不变价消费性支出(元)	2582.71	1444.72	2098.44	2418.02	2963.20	4119.66
人均住房面积(平方米)	32.00	16.00	25.00	32.00	40.00	54.00
年人均生活用电(度)	578.48	136.54	345.80	561.54	900.40	1742.59
年户均生活用电(度)	1619.74	423.26	1037.40	1572.32	2431.09	4356.48

注：人均住房面积来源于作者调查。

（四）运用文献数据估算家庭碳排放

运用文献数据估算不同收入户均家庭能源消费和家庭碳排放结果分别见表 8－13、表 8－14。

表 8－13　运用文献数据估算不同收入户均家庭能源消费

	a 总电耗 (kWh)	b 用电能耗 (kgce)	c 总非电能耗 (kgce)	d 采暖能耗 (kgce)	全部能耗 = b + c + d(kgce)
平均	929.99	325.50	378.58	1824.23	2528.30
高收入	2416.50	845.78	330.75	2693.25	3869.78
中收入	1133.86	396.85	438.91	1641.89	2477.65
低收入	307.52	107.63	163.68	989.52	1260.83

注：单位面积能耗数据源于清华大学建筑节能中心：《建筑节能报告（2009）》，2009，第 293～294 页。

单位面积采暖能耗为 57 度电/m^2，标准煤按发电效率折合等效电，按 1 度电（kWh）＝350g 标准煤计算，单位面积采暖能耗折合标准煤 19.95 千克（江亿：《我国建筑能耗趋势与节能重点》，《建设科技》2006 年第 7 期）。

户均住房面积源于作者调查。

表 8－14　运用文献数据估算的家庭碳排放

	采暖排放 (吨 CO_2)	用电排放 (吨 CO_2)	炊事、生活热水排放 (吨 CO_2)	家庭碳排放 (吨 CO_2)
平　均	2.83	0.50	0.59	3.92
高收入	4.17	1.31	0.51	6.00
中收入	2.54	0.62	0.68	3.84
低收入	1.53	0.17	0.25	1.95

注：碳排放系数来源于国家发改委能源研究所。

（五）家庭碳排放结构估算结果比较

对于家庭用电量，区域模型和时间序列模型的估计结果基本一致，平均每户家庭每年用电约1900度，低收入家庭用电平均约450度，中低收入家庭约900，中收入家庭约1500度，中高收入家庭约2500度，高收入家庭约4500度。高收入家庭年用电量约是低收入家庭的10倍，生活用电消费差异显著，收入每提高一个层次，生活用电量的增速加快，趋势图符合指数增长态势。模型估计结果高于北京市人均生活用电量（北京市2009年人均生活用电746.7度）。考虑到家庭规模因素，根据北京市第六次全国人口普查数据，2010年平均每个家庭户的人口为2.45人，问卷调查户均用电量为2873.77度，人均用电量约为1173度，与同期统计数据较为接近。

表8－15 不同收入家庭年用电量估算结果比较

项目	平均	低收入	中低收入	中收入	中高收入	高收入
家庭每年现金收入(万元)	8.59	4.37	6.58	7.67	9.40	14.36
区域模型(度)	1919.81	457.99	840.98	1463.37	2544.87	5556.09
时间序列模型(度)	1619.74	423.26	1037.40	1572.32	2431.09	4356.48
调查结果(度)	2873.77	878.76	1987.32	3158.52	4257.36	9974.28
文献数据估计(度)	—	307.52	618.76	929.99	1673.25	2416.5

注：家庭收入划分数据来源于北京市5000户城镇居民家庭调查数据《北京统计年鉴2010》。经验（文献）数据对中低收入和中高收入家庭用电量分别运用相邻两个层次取平均数的方法进行插值。

从家庭碳排放结构来看，根据经验数据的估算结果（见表8－16），平均来看，采暖碳排放比例最大，其次是炊事和生活热水（即天然气消费量）排放，用电排放比重最小。高收入家庭与中低收入家庭排放的差异体现在用电排放以及炊事和生活热水排放上，收入越高，用电排放比例越高，炊事和生活热水排放越低。收入提高，用电增加，外出就餐比例提高，导致炊事能耗下降，生活热水消费作为基本生活需求消费差异不大，这说明消费结构的变化对能源消费的影响是显著的，这个结论与模型估计结果（不含交通）一致（见表8－17）。加入交通碳排放后，不同收入家庭的碳排放差异主要体现在生活用电排放和交通排放上。交通方式选择不同，小汽车使用强度不同，决定了不同收入家庭的交通排放差异。随着收入提高，用电排放、交通排放比重增加，用气、采暖排放比重不断下降，生活用电、小汽车油耗是决定家庭碳排放差距的关键因素，因而是家庭部门最具减排潜力的领域（见表8－18）。

表8－16 文献数据估计的家庭能源消费碳排放结构（不含交通）

单位:%

	采暖排放	用电排放	炊事和生活热水排放
平　均	72.15	12.87	14.97
高收入	69.60	21.86	8.55
中收入	66.27	16.02	17.71
低收入	78.48	8.54	12.98

表8－17 模型估计的家庭能源消费碳排放结构（不含交通）

单位：%

	平均	低收入	中低收入	中收入	中高收入	高收入
用电排放	43.12	22.84	28.19	36.90	46.42	60.73
用气排放	5.87	14.72	9.40	6.62	4.59	2.53
采暖排放	51.02	62.44	62.42	56.49	48.99	36.74

表8－18 2009年北京城镇居民不同收入家庭碳排放结构（含交通）

单位：%

项目	平均	低收入	中低收入	中收入	中高收入	高收入
用电排放	23.84	14.30	15.15	21.06	26.00	32.11
用气排放	3.25	9.22	5.05	3.78	2.57	1.34
采暖排放	28.23	38.99	33.46	32.19	27.45	19.43
交通排放	44.68	37.50	46.35	42.98	43.98	47.12

二　北京市不同收入家庭碳排放差距估算

当前国内减排政策设计没有考虑生活用能的消费格局，针对生产端实施的减排措施使低收入家庭受到较大影响，是既不公平也无效率的减排方式。为明确北京市生活用能的基本格局，本书运用计量经济模型、社会调查与经验数据等方法来计算家庭碳排放。由于居民生活用能统计资料非常缺乏，本书作者曾于2010年10月和12月分别对北京市生活用能消费进行调查，按照分层抽样的方法确定北京市朝阳区酒仙桥街道、望京街道，海淀区紫竹院街道，昌平区东小口镇、沙河镇，东城区东四街道、建国门街道为调查地点，通过联系NGO志愿者与社区居委会，共发放调查问卷800份，回收有效问卷582份。通过调查发现，多数被访人员对生活用能关注不够，居民配合度普遍不高，多数是估计数据。下文所指调查结果就是指对问卷调查结果所做的统计分析。为弥补问卷调查的不足、保证结果的准确性和可靠性，本书也通过查阅文献数据、模型估计以及资料统计进行相互印证。

调查结果显示，2009年北京市城镇家庭生活用能碳排放基尼系数达到0.44，碳排放资源的分布不均现象比较严重。模型估算结果与家庭能耗调查数据基本吻合，低收入家庭每年户均CO_2排放量为3.15吨，高收入家庭每年户均CO_2排放量为17.19吨，交通和用电排放是导致不同收入家庭碳排放差距的重要原因。针对生活用能分布不均的格局与现状，通过配套政策来减缓减排政策引起的分配效应，或者运用消费端减排政策来管制家庭碳排放，有利于提高社会福利水平，实现有效减排与社会公平的统一。

碳排放差距的测度可以借用收入差距的计算方法。目前关于收入差距的度量指标主要有家庭收入比、基尼系数、泰尔指数、GE指数、洛伦兹曲线等，其中，基尼系数和洛伦兹曲线是使用最广泛的方法。基尼系数是目前公认的衡量分配不平等的重要指标，在大量研究中得到了普遍使用①。滕飞等运用基尼系数计算了国家间碳空间的分配情况②。本书在估算家庭碳排放的基础上，计算不同收入家庭碳排放差异，以便对北京市家庭碳排放的消费格局和分配现状进行大致刻画。本书通过计算家庭碳排放量、基尼系数，并通过洛伦茨曲线（Lorenz curve）直观反映不同收入家庭的碳排放差距。

从通过不同方法估算的不同收入家庭碳排放差距来看，运用文献数据得到的差距最小，问卷调查的差距最大，模型估计的结果处于两者之间，除高收入家庭碳排放与调查结果差异较大外，其余基本一致。从排放结构

---

① 张奇：《城乡居民收入差距研究：以江苏省为例》，南京财经大学硕士学位论文，2010，第13~15页。

② 滕飞等：《碳公平的测度：基于人均历史累计排放的碳基尼系数》，《气候变化研究进展》2010年第6期，第449~455页。

来看，不考虑交通用能，模型估计与运用文献数据的计算结果基本一致，加入交通排放导致碳排放差距拉大（见表8-19）。因此，包含交通用能的模型估算结果，可以更全面、准确地反映不同收入家庭之间的碳排放差异。高收入家庭每年人均碳排放为6.88吨，低收入家庭为1.02吨，高收入家庭人均碳排放是低收入家庭人均碳排放的6.75倍。从排放结构来看，按照模型估计的排放结果，高收入家庭户均年用电量、户均交通用能分别是低收入家庭的12.27倍和6.86倍。

表8-19　不同方法估算的家庭碳排放量比较

单位：吨 CO_2

项目	碳排放核算范围	低收入	中低收入	中收入	中高收入	高收入
家庭规模(人)		3.1	3	2.8	2.7	2.5
文献数据①	居住	1.95	2.90*	3.84	4.92*	6
模型估计②	居住	1.97	2.98	3.93	5.45	9.09
模型估计③	居住、交通	3.15	5.55	6.89	9.73	17.19
调查结果④	居住、交通	2.19	4.19	7.05	11.37	27.88
模型估计	人均碳排放	1.02	1.85	2.46	3.60	6.88
调查结果	人均碳排放	0.71	1.40	2.52	4.21	11.15

注：按照文献数据计算的家庭碳排放仅有3个收入阶层的数据，对中低收入和中高收入家庭碳排放分别运用相邻两个层次取平均数的方法进行插值。

①对于文献数据，采用清华大学建筑节能中心（2009）住宅能耗调查数据进行计算；

②单位面积取暖能耗数据来自清华大学建筑节能中心（2009），天然气消费量等于全市人均消费量与家庭规模之积，耗电量运用估计方程计算；

③交通用能需求运用估计方程计算，与经验数据相比较合理；

④单位面积取暖能耗数据来自清华大学建筑节能中心（2009），其余来自调查数据。

基尼系数是国际上用来表示收入差距的通用方法。1922年，意大利经济学家C·基尼提出利用洛伦兹曲线“向右下方凸起”的特征定量测度收入分配的差异程度，后来学界将其定量测度的系数称为基尼系数，该系数将直线OA与弧线OA围成的区域面积设为A，将ΔOAB除区域A以外的区域面积设为B，定义基尼系数=A/(A+B)（见图8-6）。

收入分配越是不平等，洛伦兹曲线越是向右下方凸起，区域A的面积就越大，因而基尼系数也越大。一般认为，基尼系数为0.1~0.2时，说明分配过于平均；为0.25~0.3时，说明存在轻度不平等；0.4为收入分配不平等的“国际警戒线”；0.4以上为高度不平等；如果超过0.6，则意味

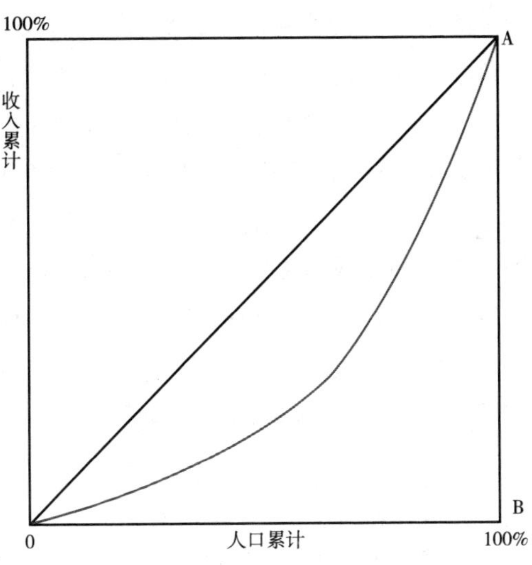

图 8-6　基尼系数与洛伦茨曲线

着面临社会大动荡的高风险。对于碳排放基尼系数，运用公式 $G = 1 - 1/n(2\sum W_i + 1)$[①] 计算。碳排放基尼系数的计算结果见表 8-20。

表 8-20　2009 年北京市城镇居民家庭碳排放基尼系数

项目	碳基尼系数
文献数据(不含交通)	0.21
模型估计(不含交通)	0.29
模型估计	0.30
调查结果	0.44

目前国际上还没有统一的碳基尼系数判断阈值[②]。即使是按照收入基尼系数的判断标准，北京市城镇居民家庭碳排放分布不平等问题也已较为严重。碳排放作为基本的人权和发展权，与收入相比可以容忍的不平等度更低，应该具有更低的判断阈值。因此，在设计减排政策时要考虑当前碳排放的基本格局与消费差距问题，在碳排放约束下实现社会福利水平最大化，保护低收入家庭的基本排放需求，限制高收入家庭的奢侈排放。

① 张建华：《一种简便易用的基尼系数计算方法》，《山西农业大学学报》（社会科学版）2007 年第 3 期，第 275～278 页。

② Groot, L., "Carbon Lorenz Curves", *Resource and Energy Economics* 32 (2010), pp. 45-64.

事实上，家庭用能数据收集存在困难，高收入群体的能源消费状况难以掌握，这可能导致本书估计的碳排放差距比实际差距偏低。

洛伦茨曲线直观地反映了北京市城镇家庭碳排放的基本格局及其不平等现状，模型估计结果显示，20%收入最低的人口碳排放量不到10%，20%收入最高的人口碳排放量占40%左右。根据调查结果，20%收入最高家庭的碳排放比重甚至达到50%，而同期20%高收入家庭占有的收入累计比例为37.64%（见图8－7），这表明目前碳排放的差距已超过了收入差距，碳排放资源的分布不均已经成为新的社会不公平，针对当前北京市家庭碳排放分布不合理的基本格局，迫切需要制定相应的公共政策进行调节。

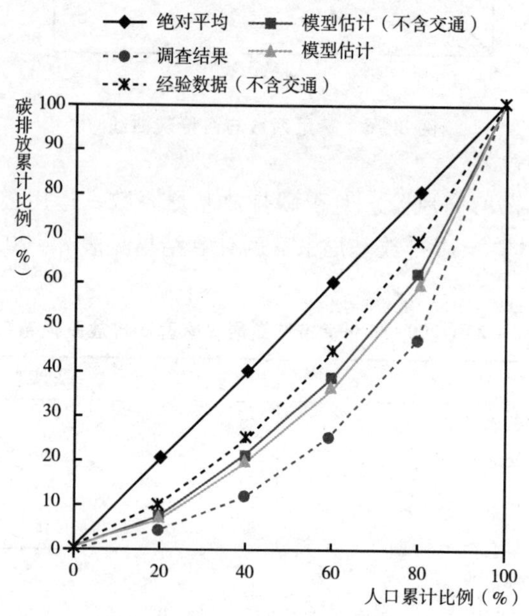

图8－7　2009年北京市不同收入家庭碳排放洛伦茨曲线

第五节　北京生活用能减排政策的选择

一　生活用能碳排放管制范围的选择

控制能源消费和温室气体排放总量，必须控制生活用能的过快增长，但对不同类型的生活用能进行管控，会产生不同的社会福利影响和结果。

从不同收入家庭的消费结构来看，电力、天然气与取暖支出呈现出明显的累退性特征，这些产品属于有益品（merit goods）的范畴，具有“准公共物品”的属性。对于此类物品，政策的重点在于保障基本生活需求，只有超出生活基本需求的消费才应是减排的对象。交通拥堵、碳排放以及小汽车尾气污染问题产生的根源在于，小汽车使用者并没有支付外部成本，导致了小汽车的过度使用，反而相关的环境治理的费用由政府公共财政予以支付，由少数人造成的环境问题需要全体纳税人共同埋单，这显然是不公平的，尤其是对于中低收入家庭来说。虽然政府已注意到该问题，并尝试运用行政管制的手段加以解决——北京市 2011 年出台了限行和限牌措施，但如果不能形成小汽车合理使用的经济激励机制，当前小汽车过度使用的现状和问题很难得到改变。根据本书作者对北京生活用能所做的调查，部分高收入家庭明确表示限行方法很容易规避，其可以通过购买第二辆，甚至第三辆汽车来规避，小汽车的使用强度和频率并未改变。即使采用摇号限牌照的方法，仍不能减少小汽车出行。摇号限牌照保护了那些原来就有车的人，而限制了无车族购买、使用小汽车的权利，这产生了新的社会不公平。从社会福利角度来看，对小汽车的碳排放收费，有利于推动小汽车使用的外部成本内部化，从而建立有效的经济激励机制，这才是解决交通拥堵与碳排放问题的关键。从政策的成本分担来看，针对小汽车使用的收费主要由高收入家庭支付，中低收入家庭的出行基本需求可以通过公共交通得以满足。对于公共交通建设与运营所需资金，可以考虑由小汽车使用收费来弥补，这种方式也有助于解决社会公平问题。

从不同收入家庭能源消费支出比例来看，电力、取暖与燃料（主要是天然气）费用的格局和走势基本一致，低收入人群在这 3 方面的支出比例远高于高收入家庭（见图 8－8），因此针对这 3 种类型能源的价格调整必须考虑对低收入人群的影响。如果这些类型能源和服务的价格上涨，那么对低收入人群产生的影响远超过对高收入家庭的影响。但从交通支出的比例来看，低收入家庭更加依赖于公共交通出行，小汽车出行的比例及使用强度远低于高收入家庭，如果征税导致汽油价格上涨，则低收入家庭所受影响较小，因此可对汽油消费征收排放费，这一方面可以促进减排，另一方面可以促进社会公平。从生活用能的属性来看，电力、取暖与燃料属于基本生活必需品，价格机制的调整一定要保障基本需求得到满足。小汽车的使用存在巨大的“外部性”——环境成本、拥堵成本与碳排放成本，为

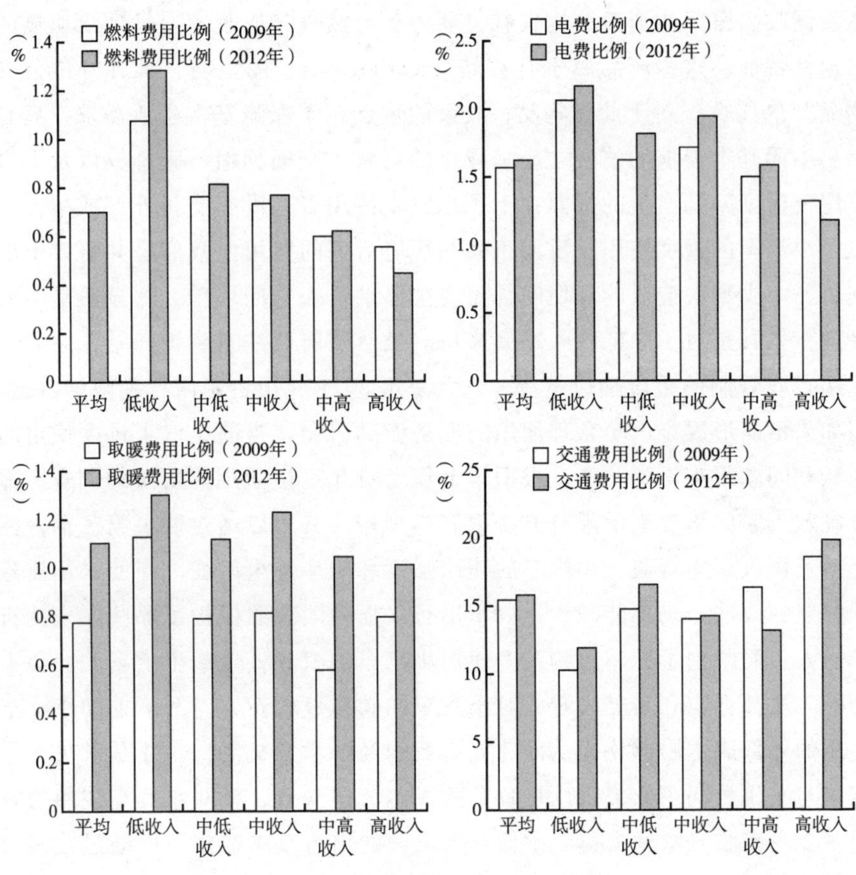

图 8-8 不同收入家庭的生活用能费用支出比较

资料来源：《北京统计年鉴（2013）》，2013。

实现外部成本的内部化，对小汽车使用进行合理收费是较好的选择。对于电费、取暖与燃料（北京城市家庭使用的主要为天然气），宜采用阶梯定价的方式。

二 生活用能减排政策目标的选择：经济效率与社会公平

2012 年北京能源消费总量为 7177 万吨标准煤，比上年增加 2.61%，而同期生活用能消费总量增加 7.11%，第一产业用能增加 0.5%，第二产业用能下降 2.52%，第三产业用能增加 4.89%，生活用能增速最快，所以合理控制生活用能增速十分重要。从量化目标来看，如果“十二五”期间能将生活用能增速控制在 5%，则每年可减少能源消费 30 万吨标准煤，相当于减少碳排放 75 万吨。要确定北京生活用能碳排放的控制目标，还要结合北京消费结构正在转型、升级，生活品质提升必然要产生刚性能源需求这一特点，同时考虑到北京人口规模不断膨胀，在设定排放总量目标时应允许其保持合理的增速。如果减排目标设定得较高，在目前消费格局不合理的情况下，不仅难以实现，也会加大中低收入家庭的生活负担，势必进一步加剧能源贫困问题。因此，政策的重点应是优化生活用能消费的基本格局，在合理控制生活用能总量的前提下，缩小生活用能消费差距，实现能源服务的普遍供给。

减排政策特别是经济减排手段的基本原理是提高碳排放的价格，通过将排放成本内部化来减少排放，但问题在于不同收入家庭的价格承受能力不同，而且生活能源是生活必需品，如果实施严厉的减排措施则会使生活用能的价格出现大幅度上涨，对于中低收入家庭来说，其生活水平就会大幅下降，甚至基本生存都受到影响。减排政策存在的“累退性”问题，会使低收入家庭承受的不利影响更大。如果我们从更广泛的社会福利角度进行考虑，与高收入家庭相比，低收入人群面临气候变化的脆弱性更大。如果希望保护环境，给后代留下美好的环境，就需要尊重自然的极限，需要我们重新平衡人与自然之间的关系，也需要对人与人之间的关系做出改变①，减排政策的制定需要考虑生活用能消费和排放的基本格局，要提高对基本需求的保障水平。

三　生活用能碳排放管制方式的选择：控制—命令还是市场手段

控制—命令手段与市场手段的主要区别在于其社会成本不同。“十一五”期间的减排政策实践表明，依靠控制—命令手段短期内固然有效，但会产生严重的社会问题，甚至会影响到人民群众的基本生活问题。例如，某些省份为实现减排目标，不惜对居民进行拉闸限电、停止供暖，与高收入人群相比，社会弱势群体缺乏相应的资源来应对生活用能的中断或者价格上涨，甚至被迫削减其他家庭支出，因此这样减排的社会成本极大。北京市在“十一五”期间通过行政手段强制淘汰了高耗能、高污染企业，当

① Boyce, James, K., “Is inequality bad for the environment?”, in Wilkinson, R. C., Freudenburg, W. R., eds, *Equity and the Environment* (*Research in Social Problems and Public Policy*) 15 (2008) pp. 267 - 288.

前“促退减排”的空间已非常有限，“十二五”必须考虑通过市场手段，挖掘生活用能的节能减排潜力，走市场化减排的道路。市场手段通过价格信号，为节约生活用能、减少家庭碳排放建立激励机制，可以有效降低社会成本，防止出现极端的减排手段。即使是通过市场手段进行减排，也需要考虑社会弱势群体的价格承受力，通过定向补贴等手段保护低收入家庭的基本生活需求不受影响。如果对碳排放进行合理分配，由于低收入家庭碳排放水平较低，其就可以将多余的碳排放权出售给高排放家庭，由此通过市场手段来实现公平与效率。

四　生活用能减排政策的途径选择：碳定价与碳排放权界定

碳定价会把自由资源变成稀缺的市场资源，并通过价格自动调节资源的分配与使用，从而实现减排成本的最小化，但统一的碳价格会导致低收入人群所受影响较大，甚至会影响到基本生活需求，所以需要引入阶梯定价方式。按照“污染者付费原则”引入的碳税或者排放权交易制度，看似公平，实际上则非常不公平，主要原因在于忽略了生产者可以将成本转嫁给消费者的事实。如果忽视了高收入家庭的排放责任，不仅难以实现减排目标，而且会产生严重的分配不公和社会问题。低收入家庭受气候变化的影响更大，因而需要政府发挥公共财政的作用，帮助低收入家庭进行节能改造，防止其陷入能源贫困。

如果通过排放权交易进行减排，就涉及碳排放权的分配。如何分配碳排放权，直接影响社会个体的财富与生活。按照传统的方式，碳排放权主要分配给生产端的大型企业，如高能耗、高排放的企业，但这种方法产生的问题在于，碳排放管制的政策成本通过能源价格上涨，最终转嫁给消费者，从而使所有家庭面临同样的能源价格，显然低收入家庭对能源价格上涨的承受能力远低于高收入家庭。从社会福利角度来看，为弥补消费者受到能源价格上涨的不利影响，可以按照人均原则向家庭分配一定的碳排放权，这有利于减轻低收入人群所受影响，通过排放权交易可以为低收入人群带来一定的经济补偿，在一定程度上有利于改变目前不合理的生活用能消费格局。

五　生活用能减排政策的评价

对减排政策进行评价，有3个公认的准则：成本有效、环境有效与社会公平。因此，生活用能的减排政策评价也必然包括这3个方面。

一是成本有效性，碳排放收费或排放权交易都属于经济手段，与行政命令手段相比，具有较大的成本有效性。为降低管制成本，实现由行政管制手段向市场手段过渡，是世界各国减排政策变革的重要方向。

二是环境有效性，行政手段与排放权交易可以实现明确的减排数量，而碳税只是为碳排放制定价格，能否实现预定的减排目标还面临很大的不确定性。尤其是能效投资需大量资金和技术措施，家庭能否在碳定价的刺激下购买高能效电器和进行住宅节能改造，甚至改变交通出行方式、改变家庭能源消费结构，都面临较大的不确定性。减排技术投资面临长期性与锁定性的难题，单纯的价格工具难以发挥有效作用。

三是社会公平。市场减排手段在效率方面具有优势，碳排放收费或排放权交易通过对碳排放定价，可以形成减排的经济激励，但碳定价方法存在累退性问题，加重低收入人群的生活负担，而高排放的群体并未承担与之相称的政策成本，针对所有家庭设置统一的碳价格显然对于高收入家庭来说是不够的，难以调动其进行庭能效投资的积极性，因此还需要通过法律、标准来规定住宅与家用电器的能耗水平和碳排放量。

从环境有效性来看，碳排放收费加补贴的方式并没有实现社会公平，社会公平的含义是使每个人得到应该得到的东西。经济学中的公平是指经济成果在社会成员中公平分配，实现收入、能源与碳排放资源分配的相对平等，要求社会成员之间的差距不能过分悬殊，保证社会成员的基本生活需要得到满足。从目前能源消费格局来看，补贴方式难以改变当前不合理的能源消费格局，因为高排放群体未受到有效约束，导致其缺乏动力和激励投资于家庭能效设备和减排，必须加大对高排放的惩罚力度，才能激励高收入家庭对减排多做贡献。

第六节　北京生活用能碳排放基本格局的政策含义

根据前文对生活用能碳排放基本格局的考察，我们可以发现，不同收入家庭存在较大的差距，这表明不同收入家庭具有不同的减排责任，低收入家庭存在较大的能效差距，以及不同类型生活用能的消费和排放格局不同。从提高社会福利的角度看，减排政策的选择与设计必须解决这些问题，并且通过制定配套措施来提高社会福利。对于生活用能碳排放的管控，本书认为可以遵循先易后难、先自愿后强制、先隐性后显性的方式逐步引入生活用能减排政策，遵循先价格管制后数量管制，先低价后高价的原则，逐步提高非基本生活用能需求的碳排放成本。

一　不同收入家庭需要根据排放责任承担减排义务

与工业用能相比，生活用能消费比较分散，难以采用工业领域集中化的减排措施，但可以借鉴国际碳交易中的补偿（offset）措施，通过碳补偿建立家庭减排途径，推动个人将减排的积极性与意愿转化为实际行动。具体来说，根据不同收入家庭的能源消费和碳排放水平，划定不同的碳补偿义务标准，有利于调动社会各界的减排积极性。例如，可以根据家庭能源消费量，规定不同收入家庭的碳补偿义务标准，如果家庭能源消费量大，就需要履行更大的碳补偿义务，开展更多的“碳中和”行动。而对于生活用能的碳补偿义务，前期可建立志愿参与制度与激励措施，然后逐步过渡到强制执行的实施阶段。

二　通过目标能效政策解决低收入家庭的“能效差距”问题

减排措施的实施会推高生活用能价格，OECD 国家使用一系列政策来克服能源效率的市场失灵，包括信息与标签、免税额、补贴、监管标准与市场转型等措施。英国的能源效率政策还融入了社会目标，针对能源贫困家庭进行能效投资，改善其获得能源服务的水平。具体来说，英国针对电力和天然气供应商施加了能源效率的义务，要求电力和天然气供应商鼓励家庭用户强化相关节能措施，规定至少 50% 的投资要针对低收入家庭，确保每个家庭都以合理的价格得到充足的供暖，到 2020 年消除英国的能源贫困问题。针对受减排影响的目标群体，采取能源效率政策，有助于克服总体的市场失灵和组织障碍，实现社会公平目标，这正是当前北京减排政策与生活用能政策所缺乏的。例如，针对汽油消费征收碳税，就需要加大公共财政对低收入家庭的补贴，如对残疾人代步工具汽油消费的补贴，以免社会弱势群体受到汽油价格上涨的不利影响。

三　需要结合不同类型生活用能的消费和排放格局选择政策

居住用能（电力、取暖与燃料）和交通用能的消费格局差异较大，低收入家庭居住用能的支出比例远高于高收入家庭。从居住用能的属性来看，其属于基本生活需求，价格弹性较小。而小汽车的使用存在巨大的“外部性”，并且主要是由高收入家庭使用的，其价格弹性较大。因此，为管制小汽车的使用，需要对汽油消费征收碳税，而对于居住用能宜采用阶梯定价的方式，重点在于保障基本需求，控制高消费。碳定价的方法主要有碳税或排放权交易，还包括其他隐性定价手段，如规定电器能效标准、住宅能耗标准与小汽车油耗标准，隐性定价也是有效的减排手段。相比而言，隐性定价的社会接受度更好，可以在减排初期引入，待形成一定的社会共识之后，可以考虑引入碳税或排放权交易。为实现北京市“十二五”的减排目标，减轻社会成本负担，可以优先选择小汽车汽油消费作为碳税的试点，为落实北京市能源消费总量管制探索经验，然后逐步扩大到其他生活用能消费领域，未来生活用能消费的变化将决定北京市能否实现能源消费总量控制目标。

四　生活用能减排需要配套政策来保护社会福利

针对生活用能总量快速增长但消费格局不合理的现状，采取适当干预措施十分必要。为降低减排政策的实施对社会分配的不利影响，需要制定补贴等配套措施，保障低收入家庭的基本需求，实现对生活用能奢侈浪费的有效抑制。近期可加大对社会弱势群体的补贴力度，减轻减排对低收入家庭的冲击；远期可引入针对消费的减排政策，明确高收入家庭碳排放的责任与义务，实现减排与社会公平的统一。除引入节能减排的市场手段以外，自愿减排手段、引导家庭和社区进行建筑节能改造，改变消费模式，抵制过度包装，正确垃圾分类、减少浪费等也是非常重要的手段。

第七节　小结

从北京市生活用能的案例研究来看，随着城市化与工业化的深入，住房面积、家用电器、小汽车保有量仍将快速增加，规模效应居于主导地位。与发达国家相比，北京家庭的人均生活能耗仍处于较低水平，未来一段时间内生活用能仍将保持增长态势，现阶段实现生活用能的总量减排仍存在较大难度，生活用能的发展轨迹对于中国 2030 年实现碳排放峰值目标非常关键，通过减排政策控制生活用能增速存在较大的可行性，并可推动生活用能尽快达到碳排放峰值。

在生活用能总量增加迅速的同时，不同收入阶层之间的能源消费差距不断拉大。这种消费差距不仅与财富、收入的分配有关，也与消费模式及生活方式有关，政府能源基础设施的政策对此也会产生巨大影响。

第一，生活用能价格机制和碳定价是推动家庭减排的重要前提。而针对生活用能的普遍补贴、按照面积收取采暖费用等不合理的生活用能定价机制造成了能源浪费，这些问题亟须改变，生活用能定价合理化是减排的前提条件。进行碳定价有利于将能源消费的社会成本内部化，是抑制生活用能高消费的有效途径。与国外相比，中国的建筑能耗标准与小汽车能耗标准偏低，在控制生活用能消费方面的作用有限，迫切需要提高标准并强化执行。减排政策选择，既要保障生活用能的基本需求得以满足，又要实现生活用能消费格局的合理化，建立生活用能的合理利用机制，树立低碳生活方式，最终实现气候公平。

第二，不同类型生活用能的费用支出比例与消费格局特点要求选择不同的减排政策。从生活用能的费用支出比例可以看出，交通用能与居住用能（电力、取暖与燃料）的消费格局不同。不同收入家庭的交通用能费用占消费支出的比例随收入增加而增加，而居住用能费用支出比例则随着收入水平的提高而下降，这种消费特征与这两种类型用能的需求弹性一致。对于居住用能来说，其价格需求弹性较小，价格工具对其减排效果有限；对于交通用能来说，其需求弹性较大，运用价格工具可以获得较好的减排效果。

第三，不同收入家庭的能源消耗存在差距，仅仅用经济收入的差别不足以解释同等收入水平的家庭之间存在的巨大能耗差异。能耗水平的高低，还与城市居民对不同电器的使用习惯息息相关。正是由于生活习惯不同，个体能耗之间千差万别，不同的生活方式对实际能耗也具有重要影响[①]。因此，采用适当的政策引导建立低碳生活方式，是控制生活用能增长的有效手段。

① 清华大学建筑节能研究中心：《中国建筑节能年度发展研究报告（2009）》，中国建筑工业出版社，2009，第27～29页。

第九章　社会福利最大化的生活用能减排政策选择

第一节　生活用能减排政策的定位与目标

一　生活用能减排政策的定位

当前，中国减碳政策以产业为主，对生活用能减排的重视不够，从家庭部门相关减排政策来看，其多以自愿性、宣传教育等措施为主，缺乏针对性、系统性的政策体系，生活用能减排在整个国家减排体系中的定位不明。从减排政策的设计来看，管制对象选择生产者还是家庭对社会分配会产生较大的差异，同时，各项政策工具，如价格、标准、信息与碳定价，对社会不同群体的影响也不同，需要根据生活用能的用能特征与消费格局进行选择。

生活用能减排面临的问题是，第一，生活用能减排在整个国家减排体系中占有什么位置。国外政策实践表明，碳交易以企业为主，生活用能为辅。欧盟排放权交易体系（EU－ETS）面向企业进行排放权交易，只有部分国家或地区的碳税涵盖生活用能，如瑞典和加拿大不列颠哥伦比亚省。尽管如此，发达国家都非常注重家庭部门节能和减少 CO_2 排放，特别是在能源危机之后。20 世纪 90 年代，OECD 国家针对家庭部门采取了一系列能效措施。当前随着中国人民生活水平的提高，生活用能需求在终端能源消费中的比重快速增加，而且人均消费差异日渐拉大，这种能源消费格局亟须政策做出响应，不仅仅是为了实现减排目标，也是建立社会公正所必需的。因此，生活用能减排在整个减排政策体系中不可缺少，与产业减排同等重要。第二，生活用能减排究竟要达到什么目标。表面上看，生活用能减排政策的制定是为了实现一定的减排目标，但减排的最终目的还是实现更好的发展，所以减排并不是限制发展，而是改变不合理的生活用能和消费方式，为实现可持续发展腾出发展空间。各地区根据自身所处的发展阶段，采取适当措施来管控生活用能消费以及限制碳排放总量，对于实现生活用能消费格局的合理化、保障基本能源需求、限制奢侈浪费具有十分重要的意义。所以减排政策的另一方重要目标就是按照社会福利最大化的原则，调节生活用能消费的基本格局，使之趋向合理性，推动建立公平、有效的减碳政策体系。第三，生活用能减排是自愿措施还是强制行动。当前对于居民生活用能与消费方式的转变，大多通过宣传教育以及消费者的自愿行动来实现，但这难以促成整个社会消费行为与规范的改变。对生活用能减排政策进行合理设计，应该坚持经济激励政策与强制性标准相结合，推动建立低碳生活方式。

二　生活用能减排政策的核心：碳定价、技术政策与消除行为障碍

生活用能减排政策需要具备三大核心要素：碳定价、技术政策与消除行为障碍。三要素缺失任何一个，都会导致减排成本大幅提高。

第一，通过碳税或碳交易为碳排放确定适当的价格。这意味着碳排放者需要承担自己行为的全部社会成本，这会引导个人和企业放弃高碳商品和服务消费，并寻找替代的低碳产品。政策工具的选择取决于各国国情，以及气候变化政策和其他政策的相互作用。不同政策对不同群体之间的成本分担以及公共财政的影响也存在显著差异。碳税的优点在于其可以提供稳定的财政收入。碳交易在效率、分配和公共财政方面更有优势。要影响公众消费行为和企业投资决策，必须建立政策的可信度，使消费者和投资者相信未来碳价格会持续稳定。

第二，通过技术政策支持生活用能减排技术研发。化石燃料和低碳技术的历史经验都表明，随着规模的扩大，成本往往会降低。根据“学习曲线”和技术成长规律，技术成本将随着规模的扩大和经验的积累而递减（见图 9-1），碳定价可以为投资减碳新技术提供激励，但投资于新的低碳技术存在风险，而且低碳技术研发具有公共物品属性，私人企业无法获得全部收益，所以私人投资的积极性不高，导致研发规模低于社会最优水平。因此，在技术研发方面，政府应加大投资力度，降低企业研发面临的

市场风险，为企业技术与产品推广提供支持。从消费者角度看，对低碳产品进行补贴，有利于扩大产品的市场需求，提高产业发展的成熟度。所以，技术政策是挖掘家庭减排潜力的关键。

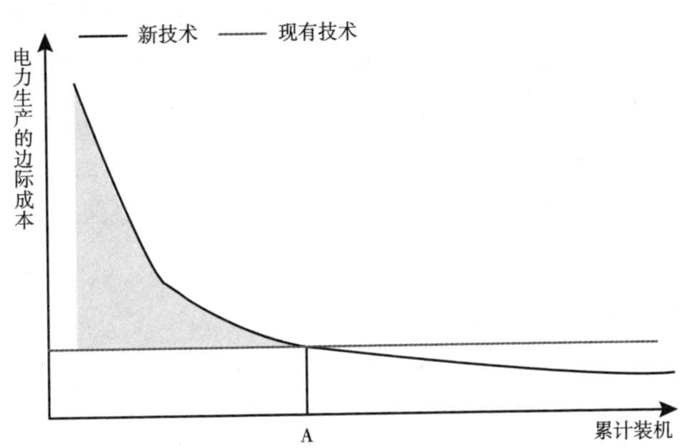

图 9－1　技术成本随时间的推移而降低

第三，需要适当的政策来消除开展生活用能减排的行为障碍。即使某些减排措施具有成本效益，但家庭却没有采用，这说明存在“市场失灵”阻碍消费者采取行动。例如，缺乏可靠信息、交易成本过高、消费行为和组织上的惯性，这些都阻碍减排措施的运用。实践证明，管制措施可以发挥巨大的作用，例如，对建筑物和家用电器设置最低能效标准，这也是具有成本收益的措施。如果只有碳定价，则难以推动消费者采取措施。

信息政策（如信息标签）和分析最佳实践，也可以帮助消费者做出正确决策。通过信息标签，消费者可增加对家庭用能设备能耗信息的了解，从而选择高能效产品；分析最佳实践，有利于家庭采用最有效的减排措施[①]。

三　减排政策的目标

IPCC 在第四次评估报告（AR4）中提出判断减排政策优劣的标准：成本有效、环境有效、政策可行性。Nicholas Stern 提出了制定减排政策需要坚持有效性（effective）、高效性（efficient）、公平性（equitable）原则。

---

① Stern, N., *The economics of climate change: the Stern review* (New York: Cambridge University Press, 2007), p. 308.

如果政策无效，我们就会使后代生活在高风险的世界里；如果政策效率不高，我们就会浪费资源，并减弱人们对减排行动的支持；如果政策制定不公平，则不仅对于穷人来说不公正，而且难以达成社会共识①。结合生活用能的消费格局特征，我们认为，科学的生活用能减排政策应该以社会福利最大化为目标，推动生活用能消费格局合理化，具体如下。

第一，政策可以有效促进家庭部门的减排。这是关于政策的环境有效性，需考虑能否减少能源消费量，降低温室气体排放；能否实现对能源结构的优化，增加对低碳能源的消费，提高家庭可再生能源的利用比例。

第二，减排政策的成本有效性。一般来说，碳税或碳交易的减排成本要显著低于技术管制、排放绩效标准以及其他政策。对于汽油征收碳税或燃料税，要比提高汽车燃油经济性标准的成本低65%左右。如果考虑更广泛的政策成本，如加上监管和执行成本，激励性政策的成本优势就会受到削弱，某些可以通过技术手段进行监测的措施就有优势。如果考虑到财政的相互作用及其对成本的影响，收入中性的碳税最有效。另外，还需要考虑碳排放的测量成本。如果针对能源消费产生的碳排放来征收碳税，可以根据其能源消费量来估算税率。

第三，政策设计坚持分配中性（distribution - neutral）原则。对于碳税设计最常见的做法是收入中性（revenue - neutral），但即使采用收入中性原则，也不能保证不产生收入分配问题。从收入分配的格局来看，发达国家的收入分配差距要远小于发展中国家，这与各国的税收体系有关。因此，对于发达国家来说，采取财政中性或者收入中性原则，不会产生负面的收入分配影响；但对于发展中国家来说，收入分配差距较大，碳税的税收累退性也使低收入人群承担不合理的减排成本，所以收入分配格局有可能进一步恶化。如果运用分配中性原则，采用累进税率，并将碳税的收入用于帮助低收入家庭，则可以减缓碳税对其基本生活的负面影响，有利于实现社会福利最大化。

第四，生活用能减排政策应该保障基本需求，抑制奢侈浪费。从生活用能的属性来看，基本需求属于发展权益，应该优先得到保证，而获取非基本需求部分则需要支付生产成本和社会成本，奢侈浪费应该得到有效抑制。

---

① 〔英〕尼古拉斯·斯特恩：《地球安全愿景：治理气候变化，创造繁荣进步新时代》，武锡申译，社会科学文献出版社，2011，第123页。

第二节　政策选择的方向

一　生活用能减排政策选择：成本导向还是福利导向

对生活用能减排政策的选择主要有两种导向：成本最小法与福利最大化法。成本最小法着眼于政策的有效性，通过比较政策的成本，选取最优的减排政策。对于生活用能来说，一般认为，经济手段比行政管制手段更为有效。福利导向的评判方法是以福利分析为视角的，注重资源的人际分配，然后通过社会福利评估政策效果。

国内减排政策设计的争论已经不是选择市场手段还是传统规制手段，而是如何在碳税或碳交易之间进行选择、如何选择政策组合。如果市场的外部性仅是唯一的市场扭曲，且不存在不确定性，那么每一种政策都可以实现最优结果。但是如果存在税收扭曲，关系到收入分配问题以及存在的不确定问题，那么政策选择本身并没有政策设计重要（Goulder，2008）。从政策有效性来看，关于规制对象与规制范围的选择、政策租金的分配，以及限制价格波动的措施都会对社会分配产生重要影响。

第一，规制对象的选择。碳税或碳交易都可以采取自上而下的方式（从能源生产阶段征收），也可以采取自下而上的方式。欧盟排放交易体系按照碳排放量，对下游的化石能源消费者进行管制。如果对上游体系进行管制，在美国或者欧盟，需要监测2000～3000个排放实体，而在下游体系中则需要监测更多的排放源，大约为10000个发电厂及工业排放大户。如果规定全部减排目标，到2030年采用下游体系的经济成本不会比上游体系高出很多，按照Goulder的计算大约高出20%，即使下游体系只覆盖美国和欧盟碳排放总量的一半左右，这是因为，电力部门存在大量低成本的减排机会，虽然下游体系中机动车、家庭取暖燃料以及小规模企业的能源消费与碳排放难以监测，但可以选择管控中游的交通燃料以及取暖燃料作为补充性措施，以缩小下游体系和上游体系之间的成本差距。

第二，政策租金的分配。碳税可以为政府创造收入，碳税收入如何使用对社会分配具有重要影响。将税收收入再循环以减少其他扭曲性税收，可以提高整个经济的效率，从而产生双重红利。能源价格上涨将导致一般物品价格普遍上涨，这会减少要素回报和效率，大多数关于环境税收相互作用的研究表明，其效果要超过收入循环效应，这说明双重红利并不一定存在，实际上，减排成本要高于当前扭曲的税收体系。更一般的是，碳定价的收益可以有多种用途，如资助技术项目、适应项目，减少赤字，支持能源效率项目，向电力消费者退款以及调整税收体系等。

第三，分配含义与政策可行性。碳排放管制的分配影响对于政策的公平性与可行性非常关键。碳税、拍卖配额与向企业免费分配配额，对社会公平的影响存在很大差异。如果将碳收入进行循环，减少低收入人群的所得税，则可以缓解减排对低收入家庭的负面影响。从政策可行性来看，个人碳交易目前尚不具备实施的条件。

第四，价格波动性。碳价格的波动性意味着未来减排成本的不确定性，不确定性源于能源价格、技术进步以及对化石能源的替代等方面。如果政策目标是福利最大化，出于减排成本的考虑应该选择碳税，所以在静态的设置中，减排的边际收益是不变的。如果将排放限定在边际收益与边际成本相等的水平上，由于减排成本可能过高，也可能过低，无法实现最优减排量。因此，考虑这些因素就需要对每年的碳税或排放限额进行调整。

第五，交通用能和居住能源消费具有不同的特征，应该分别考虑其减排政策的选择。对于交通用能，应该考虑不同政策之间的相互作用，如碳定价、燃料税、燃料经济性标准、混合动力汽车购买补贴，以及对可再生能源的补贴与强制性指标。而电力部门，则需要考虑政府对能源能效标准的规制，以及可再生能源促进措施①。

二 减排政策不仅仅是碳定价问题

家庭部门减排存在严重的市场失灵，仅通过碳定价政策无法解决碳排放问题，而且定价政策还对不同部门和不同人群产生不同的影响，容易引发社会公平问题。因此，生活用能减排需要政策组合。

第一，减少温室气体排放，政府的管制和行动计划将起到关键作用。碳定价仅是避免危险性气候变化的必要条件。但是仅仅依靠对碳进行定价并不足以按照所需规模和速度推动投资、改变行为。减缓气候变化要取得突破还存在其他障碍，这需要政府采取积极行动来实现。政府管制、能源

① Aldy, Joseph, E., Krupnick, Alan, J., Newell, Richard, G., Ian, W. H., Pizer, A., "Designing climate mitigation policy", *Journal of Economic Literature* 48 (2010), pp. 903 - 934.

补贴、激励机制和信息计划都可以发挥关键作用。制定房屋、电器和交通工具的能源效率标准可以以较低的成本降低排放量。同时，研究与开发政策支持可以为技术创新创造条件。有效的气候政策有助于实现全球气候安全、国家能源安全及生活水平提高等多重目标。终端能源利用效率的改善说明提高能效具有巨大潜力。能源机构制定的设想方案提出，到 2030 年，经合组织成员国有潜力通过提高能效，达到 16% 的减排幅度。为确保实现减排目标，每向更高效电器投入 1 美元，就能节省发电厂投资的 2.2 美元。同样，每投入 1 美元制定更有效率的车辆燃料使用标准，就能够节省 2.4 美元的石油进口。

第二，减排政策的关键在于使家庭对低碳消费形成稳定偏好。责任与义务是人类偏好的重要因素。而且这些偏好会因新的信息或经验而改变。如果我们认识到自身的行为可能会危及他人的生命，我们就会控制这种行为，例如，醉酒驾车已有所减少，这不仅是因为设置了激励来应对外部性，而且因为通过公众教育明确表示那是不负责任的行为。同样，越来越多的人愿意改变抽烟习惯，原因在于人类对吸烟危害的认识日益增多。就碳排放而言，类似的认识也在形成之中。当面对气候变化问题时，有关个人责任的公共讨论将会产生深远影响。我们必须考虑社会弱势群体、后代人的权利和偏好①。

第三，除了碳定价政策，还需要有技术政策。鼓励技术快速发展有多种途径。对于基础技术，应该通过资助科研院所与大学来引导研发。研发以及技术的示范与推广也非常重要。各种类型电力的补贴电价（feed - in tariffs）可确保人们按照确定的价格购买特定类型的电力，电价补贴机制在一些国家取得了成功：在德国、西班牙、葡萄牙和匈牙利等国家，这一机制迅速推广了可再生能源，但也产生了一些问题，即消费者面临较高的价格，并成为最终埋单者。消费者从新技术的推广和应用中获得收益。考虑到学习过程中，由于扩大了减排规模、降低了减排成本，所有人受益，实施成本由公共预算进行承担存在合理性，而不仅仅是相关的特定产业。德国利用可再生能源技术，获取零碳电力。德国从 1991 年接近零的风电装机容量，发展到 2007 年风电装机容量 23000 兆瓦左右。这种持续快速增长，

---

① 〔英〕尼古拉斯·斯特恩：《地球安全愿景：治理气候变化，创造繁荣进步新时代》，武锡申译，社会科学文献出版社，2011，第 146 页。

与德国政府对低碳发展的大力支持分不开①。

第四，需要制定治理市场失灵和行为失灵的政策。与工业部门不同，家庭生活用能节能还存在行为失灵。尽管某项节能技术具有成本有效性，但由于行为失灵的存在，消费者并不会采用这些节能措施。仅通过定价方法无法纠正外部性，更明智的方法是对建筑物能耗推行强制性管制标准。生活用能还与市场信息、组织结构、委托代理问题与资本有关，这要求减排政策采取政策组合，综合运用经济激励、政府管制与行为干预等政策工具②。

第五，在家庭生活用能减排方面，需要社区、企业与政府部门采取联合行动。减少生活用能温室气体排放，涉及范围较广，整个社会都要参与其中。公共交通价格如何制定，城市规划如何完善，企业如何提供减排技术与产品，政府各部门怎样协调统一、对家庭减排给予支持，等等，一系列问题的解决需要不同机构采取联合行动，以有效推动家庭减排行动。

第六，政策组合有助于减缓政策阻力。减排政策对不同家庭产生的影响不同，必须要有再分配和补偿机制。单独开征碳税存在较大困难，与定向补贴政策相结合有助于减少政策推行的阻力。同时，通过政策耦合可以解决单项政策工具的负面影响③。

三 将公平融入生活用能减排政策的选择

对公共政策进行成本—效益分析已经成为世界各国的普遍做法，但测量公共政策对社会分配的影响，在实际操作中却很少实施，也未被列入重要的政策目标。对于生活用能而言，如果不对减排政策进行社会福利评估，即使是成本有效的政策，也可能会损害社会弱势群体的福利。减排政策导致的分配效应，使穷人和弱势群体的福利受到较大影响，并且削弱其获得基本生活用能需求的能力，最终使弱势群体的福利受损，因此需要采取补偿手段，以实现政策成本的平等分担。环境政策的社会分配效果见图 9－2。

---

① 〔英〕尼古拉斯·斯特恩：《地球安全愿景：治理气候变化，创造繁荣进步新时代》，武锡申译，社会科学文献出版社，2011，第 143 页。

② 〔英〕尼古拉斯·斯特恩：《地球安全愿景：治理气候变化，创造繁荣进步新时代》，武锡申译，社会科学文献出版社，2011，第 145 页。

③ Viguiél, V., Hallegatte, S., “Trade－offs and synergies in urban climate policies”, *Nature Climate Change* 2 (2012), pp. 1－3.

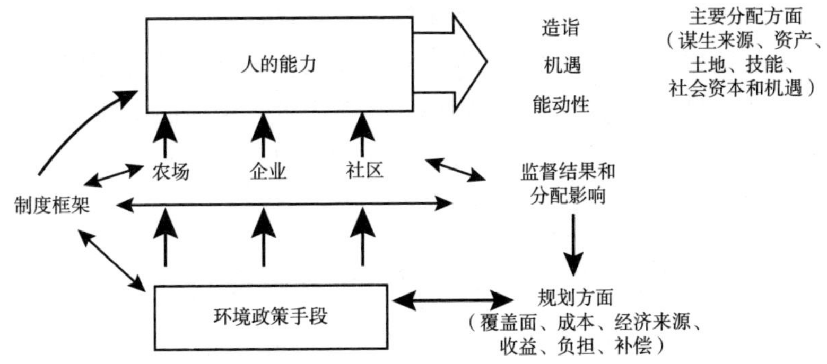

图 9－2　环境政策的社会分配效果

资料来源：United Nations Development Programme，"Human development report (2011)，sustainability and equity：a better future for all"，2011，p. 83.

通过征收碳税减少温室气体排放，会提高化石燃料及能源产品的价格，较高的价格可鼓励能效投资和清洁能源开发，但能源价格上涨对低收入家庭的影响最大。与富裕家庭相比，低收入家庭能源支出占消费支出的比例更大。他们也负担不起低碳、高能效设备的投资成本，以减少他们的能源需求，如新的采暖和制冷系统。好的减排政策应该产生碳收益，同时为低收入家庭提供足够的补贴，并扩大对替代能源研究的公共投资。减排政策的合理设计，可以减少温室气体排放量，既不增加贫困，也不损害低收入家庭的利益，同时实现财政的可持续[①]。

对于因减排而受到影响的社会弱势群体，以及陷入能源贫困的低收入家庭，现有的补助措施很难使他们得到充分保护，特别是老年人家庭、失业家庭、残疾人家庭很难得到救助，所以需要采取适当的补偿政策，而且从补偿程度上讲，政策应能完全抵消由碳排放管制引起的不利影响。政府部门可以利用现有的救助渠道对低收入家庭给予帮助，通过定向补贴来减少对低收入家庭的冲击，完善低收入家庭能源援助计划，通过防寒保暖援助加强对社会弱势群体的保障[②]。补贴政策应该满足：①完全抵消政策对

① Center on Budget and Policy Priorities，"Climate-change policies can treat low-income families fairly and be fiscally responsible"，2008.

② Greenstein，R.，Parrott，S.，Sherman，A.，"Designing climate-change legislation that shields lowincome households from increased poverty and hardship"，Center on Budget and Policy Priorities，2008，pp. 1－18.

低收入人群的影响；②覆盖尽可能多的弱势群体；③应该支付家庭各种能源相关开支的增加，而不仅仅是水电费；④反映家庭规模；⑤利用成熟的运行机制进行操作；⑥逐步加大碳排放控制力度。目前的减排补贴政策尚未满足这些标准，还需要通过政策创新和政策组合进一步完善，以保障生活用能的基本需求。

四　消费端累进性减排工具可促进气候公平

碳税和排放权交易作为主要的碳定价方式，既可用于生产端，对生产企业征收；也可用于消费端，对消费者征收。在生产端征收，企业通过提高产品价格将减排成本转嫁给最终消费者，使所有消费者面临统一的碳价格；在消费端征收，按照碳排放需求的不同层次收取不同的碳价格，有利于遏制奢侈排放。生产端减排实施成本较低，可以减少偷漏税的机会，但消费端减排更符合社会公平目标，有利于强化低碳消费的经济激励。从社会福利角度来看，生产端的碳税和排放权交易对高收入家庭有利，对低收入家庭不利，使社会福利水平下降；消费端的排放权交易具有财富再分配的作用，使资源由高收入群体向低收入群体流动，既实现了 CO_2 减排目标，同时改善了收入分配格局。资源补偿机制可以帮助社会弱势群体获得发展资金，累进碳税和累进价格所得收入用于对低收入家庭进行补贴，投资家庭能效项目。因此，针对消费端实施累进性减排政策符合社会公平原则。规制消费端碳排放还有助于形成低碳生产的倒逼机制，扩大低碳产品的需求，促进相关低碳产业的发展。

对交通能耗征收碳税不会对社会福利产生负面影响，直接对家庭交通运输燃料中的碳含量征税，是透明、有政策依据、财政可行的征税办法，并且低收入人群受到的影响较小，因为他们通常使用公共交通工具。将征收的汽油碳税用于补贴消费者（退税），或投入到绿色交通的改造中，可以获得更高的能源效率，同时提高社会福利水平。实施碳税有助于推动新能源与替代燃料的开发与利用，碳税收入也可用于低碳技术的研发。

第三节　福利最大化的减排政策选择

一　考虑城市居民对减排政策的偏好

对于生活节能来说，虽然某些措施具有经济有效性，但由于家庭生活用能的消费特点，以及消费者的有限理性，居民并没有采用经济有效的减排技术，高能效电器的推广也没有达到预期目标，原因在于以下几点。第一，家庭减排存在市场失灵，消费者对相关产品或技术的能效信息并不了解，而且能效产品的高价格限制了其推广应用。第二，能效信息制度存在缺陷，居民对能效产品的认可度不高。中国从2005年开始实施能效标识制度，但尚未实现设想的目标。这与厂商的虚假宣传有关，产品能效水平检测缺乏独立第三方机构验证，导致家用电器的能效水平信息失真，消费者难以辨别信息真伪，造成逆向选择问题。第三，居民进行能效投资需要明确的经济激励。即使建筑节能改造可以实现较好的节能效果，但由于施工复杂，且破坏居住的舒适性，其实施推广受阻。当前的生活用能定价也难以使消费者获得节能收益。供暖是家庭最大部分的能耗，若按照面积收取供暖费用，住宅实际能耗的高低并不会影响取暖支出，消费者显然没有动力进行住宅节能改造。第四，家庭的异质性对减排政策产生个性化需求。每个家庭的收入水平、消费模式以及能源消费结构各不相同，显示出的能源消费价格弹性也不相同，节能投资的能力也不同，所以减排措施应该具有不同的类型，以满足不同收入群体的需求。第五，调查结果显示，城市居民偏好自愿性减排措施以及宣传教育活动，但单纯依靠这些措施难以实现减排目标①。

二　累进价格——阶梯价格

所谓阶梯电价，是指按照用户用电量进行分段计价，电价随电量增加呈阶梯状变化。电价可以分多个层级，当前国际上针对生活用电的价格制定，普遍采取递增式阶梯电价。此外，在民用燃气、自来水定价方面也应用了阶梯价格。

从阶梯电价的政策实施来看，不少国家和地区将节能、减碳作为实施阶梯电价的目标，但更重要的目标是通过差异化价格来保障每个人获得基本能源服务的权利。针对生活用电实行阶梯价格，源于对生活用电属性的认识。电力属于准公共物品范畴，获取生存所需的水、电等公用事业产品或服务，通常被认为是人的一项基本权利，很多国家的阶梯电价对低收入

① 郭琪等：《城市家庭节能措施选择偏好的联合分析——对山东省济南市居民的抽样调查》，《中国人口·资源与环境》2007年第3期，第149页。

人群的用电实行生命线电价。从社会公平与效率角度讲，降低基本生活用电电价水平，提高奢侈浪费的价格水平，有助于提高社会福利水平。

国外通过法律规定家庭以较低的价格获得基本需求用电，并制定了消费者保护条款。20 世纪 70 年代能源危机爆发后，石油价格暴涨导致电力的燃料成本猛升，电价也大幅上涨。由于发达国家电气化水平高，电费在生活费支出中的比重大，电价大幅上涨显著改变了消费者的支出结构，尤其对低收入阶层的影响较大。当时，美国电价上涨加重了居民用户尤其是穷人和老年人的经济负担，一些消费者组织开始对政府施压，加州立法机构 1972 年通过 Miller – Warren 能源生命线法案，要求以居民可承受的价格满足其最低的能源需求，并通过递增价格鼓励节能。美国国会 1978 年通过的公用事业监管政策法案，增加了生命线电价的条款，建议由各州的监管机构或公共电力公司对居民用户的必需用电量实行较低电价，基本用量由州管制机构或公共电力公司确定。如果电力公司在法案生效两年内未提供较低的价格，相应的管制机构在举行听证会后，有权决定该公司是否执行一个较低的价格。该法案出台后，密歇根州、佛罗里达州、北卡罗来纳州等许多州相继实施居民递增电价。部分东南欧国家也认为社会保障网络应保障社会所有成员的基本电力需求得到满足，日本、韩国等国家也引入递增式阶梯电价。

此外，国外在阶梯电价实施中，针对特殊家庭采取保护措施，以降低其生活成本。美国针对有特殊健康要求的家庭，尤其是配有维持家庭成员生命的医疗设备的家庭，在有医生证明的情况下，增加第一档用电量的数额，这样就能不增加其生活负担。在韩国，由于第一档用电量较低，居民稍有不慎便进入高价用电区间。即使天气严寒，许多韩国家庭也不敢放开使用电暖设施。为解决困难家庭用电问题，韩国政府对老年人、多子女家庭采取了用电补贴措施。纵观各国，电价的制定都要兼顾国家、电力企业和民众的利益，其中民众利益居首要位置。在确定合理的居民用电量、不增加普通民众负担的前提下，拉大阶梯电价的差距，方能达到节能减碳的目标①。

阶梯电价的特点是对高耗电用户收取高价，以反映电力生产的经济成

---

① 刘长松：《如何完善居民用电价格机制》，《中国社会科学院研究生院学报》2011 年第 5 期，第 73 ~ 80 页。

本和消费的社会成本，对基本用电需求收取低价。通常来说，低收入群体的生活用电需求较低，一般未超出基本需求的范围，对于电价上涨缺乏应对措施；高收入家庭在面对价格上涨时，有更多的选择来规避政策影响，例如，减少不必要的用电、投资于能效产品和技术，所以，以合理的定价方式施行阶梯电价，既可以保障低收入家庭的基本需求，也可以抑制高收入家庭的奢侈浪费，符合社会福利最大化的原则。目前我国执行的阶梯电价方案，第一档用电基数偏低，对用电高消费设置的价差偏低，且阶梯电价的收入用于弥补垄断供电企业的成本，因此还有较大的改善空间。

三　累进碳税

累进碳税就是按照家庭碳排放量，划定不同的碳税税率，随着碳排放量增多，税率相应提高。碳税的税收负担要考虑支付能力，高收入家庭奢侈性碳排放较高，并占用了较多公共资源。从碳排放对社会福利的影响来看，在边际水平上，高收入群体的单位排放增量所带来的福利改善非常小，甚至为负；而低收入群体的排放增量可以带来明显的福利改善[①]。所以征收累进碳税有利于社会福利最大化。有人反对累进碳税，理由是这会产生扭曲效应，导致社会福利下降。对碳排放征税，与所得税不同，可以纠正外部性，且在面对碳税征收时富人有充分的个人选择，其可以选择保持当前的碳排放水平，缴纳累进碳税，也可以投资家庭能效，改变生活用能结构，削减家庭碳足迹，从而避免缴纳较高的税收。累进碳税的目的是要激发社会参与节能减排，推动实现能源低碳转型，并筹集生活用能减排的资金。当然，累进税收可能会引起效率损失，但从更广泛的范围来进行成本—收益比较，考虑到社会公平与环境收益带来的福利改进，征收累进碳税具有经济合理性。从中国当前的贫富差距现状来看，采用累进碳税税率还会产生调节收入分配的效果，在减少排放的同时改善社会福利，产生类似的“双重红利”。

累进碳税的一个关键问题是界定碳排放的基本需求。按照边际效应递减的原则，从社会福利角度来看，基本需求应该优先得到满足，对应的碳排放需求也是生存发展的基本条件，所以这部分碳税应该被豁免。

---

① Pan, J. H., “Welfare dimensions of climate change mitigation,” *Global Environmental Change* 18 (2008), pp. 8 - 11.

在基本生活需要得到满足之后，每个人都可以追求体面的生活，这也是社会文明进步的标志。与满足基本生活需求的阶段相比，此阶段的居民具有更高的收入水平与支付能力，对能源消费、生活方式具有较多的选择，为获得体面的生活，采取何种生活方式以及是否实现低碳发展会对碳排放空间的需求产生影响，所以可针对这部分碳排放需求征收合理的碳价格，以激励消费者选择低碳生活方式，减少自身所产生的碳足迹；超过体面生活的能源需求部分，即过度的能源需求对提升生活品质的作用不大，甚至会产生副作用，如同过度肥胖会引发健康问题，对于这部分碳排放，需要征收一定水平的碳价格，以消除碳排放的外部性。具体可以参考国外对碳社会成本的估计，结合中国国情，对高收入家庭的过度碳排放征税高额累进税，为家庭部门节能减排融资，同时抑制奢侈浪费。

按照累进碳税的界定，需要根据个人碳排放量划定碳税税收。首先，需要有家庭能源消费与碳排放的统计与监测体系，才能厘定碳税税率；其次，如何确定碳税税率，才能确保在经济增长的情况下，既不降低社会弱势群体的生活水平，又使高收入群体的奢侈排放得到抑制，仍然需要进一步的探讨；最后，需要明确碳税、资源税改革与生活用能定价方式改革之间的关系。当前，中国尚不具备实施累进碳税的制度基础，而且不同家庭的收入、住房特征、生活方式不同，确定碳排放的需求层次也存在一定难度，考虑个体的特殊碳排放需求，还需要制定相应的豁免标准。

区分碳排放不同需求类型的累进碳税机制设计如下：

$$T_i = \begin{cases} 0, if\ E_i \leq E_1 \\ t_1(E_i - E_1), if\ E_2 \geq E_i \geq E_1 \\ t_1(E_2 - E_1) + t_2(E_i - E_2), if\ E_i \geq E_2 \end{cases} \tag{9-1}$$

式中，E_1 为碳排放的基本需求，E_2 为碳排放的基本需求，t_1 为第一档碳税税率，t_2 为第二档碳税税率，E_i 为家庭实际碳排放量，T_i 为家庭应该缴纳的碳税。

四　个人排放权交易

当前，个人碳排放权交易仍处于理论讨论阶段，政策方案尚未成熟，缺乏政策实施的基础设施，相关政策的可操作性较差，需要在现有的政策环境下开发出简便、易行的个人碳排放权交易方案，并将其作为现有减排政策的有益补充，通过自愿参与、积极试点来积累政策经验。如果能够通过技术手段实现碳配额的简便交易与监管，就可以极大地提高个人碳排放权交易的可行性。个人碳排放权交易的贡献在于确立了个人的碳权益，如果能够量化计算个人应得的排放权，保护个人碳权益应该成为生活用能减排政策设计的目标，个体碳权益是否得到保证也成为减排政策优劣的判断标准，如果个体的碳权益没有得到保护，显然就不是好的政策；反之，则是好的政策。但是研究结果表明，直接界定个人排放权的成本较高，且难以监督实施，可行选择是通过间接方式来界定个人碳排放权，通过对奢侈生活用能消费征收累进价格或累进碳税，来改变当前不合理的生活用能消费格局，然后将所得收入用于低收入家庭的能效改造，不仅可以实现减排目标，还可以保护社会弱势群体的碳权益。

五　能效政策是生活用能减排政策的重要工具

因为生活用能的能源价格弹性较低，所以能源效率政策对家庭部门十分有效，提高效率的经济潜力巨大。家庭部门直接参与排放权交易体系比较困难，他们会受到燃料或电力价格上涨的直接影响，如果没有明确的补偿计划，就会产生累退性的影响，从而降低社会福利水平。家庭生活用能减排面临交易成本、有限理性、资本约束以及能效信息匮乏等一系列制约因素，这些因素对家庭采用具有成本效益的能效措施形成阻碍，所以制定家庭能效政策非常必要。大多数 OECD 国家采用一系列政策，包括信息计划、标签计划、免税额、补贴、监管标准、市场转型方案，来克服能源效率的非价格“壁垒”，促进能效提高。

除了克服各种市场失灵，能源效率政策还用于实现社会目标。英国运用能效政策来解决能源贫困问题。由于收入不平等和居住房屋能效水平低下，450 万英国家庭陷入了能源贫困。针对这些家庭进行的能效投资可以改善其获得能源服务的水平，而不会限制他们的基本消费。虽然这类投资的减碳效果较小，但会显著改善生活质量，减少医疗护理支出，提高社会福利水平。英国能效政策的特点是对电力和天然气供应商施加提高能源效率的义务，规定其至少将获得的一半利润投资于低收入家庭能效改造。能效政策还可能带来就业收益，以及非 CO_2 温室气体排放的减少。

总之，针对受减排影响的目标群体运用能源效率政策，有助于克服家庭部门减排的市场失灵和组织障碍，实现社会公平目标。能效政策和碳定价政策的组合，是一个较好的政策组合，但对于能效政策的成本—收益评估尚存在一定争议。针对目标群体（收入群体）实行家庭能效补贴，有助于优化现有的能源消费格局。图 9 - 3 是运用目标能效政策调整能源消费格局的例子。

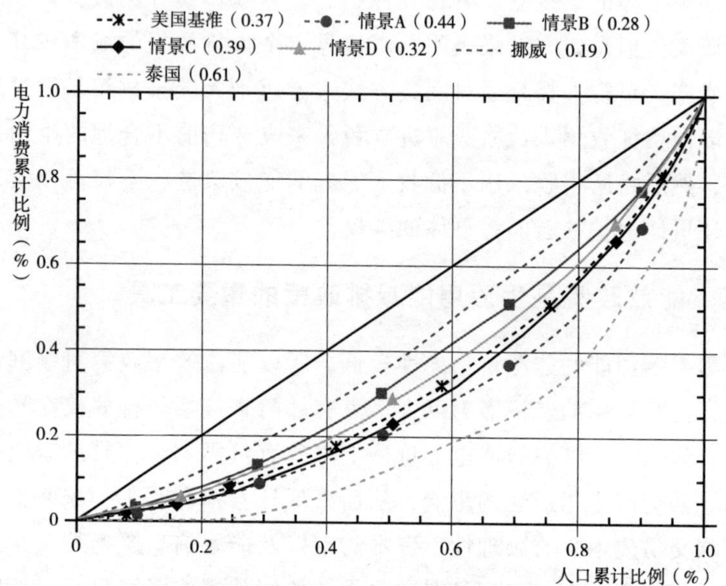

图 9 - 3　洛伦茨曲线对能源效率目标补贴的敏感性检验

资料来源：Jacobson，A.，Milman，A. D.，Kammen，D. M.，"Letting the (energy) Gini out of the bottle：Lorenz curves of cumulative electricity consumption and Gini coefficients as metrics of energy distribution and equity"，*Energy Policy* 33 (2005)，pp. 1825 - 1832.

情景界定如下。

情景 A：消费量较大的消费者能效最高。对收入最高的 20% 的家庭全部（100%）采取提高效率的措施，而对其他 4 个阶层的家庭不采取措施。

情景 B：消费量较小的消费者能效最高。对收入最低的 3 个层次的家庭采取提高能效的措施，而对收入最高家庭不采取任何提高能效的措施。

情景 C：对总人口的 65% 采取提高能效的措施。按照收入由低到高的顺序，每个收入组分别有 30%、50%、65%、85% 和 95% 的家庭提高能源效率，65% 的比例与美国能源部对采取能效措施比例上限的调查结果相符。

情景 D：对总人口的65%采取提高效率的措施。按照收入由低到高的顺序，每个收入组分别有95%、85%、65%、50%和30%的家庭提高能源效率，65%的比例与能源部对采取能效措施比例上限的调查结果相符。

情景 E：对总人口的35%采取提高效率的措施。消费量越大，其能效水平越高。由下向上，每个收入组分别有16%、26%、36%、46%和51%的家庭采取能效措施，35%的比例与能源部对最有可能采取能源措施比例的调查结果（35%）相符。

情景 F：对总人口的35%采取提高效率的措施。消费量越大，其能效水平越高。由下向上，每个收入组分别有51%、46%、36%、26%和16%的家庭采取能效措施，35%的比例与能源部对最有可能采取能源措施比例的调查结果（35%）相符。

情景 G：对总人口的35%采取提高效率的措施。中层和中上层的消费者更有效，而消费量最小和最大的消费者是低效率的。由下至上，分别有25%、30%、45%、50%、75%的家庭采取能效措施，35%的比例与能源部对最有可能采取能源措施比例的调查结果（35%）相符。

从模拟结果可以看出，对低收入家庭采取能效措施可以缩小生活用能的消费差距，对高收入家庭采取能效措施则扩大生活用能的消费差距。所以为缩小生活用能的消费差距，对低收入家庭采取能效补贴有利于实现社会目标。

第四节　中国低碳消费的政策工具选择

随着我国扩大内需发展战略深入实施，未来一段时间家庭消费对碳排放的推动作用将持续上升。因此，需要采取更加积极主动的政策，明确家庭行动的目标，强化已有的政策，加大政策协调和稳定性，帮助家庭向低碳消费和低碳生活方式转变，政策工具选择需要注意以下几个方面。

第一，完善消费品和服务的价格机制，使消费的环境成本和碳排放成本内部化。如果商品和服务的价格并不能完全反映消费的环境成本和碳排放成本，家庭会倾向于过度消费。政府通过经济工具将碳排放成本纳入商品和服务价格，并将消费者的偏好和良好的环境联系起来，有助于促进生活用能的有效利用，推动减少废弃物产生量，并对家庭消费模式产生重要影响。

第二，实现向低碳消费转型需要同时强化“硬件”和“软件”建设。低碳消费品和基础设施是低碳消费行为面临的“硬件”约束，低碳消费面临的“软件”约束是消费者购买和使用低碳产品的意愿与态度①。为实现向低碳消费转型，需要同时推动消费“硬件”和消费“软件”的转变。一方面，针对不同行业、技术、产品制定强制性碳排放标准。加大低碳产品和服务供给力度；完善住房、交通、能源、废弃物管理等低碳基础设施建设，在规划、设计和运行阶段引入碳排放标准。另一方面，通过教育、学习和信息工具等社会手段激发消费者低碳行动的意愿。产品的生态、低碳、节能、环保等标签，可增加消费者的了解和认识，使他们愿意采取保护环境的行动，也为消费者购买环境友好型产品提供了良好的机会。

第三，扩大低碳消费的社会参与广度和深度。低碳消费涉及面广，需要广泛的社会参与、制定跨部门的政策才能取得成效，这就要求过去单向的、命令控制性政策做出改变，在政策制定过程中吸引社会公民参加，实现消费者和政府的双向交流，最终吸引各利益相关者积极参与，在政府、企业和社会公民之间结成伙伴关系。

低碳消费的政策工具选择见图9－4。

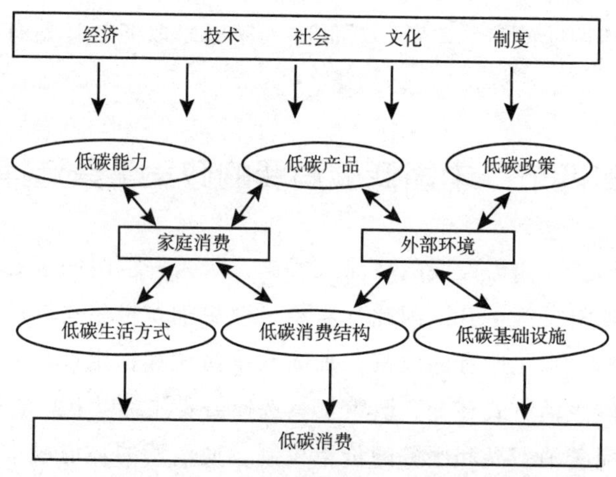

图9－4　低碳消费的政策工具选择

① OECD，“Policies to promote sustainable consumption：an overview”，www.oecd.org/env/consumption.

一 法律与监管

法律对低碳消费发挥基础性作用，优点在于通过政府的强制力约束社会行为，淘汰高碳产品，引导消费者行为，但存在的主要问题是立法进程缓慢、执行成本高、存在一刀切等问题，但作为低碳消费政策工具的框架，法律具有非常重要的意义。通过法律可建立低碳消费行为遵循的基本框架。欧洲通过立法来推动低碳消费，立法的成效取决于法律能否得到严格执行，取决于严格的监督、执法以及强力的惩罚措施。低碳消费为改进立法手段提供了机遇，以前我国的立法主要由政府主导、自上而下进行，消费者、家庭以及其他组织无法参与政策制定，导致相关法律的可执行性较差，因此低碳消费立法需要加强公民参与，使普通民众有机会表达公共价值或社会利益诉求，以增强立法的规范性和合法性。

监管措施主要包括碳标签、环境标识、废物管理指令、能效标准、生产者责任延伸监管、法定污染排放指标、水质标准、产品禁令等。监管有助于落实法律的强制性要求，将自上而下的强制性和自下而上的自愿行动建立关联，推进消费行为改变。

二 经济手段

经济工具主要包括税费和补贴。经济工具从正反两方面来改变消费行为：正激励主要通过补贴促进低碳消费，负激励通过税费抑制高碳消费。

抑制手段：税费。短期内，税费手段对低碳消费的作用较明显，长期来看，需要不断对税费的计量手段和征收标准进行调节，才能够保证其持续发挥作用。通过提高对高碳产品的税收和收费，能够有效影响消费者行为，提高低碳产品的竞争力。税收和收费政策工具对改变采购模式起到至关重要的作用，而且实施成本较低。对高碳产品征税有利于调整产品结构，人们会倾向于使用低碳产品或减少使用高碳产品。税费通过反复不间断的施行以及不断更新的措施，对生产者和消费者起到提示作用，让他们对碳排放成本形成一个清晰的认识，从而约束其行为。但是税费政策会对社会公平产生不利影响，低收入群体对价格变化更为敏感，受税费的影响较大，而高收入群体对价格变化不敏感，所受影响较小。

刺激手段：补贴。政府应设立专项资金对低碳产品进行补贴。物质奖励和激励政策如果设置得当是非常有效的，适当的政府干预能够产生较好的社会作用，显著提升低碳消费行为，面向家庭的补贴项目主要有更换门窗、升级过时的锅炉、增加使用可再生能源、升级空调和热水系统，提升供热能源效率。为使补贴更有针对性，政府正在针对目标群体“量身定制”补贴政策，越来越多的弱势家庭和低收入家庭可以享受补贴，其宗旨在于改善能源效率和生活环境。补贴政策直接激励消费者的减排行为，缩小其认知和行为的差距，引导消费者行为。

三　社会型工具

通过信息公开和宣传教育活动、参与公共辩论和决策过程，有助于推动利益相关者结成合作伙伴关系，推动各方共同参与低碳消费。行为干预是重要的社会型工具之一，通过日常沟通交流、宣传教育改变消费者的消费观念，进而达到改变消费者消费行为的目的。同时，行为干预工具有助于整合各种政策工具的作用，最大限度地改变消费者的消费行为。行为干预工具具有长效、成本低、容易被接受等优点，其缺点是具体策略实施比较复杂、见效相对较慢等。

一是各种宣传活动和信息工具。通过各类宣传册、广告以及其他媒介的宣传活动，推动居民掌握低碳消费的知识和技巧。通过能源审计给居民提供个性化的信息，推动他们反思自己的能源消费行为。教育和信息宣传手段能够增加居民的能源知识、态度意识、认知，有助于引导和规范居民节能。

二是采用智能电表等设备提供家庭当前和历史消费数据，有助于刺激消费者采取低碳消费行为，并固化低碳行为，促进消费者的自我监督，推动养成低碳消费习惯。

但是社会型工具在改变消费者行为方面，也面临一些制约因素。一是态度和行为之间的关系相当复杂，宣传教育在改变消费者行为上并不是那么有效。并且行为干预工具的使用和政策制定，要求政策制定者具有较高的水平，这大大增加了政策制定的难度。二是低碳消费行为并不必然建立在低碳消费意识基础上。行为干预工具的目的是建立消费者低碳消费的意识，进一步诱发其低碳消费行为。然而，有利于环境的消费行为和消费者的环保意识没有明显的相关性。三是社会型工具见效较慢，多数消费者对低碳消费不感兴趣，建立他们的低碳意识是一个漫长的过程。

四　宏观管理与基础设施

政府的宏观管理与基础设施是推动低碳消费的前提，能源基础设施直接决定了生活方式的碳排放强度，基础设施工具可以使低碳消费变得更容易。

一是政府的宏观管理。关于城市空间规划、功能分区和土地利用规划的规定，会影响到消费者的消费行为。关于基础设施结构的强制性规定，如产生的热量和电力、建筑面积、节能基础设施的配备与使用等；碳排放评估和排放控制目标的设置、低碳科技创新等都会对低碳消费产生重大影响。

二是政府主导推动的公共设施和基础设施建设。公共交通建设、城郊接合部停车场建设、住宅结构节能设施建设等往往能够促进消费新格局的形成，这些设施结合其他一些工具有助于推动节能低碳行为，例如，智能电表、燃气表在降低家庭电和燃气消费中发挥了重要作用。

以上各种政策工具不应独立使用，而应组合使用、共同作用，形成一个有机整体。

第五节　小结

对于发展中国家来说，要在可持续发展的框架下考虑减排问题。减排是为了更好地发展，要注重保护社会弱势群体的发展。当前中国的生活用能消费正处于快速增长之中，如何以较低的碳排放水平来满足能源需求是一个巨大的挑战，同时低碳基础设施还很不完善，生活用能作为产业减排的重要补充，有助于推动形成低碳可持续的消费模式，为未来经济增长奠定基础。就减排政策选择来讲，应注意以下几个方面。

（1）从福利最大化原则出发，减排政策不仅需要考虑减排效果与经济有效性，还要评估政策对社会分配及其生活用能消费格局的影响，且需要兼顾保障基本需求、遏制奢侈浪费的目的。以社会福利为导向，通过政策设计与政策组合来保护个体的碳权益。

（2）为实现减排政策的福利最大化，需要将平等纳入减排政策的设计之中。从政策选择来看，对家庭碳排放直接进行管制比对企业进行管制更易于实现社会公平；对交通用能征收碳税比对生活用电和天然气消费征收碳税更能体现社会公平；政府补贴是实现社会公平目标的重要工具，针对低收入人群实行目标性补贴有利于实现社会福利最大化。

（3）由于家庭之间存在收入差异，要使减排政策符合福利最大化，应该按照“均等牺牲”① 原则收取累进碳价格。如果减排政策没有考虑到家庭之间的差异，而使所有家庭面临同样的碳价格，这就意味着低收入家庭为减排付出的牺牲更大。按照边际福利相等时社会福利最大化的原则，降低低收入家庭的碳价格，提高高收入家庭的碳价格，有利于提高社会福利水平。通过征收累进性碳税，对高碳排放用户收取较高的价格，并将所得用于低收入家庭的能效补贴，可以有效维护低收入家庭的碳权益。考虑到减排政策的实施与执行，累进碳价格的减排政策执行与监测成本较高，配套设置的不完善会损失累进碳税的效率，所以需要在碳价格的累进程度（公平性）与政策成本之间进行权衡。

（4）累进碳税和个人碳交易既可以实现对家庭生活用能进行碳定价，同时也有利于维护低收入人群的碳权益，但考虑到政策的可操作性，累进性碳税需要在家庭消费环节征收，并建立完善的生活用能消费与碳排放监测体系，导致政策成本较高，在当前的政策环境下尚不具备可行性。私人小汽车主要是高收入家庭使用，对家庭汽油消费征收碳税，有利于减少交通用能，且不会引发社会分配问题。实施阶梯电价有利于维护基本生活用能需求，抑制生活用能奢侈浪费。家庭能效补贴作为减排的配套政策，可以克服生活用能减排的市场失灵，也有助于实现社会公平目标。

（5）对于低碳消费来说，需要采取更加积极主动的政策，明确家庭行动的目标，强化已有的政策，加大政策间的协调，提升政策的稳定性，帮助家庭向低碳消费和低碳生活方式转变。完善消费品和服务的价格机制，使消费的环境成本和碳排放成本内部化，推动生活用能的有效利用。强化

---

① 庇古对最小牺牲原则做出界定：“为了获得最小的总牺牲，各项赋税应该如此分配，使纳税的货币边际效用，对一切纳税人都是相等的。如果甲纳税人所付的最后一个便士税款的效用，小于乙纳税人所付的最后一个便士税款的效用，则把对乙纳税人的一部分课税额转到甲纳税人的肩上，则能得到总牺牲的减少。所以，符合最小总牺牲原则的税收在纳税人之间的分配，是使所有纳税的社会成员的边际牺牲－而非总牺牲－均等。”最小牺牲原则不仅均等边际当前牺牲（直接牺牲），还包括均等边际未来牺牲（间接牺牲）。实践中，商品税不能贯彻最小牺牲原则，因为商品税无法调节纳税人的收入水平，所得税比较容易贯彻最小牺牲原则。要彻底贯彻最小牺牲原则，就要实行累进税率。载刘永桢主编：《西方财政学说概论》，中国财政经济出版社，1990，第204～205页。

低碳消费转型的“硬件”和“软件”建设。一方面，针对不同行业、技术、产品制定强制性碳排放标准，加大低碳产品和服务供给力度；完善住房、交通、能源、废弃物管理等低碳基础设施建设。另一方面，通过教育、学习和信息工具等社会手段来激发消费者低碳行动的意愿，扩大低碳消费的社会参与广度和深度。

第十章　主要结论与政策建议

本书主要从家庭消费和生活用能两个维度探讨家庭部门节能降碳的主要途径和政策体系。尝试建立了生活用能、低碳消费、减排政策与社会福利的分析框架，通过分析国外推动低碳消费的发展途径，结合我国的基本国情，提出了低碳消费发展的主要思路和政策框架，分析了国内外生活用能相关减排政策的社会福利影响，结合北京市生活用能的案例研究，明确了生活用能消费格局的政策含义，按照社会福利最大化和气候公平的原则对生活用能减排政策进行设计，最后为中国生活用能减排政策选择和推动低碳消费的相关工作提出对策建议。

第一节　主要结论

一　不同收入家庭生活用能碳排放差距较大

从发达国家的发展历程看，随着生活水平的进一步提高，未来中国生活用能将保持高速增长，如果没有政策干预，家庭生活能耗的增长将会抵消其他领域用能的减排效果，进而加大中国控制温室气体排放的难度。因此，对生活用能采取控排措施势在必行。然而，减排政策设计不容忽视的客观事实是：不同收入家庭能源消费与碳排放差距较大，减排政策的累退性会使低收入家庭承担与其收入水平不相称的减排成本，从而导致社会福利水平的下降。根据对北京市城镇家庭碳排放的案例研究，高收入家庭平均每人每年碳排放量约为6.88吨CO_2，低收入家庭平均每人每年碳排放量约为1.02吨CO_2，前者是后者的6.75倍。家庭用电量和交通出行碳排放存在显著差异：高收入家庭户均年用电碳排放是低收入家庭的 12.27 倍；户均交通碳排放是低收入家庭的 6.86 倍。如果考虑城乡差距、区域差距等因素，生活用能碳排放的差距还会更大。目前这种格局的形成不仅是社会收入与财富分配差距显著的结果，也取决于生活用能与碳排放管制政策。因此，减排政策的设计必须从生活用能的现状与消费格局出发，改变不合理的生活用能政策，保障社会弱势群体的碳权益。

二　减排政策的选择对生活用能与社会福利的影响较大

碳排放的多重属性决定了单一的碳定价政策不能解决生活用能减排问题。减排政策的选择必须能够保证每个人获得基本能源需求的权利，并解决生活用能消费存在的市场失灵、行为失灵与管制失灵。

减排政策管制对象是选择生产者还是对消费者，产生的社会福利影响差异很大。如果对生产者排放进行规制，企业通过转嫁成本使减排成本最终由消费者承担，由于生活用能支出占低收入家庭消费支出的比重较大，低收入人群承担了与其收入水平不相称的减排成本；如果针对最终消费进行碳减排，则可以通过累进税率实现减排成本在不同家庭之间的合理分摊。因此，管制消费碳排放比管制生产者更有利于实现社会福利最大化。

由于生活用能的需求弹性与消费格局特征不同，减排措施的选择还要考虑不同类型的生活用能，并采取对应的措施。针对生活用能，选择不同的减排政策会产生不同的社会福利影响：居住用能（如生活用电、取暖、用气）的需求弹性较小，采用能耗标准比征收碳税更有效，且对低收入家庭的影响较小；对交通用能征收碳税更有效，且政策成本主要由高收入家庭承担，还可以将所得收入用于完善公共服务交通体系。阶梯价格和个人碳交易对社会分配更有利，碳税与可再生能源的社会福利影响取决于政策设计。生活用能能效标准说明了家庭之间的能效差距需要配套政策加以解决。

减排政策的配套措施也是影响社会福利的重要因素。从政策可行性考虑，碳税是减少家庭碳排放的有效手段，如何将碳税收入循环使用会影响其对社会分配的影响。通过碳税收入和家庭能效政策补贴低收入家庭，有助于消除减排政策的累退性。

三　根据福利最大化原则设计减排政策有利于实现气候公平

生活用能价格改革和减排措施会提高生活用能价格，使低收入家庭受到较大影响，因此，需要对社会弱势群体进行合理补偿。国外已经建立了保障基本生活用能需求的制度，从实践经验来看，能效补贴比现金补贴更有利于促进减排。从社会福利角度看，建立针对社会弱势群体的能效补偿机制，将碳税收入用于补偿低收入家庭，有利于降低减排对低收入家庭生活带来的不利影响。政府通过目标能效补贴帮助低收入家庭进行能效改造，确保其获得基本的生活用能服务，有助于实现能源消费公平。

按照社会福利最大化和气候公平原则，结合生活用能的消费格局，通过累进碳价格使不同收入家庭对减排做出“均等牺牲”。累进碳税和个人碳交易的实施需要完善的生活用能与碳排放监测体系，面临的问题是这会提高政策的管理成本，当前尚不具备实施条件。通过对生活用能施行累进碳价格可以实现对家庭消费碳排放的间接定价，从而有助于维护个体碳权益；针对汽油消费征收碳税，并对低收入家庭给予能效补贴有助于实现气候公平，并推动改变不合理的生活用能消费格局。

第二节　推动生活用能低碳发展的对策建议

一　完善生活用能价格形成机制

推进生活用能定价机制改革，其主要目标是保证基本生活用能需求，有效遏制能源浪费，建立生活用能合理的价格形成机制。在完善生活用能已有改革案的基础上，结合政策的试点经验，不断完善生活用电定价机制。

（1）对于阶梯电价方案，适当提高各档价差，并规定电价收入用于能效补贴的比例。参考韩国的阶梯电价，最高档每千瓦时 644 韩元，最低档每千瓦时 55 韩元，最高价是最低价的 11.7 倍。我国现行的阶梯电价方案中，最高价仅约是最低价的 1.6 倍，价差显然过小，难以形成有效的经济激励。结合碳排放与收入差距，最高价与基本电价的比例设置在 7 倍左右为宜。按照目前北京市居民生活用电 0.48 元/度的价格，最高价定在 3.36 元/度比较合适。对于阶梯电价产生的收入，可将其用作节能减排专项资金，规定投资于家庭节能和能效项目的比例。

（2）着实推进供热计量收费，尽快实现家庭供暖由面积收费向计量收费的转变。制约当前热改的最大原因就是供热体制的垄断，尝试在家庭部门引入合同能源管理等市场机制，以打破供热垄断，加大供热计量改革的政策执行力度。

（3）补贴家庭可再生能源利用，提高家庭能源消费中的可再生能源比重，降低对高碳能源的依赖。

二　逐步推进生活用能的碳定价

建立生活用能的碳价格，是生活用能减排的核心问题。然而，由于生活用能减排涉及面广，影响程度深等特征，需要逐步建立碳价格。

（1）优先选择家庭汽油消费作为征收碳税的试点。结合生活用能不同能源类型的特征，以及生活用能的消费格局，建议选择汽油消费作为试点征收碳税，原因在于汽油消费的影响面较窄，而且高收入家庭的汽油消费水平较高，征收汽油碳税对低收入家庭的影响较小。然后再逐步推向其他类型的家庭用能。

（2）碳税税率在初始阶段宜采取低税率，然后再逐步提高。从减排政策的实施来看，采取渐进式的改革更容易为社会公众所接受，同时能够降低政策的不利影响。为避免引入碳税或个人碳交易对家庭部门造成冲击，在初始阶段宜采取较低的碳税税率或宽松的排放控制指标，随着社会承受能力的增强，逐步提高碳税或者收紧排放配额，这种渐进式的改革对于发展中国家非常重要。

（3）碳定价工具选择遵循先易后难、逐步推进的渐进路径。针对家庭生活用能碳排放进行碳定价，隐性定价比显性定价更容易被接受，通过提高最低能效标准并强化执行，有利于获得社会公众的支持，而引入新的碳税则会面临不少争议。从政策实施来看，碳税比碳交易的实施更为简便，虽然个人碳交易比碳税更公平、有效，但政策实施较为复杂。因此，按照政策实施的难度，遵循先易后难的顺序，依次选择能效标准管制、碳税、碳交易。能效标准管制的缺点在于没有形成明确的碳价格，难以对消费者的行为产生有效影响，所以需要和碳税组合使用。对于家庭用能减排政策来说，起步阶段，运用碳税来管制汽油消费，以能效标准管制住宅能耗；成熟阶段，将碳税征收范围扩大到其他类型生活用能；完善阶段，由碳税转向碳交易，实现家庭部门的绝对减排。

三　制定更严格的能耗标准与能效标识，促进家庭节能

通过修订能效标准、完善能效标识，提高标准管制对生活用能的减排

作用。

（1）修订建筑节能标准。建议进一步提高建筑节能标准，缩小与国外标准的差距，并将建筑物节能标准与建筑物的实际运行能耗相挂钩，从当前注重建筑设计标准转向以终端能耗为中心的建筑节能标准。

（2）将碳排放纳入家庭小汽车油耗标准的修订中。修改中国汽车油耗标准，进一步提高中国小汽车油耗标准，并增加碳排放限制要求。

（3）完善生活用能能效标签制度。当前中国能效标签主要面向家用电器，并存在弄虚作假、缺乏市场监管等问题。今后，政府应该规范管理能效标签认证，并适时将能效标签推广运用到住宅能耗以及小汽车能耗当中，同时，能效标识也可以考虑纳入碳排放水平。在住宅能耗领域，探索建立类似于德国节能证书的住宅能效标识制度。

四　完善生活用能减排的配套措施

生活用能的配套政策主要包括建立生活用能碳排放的统计监测体系，通过目标能效补贴消除能效差距，通过非气候政策来强化减排效果。

（1）建立家庭生活用能的统计监测体系。通过对生活用能进行调查发现，获得一手资料非常困难，因此，建议政府统计部门建立家庭生活用能的统计监测体系，为以后分户计量碳排放提供数据支持。

（2）通过家庭能效改造计划消除能效差距。通过家庭能效补贴计划帮助低收入家庭进行能效改造，提高低收入阶层获得能源服务的能力，减轻价格改革与碳定价等措施对社会弱势群体的不利冲击，保障基本生活用能需求得到满足。完成家庭能效改造，是扩大生活用能碳定价范围的前提条件。

（3）提升公共交通服务水平。家庭成员的交通出行选择依赖于现有的交通体系，显然交通供应不会因个人选择而改变。如果要降低小汽车交通出行需求，改善现有的公共交通服务水平和能力十分迫切。

（4）城市规划的科学化与规范化。当前城市规划不合理，造成重复性的拆迁与建设，是城市高能耗、高排放的重要推动力量，同时，城市功能分区设计的不合理导致了交通出行需求增加。因此，城市规划应该合理控制城市扩张，通过改善规划，在减少私人交通的情况下，合理规划和配置好城市公共交通基础设施。

第三节 推动我国低碳消费的对策建议

对于低碳消费的推动和发展，要发挥制度的支撑作用，形成并完善以政府为主导的引导制度、以企业为核心的实践制度、以民众为主体的参与机制，最终形成能全面支持低碳消费的系统化政策体系。

一 明确低碳消费的战略定位和部门协调机制

第一，尽快明确低碳消费在中国的战略定位。将低碳消费纳入政策制定议程，确定低碳消费的战略地位，开展顶层设计，制定符合中国国情的低碳消费战略与行动计划，明确中国实现低碳消费的长短期目标、重点领域、优先行动、实施方案、监督机制、保障措施等。帮助并指导地方和部门设计与协调低碳发展政策。

第二，建立低碳消费的部门协调机制。有必要针对低碳消费政策，与财政税收或定价机制、城镇化建设、标准与教育监督等相关政策的制定部门展开协调合作。建议在国务院层面设立领导小组，并由各有关部门担任工作组成员。设立低碳消费协调工作组，针对低碳消费工作与现状进行评估，并提出完善的政策方案，同时加强与现有的气候变化领导小组与其他经济和环境方面的领导小组进行密切协调与合作。

二 完善低碳消费工作的法律基础

第一，将低碳消费纳入“十三五”规划与现行的政策法规体系，建立与低碳消费需求相适应的法律制度框架和标准体系，严格控制浪费性消费、过度消费和奢侈消费等不合理的消费方式。

第二，推进现行法律的修订。推进《节约能源法》《政府采购法》等法律修订，在相关法律中增加低碳消费条目。修订《消费者权益保护法》，确保消费者具有选择优质绿色低碳产品和低碳生活方式的权利。同时强调消费者的责任，重点改变住房、交通出行和食品的消费习惯。

第三，尽快出台专门的《低碳消费促进法》。明确低碳消费责任体系，为推动低碳消费相关工作提供法律依据，并运用法律来规范各消费主体的行为：各级政府部门要成为践行低碳消费的表率；企业作为资源消耗的主体，要在生产过程中不断引入高新技术，最大限度地提高资源和能源的利用率，积极研发和生产低碳节能产品，为消费者提供更多可选的环保节能产品、低碳产品；家庭和社会公众要转变消费观念，拒绝奢侈消费和高能耗消费，实现绿色购买与消费，加强对废弃物的循环利用。

三　强化价格、财税和金融对低碳消费的支持力度

第一，有效利用和改善现有价格和财政制度。一方面，通过提高资源使用价格、征收环境保护费、提高高碳产品税负、对高碳产品生产企业实行严格的信贷及能源价格等措施，提高高碳产品和高碳消费行为的成本，抑制高碳消费；另一方面，通过财政补贴、税收优惠、信贷政策及调整消费税税率，降低低碳产品以及低碳消费成本。完善消费税的税率设置和征收方案，充分发挥税收手段对高油耗汽车、高能耗产品以及高碳消费行为的抑制作用。改革现有的低碳消费财政补贴政策，总结分析“家电下乡政策”和“以旧换新政策”的经验教训，推动使用最高标准的高效节能家电，并逐步淘汰目前使用的低效率家电，完善节能低碳产品补贴方案。

对低碳产品的消费进行财政补贴，推行“低碳消费积分制度”等措施，降低低碳产品供给成本和低碳消费行为的成本，促进低碳消费发展。加大财税和价格机制对低碳消费的引导力度。

第二，积极推动低碳产品公共采购。大力加强相关法规建设，抓紧制定和修订促进能源有效利用的法律法规，解决低碳产品采购上无法可依和法律不完善的问题。尽快出台专门的《低碳采购实施条例》及实施细则等，对政府实施低碳采购的主体、范围、责任、采购清单的制定和发布做出明确规定。加大政府对低碳产品的采购力度，完善列入政府采购名录的产品的技术要求，及时更新相关标准，制定政府低碳采购指导手册，完善低碳采购网络建设，加大低碳采购的宣传力度。

第三，发挥金融机构对低碳消费的推动作用。金融机构应发挥带头作用，投资能够促进可持续生活方式的基础设施建设，为节能型建筑、节能产品生产等提供按揭和贷款服务，并确保长期可持续性。要加强金融机构创新，充分利用 PPP 等多样化金融手段，设计创新性金融产品，为低碳消费和措施提供支撑。

四　推动低碳基础设施和政府公共服务的低碳化

一是积极推动低碳交通，优化出行结构。加快以公共交通为主的城市交通结构优化提升，大力发展大容量轨道交通、快速公交系统、公交换乘的“无缝连接”设施和智能交通管理系统，合理控制大城市和特大城市的机动车数量，努力建设和完善公众出行信息服务系统。进一步改善出行模式，落实城市公交优先发展战略，提高公共交通的分担率。鼓励社会公众采用步行、自行车、公共交通、拼车等低碳出行方式。

二是推动居民住宅低碳化。引入建筑物能效标准和标识制度，提高建筑节能标准；对高耗能建筑进行节能改造，推广使用节能低碳产品；进一步推进供热体制改革，实行分户计量供热；提高住宅能源供应中清洁能源和可再生能源的使用比例，运用经济政策鼓励开发商和消费者投资、购买节能低碳建筑，并对购买节能低碳建筑的消费者给予适当补贴。

三是低碳消费的技术创新基础设施。低碳能源的大规模开发利用、低碳产品与服务的充分供给在很大程度上有赖于低碳技术的发展和普及。我国政府必须加大低碳技术的研发投入，鼓励、引导、组织社会力量、企业参与低碳技术的研发推广使用，建立低碳技术研发中心以及低碳技术服务市场，促进低碳技术的研发和低碳产品的推广利用。

四是政府要承担起低碳公共设施与服务的供给责任。科学规划城市建设，合理布局城市功能分区，完善低碳公共设施和消费基础设施，建立规划科学的交通路网体系，加大城市生态景观、树林绿地、体育健身设施及文化消费设施的供给力度，推动形成紧凑合理的城市空间形态。

五　加快推进低碳产品标准、标识与产品认证工作

第一，设立低碳产品标准。设立低碳产品标准能够提高消费者对低碳产品的置信度，不同等级低碳产品的标准还能使消费者选择适合自己需要的低碳产品。政府必须综合考虑生产、消费和处置过程，设立合理的低碳产品标准，并进行严格监督，维护产品标准和标识的权威性。

第二，尽快推进低碳产品认证工作。低碳认证和低碳标识是提高消费者认知的重要手段，应尽快推进现有低碳产品认证机制，帮助消费者甄别低碳产品成本，提高低碳产品在市场中的识别度和占有率。制定针对低碳产品和低碳标识的管理制度，对低碳产品认证进行全面统一的

规范，并尽快制定低碳产品的相关标准，颁发并妥善管理我国低碳产品标识。

第三，要采取分类、分级、逐步扩大适用范围的渐进方式实施、推广应用碳标识制度。实施碳标识制度，要根据产品碳排放强度进行分类，对与人们消费密切相关的产品率先实施碳标识制度，然后依据产品推广与市场成熟度，逐步扩大碳标识适用的产品范围。

第四，提高低碳产品认证体系的公信力与独立性。设立合理的低碳产品标准，并进行严格监督，维护产品标准和标识的权威性。为了使我国低碳认证制度更具有可信性和公众认可度，必须对现有产品质量监控机构进行强化，并以提高认证产品数量、赢得消费者信赖与认可为目标。

六　加快推动低碳社区建设，积极倡导低碳消费模式

低碳社区是实现低碳消费重要的空间载体。大力开展低碳消费宣传，推进低碳社区建设，提高全民低碳消费意识，推动低碳消费意愿转化为低碳消费行动。开展低碳消费文化建设，充分发挥社会规范和文化对低碳消费的引领作用。

第一，引导居民树立尊重自然、顺应自然、保护自然的生态文明理念，开展低碳家庭创建活动，鼓励社区居民在衣、食、住、用、行等各方面践行低碳理念，建立“绿色、低碳、节能、环保”理念深入人心，低碳消费蔚然成风的社区文化。

第二，加强对低碳社区试点及建设方面的投资力度。通过社区规划、财政支持、金融支持及相关政策，推动建设和使用绿色、节能、低碳住宅建筑，推动屋顶太阳能光伏发电（PV）、太阳能热水器、热泵系统、家用生物质发电技术等低碳技术在社区中的应用。

第三，充分利用现代信息化手段，开展家庭碳排放统计调查，建立社区能源和碳排放信息采集平台，实现社区运营管理高效低碳化，鼓励社区居民和社会组织参与低碳社区建设和管理。

第四，积极倡导低碳消费模式，推动实施“6R”原则。消费者在选择商品和服务时，不仅要考虑经济成本，还要考虑产品或服务全过程的“碳足迹”，消费要做到 Reduce（节约资源，减少污染）、Re-evaluate（绿色消费，环保选购）、Reuse（重复使用，多次利用）、Recycle（垃圾分类，循环回收）、Rescue（救助物种，保护自然）、Re-calculate（再计算）。尽量

避免非必需的消费，优先选择低碳产品和服务。因此，政府要完善社区居民低碳生活服务设施，打造社区低碳商业供应链。

七　提高低碳消费的社会参与水平，完善低碳治理体系

第一，多方面加强宣传教育，提升公众的低碳意识和参与水平。完善低碳宣传教育引导政策。把低碳教育纳入国家和地方教育体系，推动各级政府、各类社会团体机构加强对低碳发展的学习、宣传和实践行动。加强对公众的低碳发展宣传与教育体系建设，运用多种途径和手段对公众开展低碳宣传和知识普及，全面激发社会组织和公众在低碳发展方面的参与意识和自主性。

第二，建立规划和决策早期参与和透明有效参与的方式和机制。建立利益相关者参与和公众咨询的决策机制，确保公众的表达权、参与权和监督权。提高公众参与透明度，改善公众投诉处理机制和流程，并建立和完善公益诉讼机制。进一步推动低碳政策决策和项目决策的信息公开，促进公众参与决策平台的搭建和制度化，充分发挥公众在监督、建议、评估低碳发展进程中的积极作用。完善信息公开与公众参与政策，进一步推动低碳政策决策和项目决策的信息公开、加强与 NGO 的合作、促进公众参与决策平台的搭建和制度化，充分发挥公众在监督、建议、评估低碳发展进程中的积极作用。

第三，着力增强企业在低碳发展中的重要作用，大力提升企业的低碳发展责任意识，推动企业积极参与低碳园区建设、低碳技术研发、低碳设备研制、低碳产品生产等，提高企业向低碳转型的主动性和实践能力。

第四，完善社会组织参与低碳消费的机制与途径。推动社会组织积极参与低碳消费战略制定，发挥其分布广且深入社会各阶层的优势，深入开展节能降碳、低碳消费等方面的宣传教育活动。简化非政府组织和非企业社会团体的登记注册程序，积极引导和规范发展各类公益性组织，建立低碳型社会组织协作网，发挥行业协会在低碳发展中的职能作用。

第四节　研究的创新点与未来展望

一　研究的创新点

（1）对家庭部门的低碳化与减排政策问题做了较为系统的研究，从家

庭消费和生活用能两个方面探讨节能降碳的主要途径和政策体系。运用社会福利分析方法探讨生活用能减排的设计与政策工具选择，通过比较生活用能相关减排政策对社会福利的影响得出，阶梯价格比单一价格更有利于改善生活用能的消费格局；碳税的分配效应不利于实现社会福利，通过收入循环或目标补贴可以降低对低收入家庭的影响；累进碳税、个人碳交易可以产生较好的社会福利效果，但政策可行性较差，碳税与配套补贴是可行选择；可再生能源、能耗标准有利于促进节能，但低收入家庭的选择受限，需要配套能效补贴措施。单一减排措施成本较高，通过政策组合可降低成本，实现多重目标。

（2）对北京进行案例研究，测算城市生活用能碳排放的基本格局，明确生活用能消费格局的政策含义。归纳生活用能的现状及发展趋势，运用问卷调查收集家庭生活用能消费数据，结合统计资料与二手数据，估算不同收入家庭的生活用能需求及碳排放量，并测算各组家庭生活用能碳排放的差距，为减排政策的选择提供客观依据。

（3）从社会福利最大化视角对减排政策进行优化设计。以社会福利导向为减排政策选择的评判标准，将公平融入减排政策设计之中，提出消费端累进减排比生产端减排更有利于社会福利，考虑不同类型生活用能的需求弹性与消费格局特征，分别对住宅用能和交通用能进行减排政策选择。运用目标能效政策帮助低收入家庭进行节能改造，确保人人都能获得基本的能源服务。

二　未来研究展望

（1）本书通过对北京生活用能进行案例研究，结合生活用能的消费格局，探讨减排政策的选择与设计。由于国内生活用能的数据、资料与研究成果非常缺乏，本书通过问卷调查、统计资料以及二手资料进行分析，有可能因资料的不完善而削弱了相关的结论稳健性，未来需要进行更大范围的案例研究，进一步验证本书的结论。

（2）在研究方法上，本书分析了减排政策的社会福利影响，建立了社会福利函数概念性模型，从福利最大化角度提出减排政策的选择方向。但对于具体减排政策对社会福利造成多大影响，需要运用可计算的一般均衡模型进行模拟，囿于数据的可获得性以及本人能力所限，未能运用模型对政策效果进行模拟，今后将加强这方面的研究。

（3）推行低碳消费，除了运用合理的经济、监管和社会手段等组合工具，政策的执行与实施对政策效果也会产生重要影响，未来需要解决以下问题。

第一，使用经济工具的政策范围是什么？碳税的目标对象必须非常清晰，如果需要税收发挥作用使生产和消费的外部成本内部化，特别是对于家庭能源和交通需求来说，则需要将现有的价格水平提高很多，也需要对其他产品征税，但是税收会对收入分配和社会政策产生较大的负面影响。

第二，政府推动低碳消费的有效目标和政策组合是什么？为了设计成本有效、环境有效和公平的低碳消费政策，需要明确不同消费产品信息和价格信号的传递机制，而对于这些因素如何影响消费者偏好，需要识别出有效的政策组合。

第三，社会工具推动低碳消费还存在哪些潜力？家庭和消费者规模庞大、非常分散、异质性强，从而产生差异很大的消费行为。这是政府最难干预的政策对象，一方面，政府需要避免对消费者决策行为的过度干预，另一方面也需要考虑不同社会政策工具的适用范围，包括消费者自愿行动、低碳消费的决策参与以及信息工具如何使用。

参考文献

[1]［澳］郜若素：《郜若素气候变化报告》，张征译，社会科学文献出版社，2009 年。

[2] 北京市统计局：《北京统计年鉴（2011）》，中国统计出版社，2010 年。

[3] 蔡守秋：《论可持续发展对我国法制建设的影响》，《法学评论》1997 年第 1 期。

[4] 蔡向荣、王敏权、傅柏权：《住宅建筑的碳排放量分析与节能减排措施》，《防灾减灾工程学报》2010 年 9 月。

[5] 曹淑艳等：《北京市能源足迹变动及其分解分析》，《环境与可持续发展》2009 年第 1 期。

[6] 陈春梅等：《美日汽车燃油经济性标准及对我国的启示》，《公路与汽运》2008 年第 5 期。

[7] 陈晓春等：《低碳消费——文明的消费方式》，《光明日报》2009 年 4 月 21 日。

[8] 陈迎、潘家华：《温室气体排放中的公平问题》，中国社会科学院可持续发展研究中心工作论文，2002 年。

[9] 程晖、李杨、季晓莉：《让发展中国家确定排放峰值不合理》，《中国经济导报》2010 年 10 月 9 日。

[10] 仇保兴：《建立健全供热计量收费机制，完成"十二五"节能减排任务》，《住宅产业》2011 年第 12 期。

[11] 窦义粟、于丽英：《国外节能政策比较及对中国的借鉴》，《节能与环保》2007 年第 1 期。

[12] 冯玲、吝涛、赵千军：《城镇居民生活能耗与碳排放动态特征分析》，《中国人口·资源与环境》2011 年第 5 期。

[13] 冯玲、吝涛、赵千钧：《城镇居民生活能耗与碳排放动态特征分析》，《中国人口·资源与环境》2011 年第 5 期。

[14] 冯周卓、袁宝龙：《城市生活方式低碳化的困境与政策引领》，《上海城市管理》2010 年第 3 期。

[15] 高铁梅：《计量经济分析方法与建模：EViews 应用及实例（第 2 版）》，清华大学出版社，2009 年。

[16] 高云龙、佟立志：《北京市高耗能行业能源消费与经济增长关系及节能对策浅析》，《节能与环保》2010 年第 11 期。

[17] 龚六堂：《政府政策评价的改变：从增长极大到社会福利极大》，《经济学动态》2005 年第 10 期。

[18] 顾朝林等：《北京城市温室气体排放清单基础研究》，《城市环境与城市生态》2011 年第 1 期。

[19] 顾宇桂；韩新阳：《我国居民生活用能发展趋势探讨》，《电力需求侧管理》2010 年第 5 期。

[20] 郭琪等：《城市家庭节能措施选择偏好的联合分析——对山东省济南市居民的抽样调查》，《中国人口·资源与环境》2007 年第 3 期。

[21] 国家发改委等：《“十二五”节能减排全民行动实施方案》，2012 年，http://www.sdpc.gov.cn/zcfb/zcfbtz/2012tz/t20120206_460419.htm。

[22] 国家发展和改革委员会能源研究所课题组：《中国 2050 年低碳发展之路——能源需求暨碳排放情景分析》，科学出版社，2009 年。

[23] 国家统计局宏观经济分析课题组：《低收入群体保护：一个值得关注的现实问题》，《统计研究》2002 年第 12 期。

[24] 何建坤：《CO_2 排放峰值分析：中国的减排目标与对策》，《中国人口·资源与环境》2013 年第 12 期。

[25] 胡倩倩：《上海居民消费碳排放需求量的预测与分析》，合肥工业大学硕士学位论文，2012。

[26] 黄毅、张荣娟：《北京市能源消费情况及国内外比较分析》，《数据》2007 年第 2 期。

[27] 黄颖：《城市化进程中居民消费碳排放的核算及影响因素分析》，湖南大学硕士学位论文，2011 年。

[28] 简毅文、白贞：《新建住宅实际能耗状况的研究》，《中国能源》2012

年第 1 期。

[29] 江亿：《我国建筑能耗趋势与节能重点》，《建设科技》2006 年第 7 期。

[30] 江亿等：《建筑能耗统计方法探讨》，《中国能源》2006 年第 10 期。

[31] 江玉林等：《中国城市交通节能政策研究》，人民交通出版社，2009 年。

[32] 蒋伟、汪卓妮、苏方林，《贵州省能源消费及碳排放高峰模拟预测》，《贵州农业科学》2013 年第 4 期。

[33] 焦有梅、白慧仁、蔡飞：《山西城乡居民生活节能潜力与途径分析》，《山西能源与节能》2009 年第 2 期。

[34] 李虹：《公平、效率与可持续发展——中国能源补贴改革理论与政策实践》，中国经济出版社，2011 年。

[35] 连淼：《基于 STIRPAT 模型的欧盟人口态势与消费模式对碳排放的影响研究》，吉林大学硕士学位论文，2012。

[36] 联合国：《世界人口展望》(2012 年修订版)。

[37] 联合国开发计划署驻华代表处、中国人民大学：《中国人类发展报告 (2009/10)：迈向低碳经济和社会的可持续未来》，中国对外翻译出版公司，2010 年。

[38] 林泽：《建筑节能领域合同能源管理组织构架及其培育机制的建立》，《建筑科学》2012 年第 2 期。

[39] 刘长松：《北京市城镇家庭生活用能碳排放基本格局与政策涵义》，第 28 届中国气象学会年会——S4 应对气候变化，发展低碳经济，中国福建厦门，2011 年 11 月 1 日。

[40] 刘长松：《北京市家庭生活用能碳排放分配格局及对策》，《郑州航空工业管理学院学报》2011 年第 6 期。

[41] 刘长松：《北京市家庭生活用能消费的基本格局与政策取向》，《北京社会科学》2011 年第 5 期。

[42] 刘长松：《减排政策分配效应研究进展》，《经济学动态》2011 年第 9 期。

[43] 刘长松：《如何完善居民用电价格机制》，《中国社会科学院研究生院学报》2011 年第 5 期。

[44] 刘婧：《美国 CAFE 新标准公布，首次限制汽车碳排放》，《中国汽车报》2010 年 4 月 21 日。

[45] 刘民权、俞建拖、李瑜敏：《金融市场、家电最低能效标准与社会公平》，《金融研究》2006 年第 10 期。
[46] 卢现祥、李程宇：《论人类行为与低碳经济的制度安排》，《江汉论坛》2013 年第 4 期。
[47] 陆燕等：《澳大利亚 2011 清洁能源法案及其影响》，《国际经济合作》2011 年第 12 期。
[48] 吕文斌：《英国能源利用、气候变化及提高能效的政策及启示》，《节能与环保》2007 年第 10 期。
[49] 罗肇鸿、王怀宁主编《资本主义大辞典》，人民出版社，1995 年。
[50] 马姗：《我国引导扶持低碳生活消费方式的政策研究》，郑州大学硕士学位论文，2013 年。
[51] 芈凌云：《城市居民低碳化能源消费行为及政策引导研究》，中国矿业大学博士学位论文，2011 年。
[52] 莫争春：《低碳建筑能力的相关政策和行动》，载王伟光、郑国光主编《应对气候变化报告 2010》，社会科学文献出版社，2010 年。
[53] 牛叔文等：《兰州市家庭用能特点及结构转换的减排效应》，《资源科学》2010 年第 7 期。
[54] 牛叔文等：《人口数量与消费水平对资源环境的影响研究》，《中国人口科学》2009 年第 2 期。
[55] 潘家华：《经济要低碳，低碳须经济》，《华中科技大学学报》（社会科学版）2011 年第 2 期。
[56] 潘家华：《人文发展分析的概念构架与经验数据——以对碳排放空间的需求为例》，《中国社会科学》2002 年第 6 期。
[57] 潘家华、魏后凯主编《中国城市发展报告——农业转移人口的市民化》，社会科学文献出版社，2013 年。
[58] 潘家华、郑艳：《碳排放与发展权益》，《世界环境》2008 年第 4 期。
[59] 彭水军、张文城：《中国居民消费的碳排放趋势及其影响因素的经验分析》，《世界经济》2013 年第 3 期。
[60] 彭希哲等：《家庭模式对碳排放影响的宏观实证分析》，《中国人口科学》2009 年第 5 期。
[61] 彭希哲等：《1980—2007 年中国居民生活用能碳排放测算与分析》，《安全与环境学报》2010 年第 2 期。

[62] 彭希哲等:《人口与消费对碳排放影响的分析模型与实证》,《中国人口·资源与环境》2010 年第 2 期。

[63] 齐彤岩等:《北京市小汽车社会与个人支付成本比较分析》,《公路交通科技》2008 年第 5 期。

[64] 清华大学建筑节能中心:《建筑节能报告(2009)》,中国建筑科学出版社,2009 年。

[65] 任力:《低碳消费行为影响因素实证研究》,《发展研究》2012 年第 3 期。

[66]《沈阳市供热计量改造成效显著》,http://www.jdol.com.cn/jdnews/370815.html,2012-03-21。

[67] 舒海文等:《我国北方地区居住建筑节能率再提高的瓶颈问题分析》,《暖通空调》2012 年第 2 期。

[68] 宋则行编《现代西方经济学辞典》,辽宁人民出版社,1995 年。

[69] 苏明等:《我国开征碳税问题研究》,《经济研究参考》2009 年第 72 期。

[70] 苏明等:《中国开征碳税的障碍及其应对》,《环境经济》2011 年第 4 期。

[71] 滕飞等:《碳公平的测度:基于人均历史累计排放的碳基尼系数》,《气候变化研究进展》2010 年第 6 期。

[72] 汪臻:《中国居民消费碳排放的测算及影响因素研究》,中国科学技术大学博士学位论文,2012 年。

[73] 王金南等:《应对气候变化的中国碳税政策研究》,《中国环境科学》2009 年第 1 期。

[74] 王金南、逯元唐、周劲松等:《基于 GDP 的中国资源环境基尼系数分析》,《中国环境科学》2006 年第 1 期。

[75] 王腊芳:《能源价格变动对城乡居民能源消费的影响》,《湖南大学学报》(社会科学版)2010 年第 5 期。

[76] 王琴、曲建升、曾静:《生存碳排放评估方法与指标体系研究》,《开发研究》2010 年第 1 期。

[77] 王勤花、张志强、曲建升:《家庭生活碳排放研究进展分析》,《地球科学进展》2013 年第 12 期。

[78] 王文秀:《上海市居民消费对碳排放的影响研究》,合肥工业大学硕

士学位论文，2010 年。
[79] 王小鲁、樊纲：《中国收入差距的走势和影响因素分析》，《经济研究》2005 年第 10 期。
[80] 魏一鸣等：《关于我国碳排放的若干政策与建议》，《气候变化研究进展》2006 年第 1 期。
[81] 魏一鸣、范英、刘兰翠等：《中国能源报告 2008 碳排放研究》，科学出版社，2008 年。
[82] 吴巧生、余国合：《能源消费与人文发展的关系：基于中国省际数据的实证分析》，《中国人口·资源与环境》2009 年第 19 卷专刊。
[83] 吴延鹏：《世界银行与建设部共同召开中国居住建筑节能标准经济分析研讨会》，《中国建设信息供热制冷》2005 年第 11 期。
[84] 武翠芳等：《环境公平研究进展综述》，《地球科学进展》2009 年第 11 期。
[85] 辛坦：《中国供热改革：回顾·反思·展望》，《建设科技》2008 年第 23 期。
[86] 徐国伟：《低碳消费行为研究综述》，《北京师范大学学报》（社会科学版）2010 年第 5 期。
[87] 许明珠：《国外碳市场机制设计解读》，《环境经济》2012 年第 1 期。
[88] 杨帆：《北京市居民能源消费与二氧化破排放的关系研究》，中央民族大学硕士论文，2013 年。
[89] 杨选梅、葛幼松、曾红鹰：《基于个体消费行为的家庭碳排放研究》，《中国人口·资源与环境》2010 年第 5 期。
[90] 杨振：《农户收入差异对生活用能及生态环境的影响——以江汉平原为例》，《生态学报》2011 年第 1 期。
[91] 叶红等：《城市家庭能耗直接碳排放影响因素——以厦门岛区为例》，《生态学报》2010 年第 14 期。
[92]〔印〕阿玛蒂亚·森：《论经济不平等：不平等之再考察》，王利文、于占杰译，社会科学文献出版社，2006 年。
[93]〔英〕A. C. 庇古：《福利经济学》，朱泱、张胜纪、吴良健译，商务印书馆，2009 年。
[94]〔英〕尼古拉斯·斯特恩：《地球安全愿景：治理气候变化，创造繁荣进步新时代》，武锡申译，社会科学文献出版社，2011 年。

[95] 曾凡银:《中国节能减排政策: 理论框架与实践分析》,《财贸经济》2010 年第 7 期。

[96] 张鸿武、王亚雄:《恩格尔系数的适用性与居民生活水平评价》,《统计与信息论坛》2005 年第 1 期。

[97] 张虎彪:《关于我国居民消费碳排放影响的研究综述》,《成都理工大学学报》(社会科学版) 2014 年第 1 期。

[98] 张纪录:《消费视角下的我国二氧化碳排放研究》, 华中科技大学博士学位论文, 2012 年。

[99] 张建华:《一种简便易用的基尼系数计算方法》,《山西农业大学学报》(社会科学版) 2007 年第 3 期。

[100] 张奇:《城乡居民收入差距研究: 以江苏省为例》, 南京财经大学硕士学位论文, 2010 年。

[101] 张铁映:《城市不同交通方式能源消耗比较研究》, 北京交通大学硕士学位论文。

[102] 张音波、麦志勤、陈新庚等:《广东省城市资源环境基尼系数》,《生态学报》2008 年第 2 期。

[103] 赵辉、杨秀、张声远:《德国建筑节能标准的发展演变及其启示》,《动感 (生态城市与绿色建筑)》2010 年第 3 期。

[104] 赵敏、张卫国、俞立中:《上海市居民出行方式与城市交通 CO_2 排放及减排对策》,《环境科学研究》2009 年第 6 期。

[105] 赵志君:《收入分配与社会福利函数》,《数量经济技术经济研究》2011 年第 9 期。

[106] 中国城市能耗状况与节能政策研究课题组:《城市消费领域的用能特征与节能途径》中国建筑工业出版社, 2010 年。

[107] 中国国家统计局:《中国统计年鉴 (2009)》, 中国统计出版社, 2010 年。

[108] 中国节能协会节能服务产业委员会:《"十一五" 中国节能服务产业发展报告》。

[109] 2050 中国能源和碳排放研究课题组: 《2050 中国能源和碳排放报告》, 科学出版社, 2009 年。

[110] 朱松丽:《北京、上海城市交通能耗和温室气体排放比较》,《城市交通》2010 年第 5 期。

[111] Golley, J.:《中国城市家庭能源需求与二氧化碳排放》，载宋立刚、胡永泰主编《经济增长、环境与气候变迁：中国的政策选择》，社会科学文献出版社，2009。

[112] Aldy, Joseph E., Krupnick, Alan J., Newell, Richard G., Parry, Ian W. H., and Pizer, William A., "Designing climate mitigation policy", *Journal of Economic Literature* 48 (2010), pp. 903 – 934.

[113] Allcott, H., Greenstone, M., "Is there an energy efficiency gap?", *The National Bureau of Economic Research working paper* (No. 17766), 2010.

[114] Anable, J., Brand, C., Tran, M., Eyre, N., "Modelling transport energy demand: A socio-technical approach", *Energy Policy* 41 (2012), pp. 125 – 138.

[115] Ando, Amy W., Khanna, M., Taheripour, F.," Market and social welfare effects of the renewable fuels standard", *Handbook Of Bioenergy Economics And Policy Natural Resource Management And Policy* 33 (2010), pp. 233 – 250.

[116] Ashina, S., Nakata, T., "Energy-efficiency strategy for CO_2 emissions in a residential sector in Japan", *Applied Energy* 85 (2008), pp. 101 – 114.

[117] Atkinson, A. B., "The restoration of welfare economics", *American Economic Review* 101 (2011), pp. 157 – 161.

[118] Balarasa, C. A., Gagliaa, A. G., Georgopouloub, E., Mirasgedisb, S., Sarafidisb, Y., Lalasb, D. P., "European residential buildings and empirical assessment of the Hellenic building stock, energy consumption, emissions and potential energy savings", *Building and Environment* 42 (2007), pp. 1298 – 1314.

[119] Barnes, D. F., "The urban household energy transition: social and environmental impacts in the developing world", Washington, DC: Resources for the Future, 2005, p. 70.

[120] Barrett, S., "Proposal for a new climate change treaty system", *The Economists' Voice* 4 (2007), p. 6.

[121] Bin, S., Dowlatabadi, H., "Consumer lifestyle approach to US energy

use and the related CO_2 emissions", *Energy Policy* 33 (2005), pp. 197 - 208.

[122] Boardman, B., "Home truths: A low carbon strategy to reduce UK housing emissions by 80%", http://www.eci.ox.ac.uk/research/energy/hometruths.php.

[123] Boonekamp, Piet, G. M., "Price elasticities, policy measures and actual developments in household energy consumption—a bottom up analysis for the Netherlands", *Energy Economics* 29 (2007), pp. 133 - 157.

[124] Boyce, James, K., "Is inequality bad for the environment?", in Wilkinson, R. C., Freudenburg, W. R., eds, *Equity and the Environment* (*Research in Social Problems and Public Policy*, *Volume 15*), pp. 267 - 288.

[125] Center on Budget and Policy Priorities, "Climate-change policies can treat low-income families fairly and be fiscally responsible", 2008.

[126] Chitnis, M., Hunt, L. C., "What drives the change in UK household energy expenditure and associated CO_2 emissions, economic or non-economic factors?", *RESOLVE Working Paper* (2009), pp. 08 - 09.

[127] "Copenhagen Accord", http://unfccc.int/meetings/copenhagen_dec_2009/items/5262.php.

[128] Dalton, M., O'Neill, B. C., Prskawetz, A., Jiang, L. W., Pitkin, J., "Population aging and future carbon emissions in the United States", *Energy Economics* 30 (2008), pp. 642 - 675.

[129] Daly, H. E., Farley, J., *Ecological economics: principles and applications* (Washington: Island Press, 2004), p. 441.

[130] Department for Environment, Food and Rural Affairs, UK, "Personal carbon trading: public acceptability", 2008, p. 50.

[131] Dietza, T., "Household actions can provide a behavioral wedge to rapidly reduce U. S. carbon emissions", *Proceedings of the National Academy of Sciences* 106 (2009), pp. 18452 - 18456.

[132] Dresner, S., Ekins, P., "Economic instruments to improve UK home energy efficiency without negative social impacts", *Fiscal Studies* 27

(2006), pp. 47 – 74.

[133] Druckman, A., Jackson, T., "Household energy consumption in the UK: a highly geographically and socio-economically disaggregated model", *Energy Policy* 36 (2008), pp. 3177 – 3192.

[134] Druckman, A., "The carbon footprint of UK households 1990 – 2004: a socio-economically disaggregated, quasi-multi-regional input-output model", *Ecological Economics* 68 (2009), pp. 2066 – 2077.

[135] Druckman, A., Jackson, T., "Measuring resource inequalities: the concepts and methodology for an area-based Gini coefficient", *Ecological Economics* 65 (2008), pp. 242 – 252.

[136] Duarte, R., Mainara, A., Súnchez-Chóliz, J., "The impact of household consumption patterns on emissions in Spain", *Energy Economics* 32 (2010), pp. 176 – 185.

[137] Ehrlich, P. R., Holdren, J. P., "Impact of population growth". *Science* 171 (1971), pp. 1212 – 1217.

[138] Enkvist, P. A., Nauclér, T., Rosander, J.:《温室气体减排的成本曲线》,《麦肯锡季刊》2007 年第 3 期。

[139] "EU renewable energy targets by 2020", http://ec.europa.eu/energy/renewables/targets_en.htm, 2012 – 04 – 26.

[140] Fawcett, T., Parag, Y., "An introduction to personal carbon trading", *Climate Policy* 10 (2010), pp. 329 – 338.

[141] Fawcett, T., "Personal carbon trading: a policy ahead of its time?". *Energy Policy* 38 (2010), pp. 6868 – 6876.

[142] Feng, Z. H., Zou, L. L., Wei Y. M., "The impact of household consumption on energy use and CO_2 emissions in China", *Energy* 36 (2011), pp. 656 – 670.

[143] Fernandeza, F. E., Sainib, R. P., Devadas, V., "Relative inequality in energy resource consumption: a case of Kanvashram village, Pauri Garhwal district, Uttranchall (India)", *Renewable Energy* 30 (2005), pp. 763 – 772.

[144] Fischer, C., "Who pays for energy efficiency standards?", Resources for the Future (discussion papers), 2004, pp. 1 – 16.

[145] Freund, C., Wallich, C., "Public-sector price reforms in transition economies: who gains? who loses? the case of household energy prices in Poland", *Economic Development and Cultural Change* 46 (1997), pp. 35-59.

[146] Gaffney, K., Coito, F., "Estimating the energy savings potential available from California's low income population", Energy Program Evaluation Conference, Chicago, 2007, pp. 285-295.

[147] Gillingham, K., Harding, M., Rapson, D., "Split incentives in household energy consumption", *Energy Journal* 33 (2012), pp. 37-62.

[148] Gillingham, K., Newell, R., Palmer, K., "Energy efficiency economics and policy: a retrospective examination", *Annual Review of Environment Resources* 31 (2006), pp. 161-192.

[149] Gillingham, K., Newell, R. G., Palmer, K., "Energy efficiency economics and policy", *Annual Review of Resource Economics* 1 (2009), pp. 597-620.

[150] Gillingham, K., Newell, R. G., Palmer, K. L., "Energy efficiency economics and policy", Resources for the Future (discussion papers), 2009, pp. 1-35.

[151] "Global outlook on sustainable consumption and production policies: taking action together", http://www.unep.org/pdf/Global_Outlook_on_SCP_Policies_full_final.pdf.

[152] Glover, L., "Personal carbon budgets for transport", Australasian Transport Research Forum, 2011, p. 1.

[153] Gough, I., Abdallah, S., Johnson, V., Ryan-Collins, J., Smith, C., "The distribution of total greenhouse gas emissions by households in the UK, and some implications for social policy", Centre for Analysis of Social Exclusion, London School of Economics and Political Science, 2011, p. 11.

[154] Goulder, L. H., Ian, W. H. P., "Instrument choice in environmental policy", *Review of Environmental Economics and Policy* 2 (2008), pp. 152-174.

[155] Grant, D. J., Matthew, J. K., "Are building codes effective at saving

energy? evidence from residential billing data in florida", *The National Bureau of Economic Research working paper* (No. 16194), 2010.

[156] Greenstein, R., Parrott, S., Sherman, A., "Designing climate-change legislation that shields low income households from increased poverty and hardship", Center on Budget and Policy Priorities, 2008, pp. 1 – 18.

[157] Groot, L., "Carbon Lorenz Curves", *Resource and Energy Economics* 32 (2010), pp. 45 – 64.

[158] Gupta, S. et al., "Policies, instruments and co-operative arrangements", in Metz, B., Davidson, O. R., Bosch, P. R., Dave, R., Meyer, L. A., eds, *Climate Change 2007: Mitigation. Contribution of Working Group III to the Fourth Assessment Report of the Intergovernmental Panel on Climate Change* (Cambridge, United Kingdom and New York: Cambridge University Press), p. 19.

[159] Halvorsen, B., Larsen, B. M., Nesbakken, R., "Is there a win-win situation in household energy policy?", *Environment Resource Economics* 45 (2010), pp. 445 – 457.

[160] Herman, E. D., Farley, J., *Ecological economics: principles and pplications* (Washington: Island Press, 2004), p. 441.

[161] Ian, W. H. P., Evans, D. A., Oates, W. E., "Do energy efficiency standards increase social welfare?", 2010.

[162] IPCC, *Climate change* 2007: *mitigation of climate change: contribution of Working Group III to the Fourth assessment report of the intergovernmental panel on climate change* (Cambridge, New York: Cambridge University Press, 2007).

[163] IPCC, "Climate change 2014: mitigation of climate change".

[164] Jackson, T., "Motivating sustainable consumption: a review of evidence on consumer behavior and behavioural change", A report to the sustainable development research network, Centre for Environmental Strategies, University of Surrey, 2005.

[165] Jacobson, A., Milman, A. D., Kammen, D. M., "Letting the (energy) Gini out of the bottle: Lorenz curves of cumulative electricity consumption and Gini coefficients as metrics of energy distribution and

equity", *Energy Policy* 33 (2005), pp. 1825 - 1832.

[166] Jamet, S., "Enhancing the cost-effectiveness of climate change mitigation policies in Sweden", *OECD Economics Department Working Papers* (No. 841), 2011, pp. 1 - 3.

[167] Jorge, R., Sheinbaum, C., and Morillona, D., "The structure of household energy consumption and related CO_2 emissions by income group in Mexico", *Energy for Sustainable Development* 14 (2010), pp. 127 - 133.

[168] Kees, V., Blok, K., "Long-term trends in direct and indirect household energy intensities: a factor in dematerialization", *Energy Policy* 28 (2000), pp. 713 - 727.

[169] Kees, V., Blok, K., "The direct and indirect energy requirements of households in the Netherlands", *Energy Policy* 23 (1995), pp. 893 - 910.

[170] Kenny, T., Gray N. F., "Comparative performance of six carbon footprint models for use in Ireland", *Environmental Impact Assessment Review* 29 (2009), pp. 1 - 6.

[171] Kenny, T., Gray, N. F., "A preliminary survey of household and personal carbon dioxide emissions in Ireland", *Environmental International* 35 (2009), pp. 259 - 272.

[172] Laura, P., Pollitt, M., Shaorshadze, I., "The implications of recent UK energy policy for the consumer: A report for the Consumers' Association", University of Cambridge, 2011.

[173] Lee, M., Kung, E., Owen, J., "Fighting energy poverty in the transition to zero-emission housing: A frame work for BC", Canadian Centre for Policy Alternatives, 2011.

[174] Lenzen, M., Wier, M., Cohen, C., Hayami, H., Pachauri, S., Schaeffer, R., "A comparative multivariate analysis of household energy requirements in Australia, Brazil, Denmark, India and Japan", *Energy* 31 (2006), pp. 181 - 207.

[175] Li, J., "Modeling household energy consumption and adoption of energy-efficient technology using recent micro-data", Dissertation

submitted to the Faculty of the Graduate School of the University of Maryland, College Park, Doctor of Philosophy, 2011, p. 118.

[176] Lius, M. , Neji, L. , Worrell, E. , McNeil, M. , "Evaluating energy efficiency policies with energy-economy models", *Annual Review of Environment Resources* 35 (2010), pp. 305 – 344.

[177] McCollum, D. L. , Krey, V. , Riahi, K. , "An integrated approach to energy sustainability", *Nature Climate Change* 8 (2011), pp. 428 – 429.

[178] McKibbin, W. , Wilcoxen, P. , "The role of economics in climate change policy", *Journal of Economic Persepctives* 16 (2002), pp. 107 – 130.

[179] Metz, B. , Davidson, O. R. , Bosch, P. R. , Dave, R. , Meyer, L. A. , *IPCC, Climate change* 2007: *mitigation of climate change* (Cambridge, New York: Cambridge University Press, 2007), p. 389.

[180] Ministry of the environment, Sweden, "20 years of carbon pricing in Sweden 1991 – 2011. history, current policy and the future", www. ceps. eu/files/MinistrySweden. pdf, pp. 1 – 6.

[181] Munksgaard, J. , Pedersen, K. A. , Wien, M. , "Impact of household consumption on CO_2 emissions", *Energy Economics* 22 (2000), pp. 423 – 440.

[182] Nordhaus, W. , *A question of balance weighing the options on global warming policies* (New Haven: Yale University Press, 2008), p. 20.

[183] Nordhaus, W. , "Life After Kyoto: Alternative Approaches to Global Warming Policies", *The National Bureau of Economic Research working paper* (No. 11889) 24 (2005) .

[184] OECD, "Towards sustainable household consumption? trends and policies in OECD Countries", 2002.

[185] OECD, "Policies to promote sustainable consumption: an overview, 2002", http: //www. oecd. org/env/consumption.

[186] O'Neill, B. C. , Belinda, S. , Chen, S. , "Demographic determinants of household energy use in the united states", *Population and Development Review* 28 (2002), pp. 53 – 88.

[187] O'Neill, B. C., Dalton, M., Fuchs, R., Jiang L, Pachauri, S., Zigova, K., "Global demographic trends and future carbon emissions", *Proceedings of the National Academy of Sciences* 107 (2010), pp. 17521 - 17526.

[188] Ouyang, J. L., Wang, Z. Y., "How to reduce the rebound effect in the household sector of China for the national energy demand and energy security", International Conference on Computer Distributed Control and Intelligent Environmental Monitoring, Changsha, Hunan, China, February, 2011, pp. 2110 - 2113.

[189] Pachauri, S., Jiang, L., "The household energy transition in India and China", IIASA Interim Report IR - 08 - 009, May 2008, p. 24.

[190] Pachauri, S., Spreng, D., "Direct and indirect energy requirements of households in India", *Energy Policy* 30 (2002), pp. 511 - 523.

[191] Pachauri, S., "An analysis of cross-sectional variations in total household energy requirements in India using micro survey data", *Energy Policy* 32 (2004), pp. 1723 - 1735.

[192] Padilla, E., Serrano, A., "In equality in CO_2 emissions across countries and its relationship with income inequality: A distributive approach", *Energy Policy* 34 (2006), pp. 1762 - 1772.

[193] Pan, J. H., "Emissions rights and their transferability: equity concerns over climate change mitigation", *International Environmental Agreements: Politics, Law and Economic* 3 (2003), pp. 1 - 16.

[194] Pan, J. H., "Welfare dimensions of climate change mitigation", *Global Environmental Change* 18 (2008), pp. 8 - 11.

[195] Papathanasopoulou, E., Tim, J., "Measuring fossil resource inequality—a longitudinal case study for the UK: 1968 - 2000", *Ecological Economics* 68 (2009), pp. 1213 - 1225.

[196] Parag, Y., Darby, S., "Consumer-supplier-government triangular relations: Rethinking the UK policy path for carbon emissions reduction from the UK Residential sector", *Energy Policy* 37 (2009), pp. 3984 - 3992.

[197] Park, H. C., Heo, E., "The direct and indirect household energy

requirements in the Republic of Korea from 1980 to 2000—An input-output analysis", *Energy Policy* 35 (2007), pp. 2839 -2851.

[198] Pearce D., "The social cost of carbon and its policy implications", *Oxford Review Economic Policy* 3 (2003), pp. 362 -384.

[199] Peters, G. P., "Carbon footprints and embodied carbon at multiple scales", *Current Opinion in Environmental Sustainability* 2 (2010), pp. 245 -250.

[200] Platchkov, L., Pollitt, M., Shaorshadze, I., "The implications of recent UK energy policy for the consumer: a report for the consumers' association", ESRC Electricity Policy Research Group University of Cambridge, 2011, p. 1.

[201] Poyer, D. A., Henderson, L., Teotia, A. P. S., "Residential energy consumption across different population groups: comparative analysis for Latino and non-Latino households in USA", *Energy Economics* 19 (1997), pp. 445 -463.

[202] Preston, I., and White, V., "Distributional impacts of UK climate change policies: final report to eaga charitable trust", The Department of Energy and Climate Chang, UK, Estimated impacts of energy and climate change policies on energy prices and bills, 2011, http://www.decc.gov.uk/en/content/cms/meeting_energy/aes/impacts/impacts.aspx.

[203] Rehdanz, K., "Determinants of residential space heating expenditures in Germany", *Energy Economics* 29 (2007), pp. 167 -182.

[204] Reindersa, A. H. M. E. K., Blok, V. K., "The direct and indirect energy requirement of households in the European Union", *Energy Policy* 31 (2003), pp. 139 -153.

[205] REN21, "Renewables 2011 global status report (Paris: REN21 Secretariat)", p. 4.

[206] Rosas, J., Sheinbaum, C., Morillon, D., "The structure of household energy consumption and related CO_2 emissions by income group in Mexico", *Energy for Sustainable Development* 14 (2010), pp. 127 -133.

[207] Rosas-Floresa, Morillón Gúlvez, D., "What goes up: recent trends in

Mexican residential energy use", *Energy* 35 (2010), pp. 2596 - 2602.

[208] Ryan, L., Moarif, S., Levina, E., Baron, R., "Energy efficiency policy and carbon pricing", Energy Efficiency Working Party International Energy Agency 2011, pp. 12 - 16.

[209] Saboohi, Y., "An evaluation of the impact of reducing energy subsidies on living expenses of households", *Energy Policy* 29 (2001), pp. 245 - 252.

[210] Schipper, L. J., Haas, R., Sheinbaum, C., "Recent trends in residential energy use in oecd countries and their impact on carbon dioxide emissions: a comparative analysis of the period 1973 - 1992", *Mitigation and Adaptation Strategies for Global Change* 1 (1996), pp. 167 - 196.

[211] Stern, N., "The economics of climate change: the Stern review" (Cambridge, UK, New York: Cambridge University Press, 2007), pp. 308.

[212] Stern, N., "The economics of climate change", *American Economic Review* 98 (2008), pp. 2 - 37.

[213] Testimony of Chad Stone, Chief Economist, Center on Budget and Policy Priorities, "Hearing on the costs and benefits for energy consumers and energy prices associated with the allocation of greenhouse gas emission allowances senate committee on energy and natural resources", October 21, 2009, pp. 1 - 15.

[214] The Royal Society, "People and the planet: the royal society science policy centre report", 2012, p. 85.

[215] Tiezzi, S., "The welfare effects and the distributive impact of carben taxation on Italian household", *Energy Policy* 33 (2005), pp. 1597 - 1612.

[216] Tol, R. S. J., Downing, T. E., Kuik, O. J., Smith, J. B., "Distributional aspects of climate change impacts", *Global Environmental Change* 14 (2004), pp. 259 - 272.

[217] Tso, G. K. F., Yau, K. K. W., "A study of domestic energy usage patterns in Hong Kong", *Energy* 28 (2003), pp. 1671 - 1682.

[218] Tukker, A., Cohen, M. J., Hubacek, K., Mont, O., "Special issue: sustainable consumption and production", *Journal of Industrial Ecology* 14 (2010), pp. 1-3.

[219] UNEP, "Global outlook on sustainable consumption and production policies: taking action together", 2012.

[220] United Nations Development Programme, "Human development report 2011, sustainability and equity: a better future for all", 2011, p. 83.

[221] United Nations Economic Commission for Europe, "Green homes towards energy-efficient housing in the United Nations Economic Commission for Europe region", Geneva, 2009, pp. 23-34.

[222] Viguié, V., Hallegatte, S., "Trade-offs and synergies in urban climate policies", *Nature Climate Change* 2 (2012), pp. 1-3.

[223] Vringer, K., Blok, K., "Long-term trends in direct and indirect household energy intensities: a factor in dematerialization", *Energy Policy* 28 (2000), pp. 713-727.

[224] Vringer, K., Blok, K., "The direct and indirect energy requirements of households in the Netherlands", *Energy Policy* 23 (1995), pp. 893-910.

[225] Wallace, A., "Reducing carbon emissions by households: the effects of footprinting and personal allowances", Submitted in partial fulfilment of the requirements for the degree of Doctor of Philosophy Institute of Energy and Sustainable Development, De Montfort University, Leicester, May 2009, p. 12.

[226] Wei, Y. M., Liu, L. C., Fan, Y., Wu, G., "The impact of lifestyle on energy use and CO_2 emission: an empirical analysis of China' s residents", *Energy Policy* 35 (2007), pp. 247-257.

[227] Weitzman, M., "Prices vs. Quantities", *Review of Economic Studies* 64 (1974), pp. 477-491.

[228] Wiedmann, T. O., Minx, J., "A definition of "carbon footprint", in C. C. Pertsova, eds, *Ecological Economics Research Trends* (New York: Nova Science, 2008), p. 18.

[229] World Vision International, "REACHING THE UNREACHED: cross-

sector partnerships, business and the post – 2015 development agenda", October 2014.

[230] York, R., Rosa, E. A., Dietz, T., "Stirpat, ipat and impact: analytic tools for unpacking the driving forces of environmental impact", *Ecological Economics* 46 (2003), pp. 351 – 365.

[231] Zhang, F., "Distributional impact analysis of the energy price reform in Turkey", *The World Bank Policy Research Working Paper* (No. 5831), 2011, pp. 2 – 34.

[232] Zhou, N., McNeil, M. A., Levine, M., "Energy for 500 million homes: drivers and outlook for residential energy consumption in China", Lawrence Berkeley National Laboratory, European Council for an Energy Efficient Economy Summer Study, 2009, p. 1.

后　记

目前，我国正处于城镇化快速发展阶段，家庭消费的升级转型成为推动碳排放增长的重要因素，这也加剧了我国面临的能源资源和生态环境问题。因此，加快推进低碳转型与创新发展就成为我国可持续发展的内在需求。其中，家庭部门是节能减碳的重点领域，针对家庭碳排放及其减排政策的研究迫切需要加强。从目前情况来看，受数据、研究视角与方法学等诸多因素的限制，国内从社会福利与社会公平视角对家庭碳排放的基本格局与政策选择进行研究的尚不多。本书在借鉴国外可持续消费与社会福利分析方法的基础上，对该问题做了一些尝试性研究。

本书是在我的博士学位论文基础上扩充而成的，行文至此，尽管写作已经进入尾声，但我深深感到家庭碳排放的问题十分复杂，相关政策设计与社会福利分析有待进一步深化。博士学位论文之所以选择这个题目，源于我在协助导师潘家华教授于 2010 年筹办中国社会科学论坛——“碳预算与气候公平”国际学术会议时，对气候公平问题产生了浓厚兴趣。随后，参与了潘家华教授主持的“北京生活用能碳排放调查”项目，作为主要参加者与组织者，我对北京城市家庭生活用能进行了问卷调查，并对家庭消费和生活用能问题做了思考，通过文献调研了解到当前有关我国减排政策的研究集中在经济有效性分析方面，对社会福利的关注甚少，尤其缺乏对消费格局政策含义的考虑。在导师的指导下，我尝试对减排政策的社会福利影响进行分析，以弥补效率分析的不足，并试图从社会福利最大化和气候公平的角度对减排政策进行优化选择，现在呈现在大家面前的这本书就是经过文献研读、认真分析与多次讨论、修改的结果，当然还有很多不足。

在博士学习和论文写作期间，导师潘家华教授给予了我悉心指导，清华大学罗勇教授也对论文提出了大量宝贵建议，在学习和生活上给予了我无微不至的帮助和关怀，在此向两位导师表示特别感谢。论文研究过程中，赵宗慈教授、陈迎研究员、庄贵阳研究员、黄建斌博士，以及出席博士论文开题报告、中期汇报的各位专家给予了我帮助和指导，在此向各位表示衷心的感谢。感谢中国社科院城环所各位老师给予的帮助，感谢伯尔基金会北京办公室对调查给予的支持。感谢我的论文答辩委员：中国科学院地理所郎一环研究员、中国社科院数计经所郑玉歆研究员和郑易生研究员、国家发改委能源研究所胡秀莲研究员、中国社科院城环所陈迎研究员，以及院外论文评审专家：国家发改委学术委员会秘书长张燕生教授、北京科技大学经济管理学院院长张群教授，各位老师对我的论文给予了充分肯定，并提出了宝贵的修改意见，这为本书的进一步完善指明了方向。

感谢父母和家人对我的大力支持，谨将此书献给你们。

最后，我特别感谢出版社以及本书的编辑，没有你们的辛苦付出和大力帮助，本书绝难顺利出版。

由于作者水平有限，书中难免存在纰漏，恳请各位读者批评指正。

刘长松

图书在版编目(CIP)数据

家庭碳排放与减排政策研究/刘长松著. —北京：社会科学文献出版社，2015.8
ISBN 978-7-5097-7931-6

Ⅰ. ①家… Ⅱ. ①刘… Ⅲ. ①家庭-节能-研究
Ⅳ. ①TS976.11

中国版本图书馆CIP数据核字（2015）第193780号

家庭碳排放与减排政策研究

著　　者 / 刘长松

出 版 人 / 谢寿光
项目统筹 / 恽　薇　蔡莎莎
责任编辑 / 王楠楠

出　　版 / 社会科学文献出版社·经济与管理出版分社（010）59367226
地址：北京市北三环中路甲29号院华龙大厦　邮编：100029
网址：www.ssap.com.cn
发　　行 / 市场营销中心（010）59367081　59367090
读者服务中心（010）59367028
印　　装 / 三河市东方印刷有限公司

规　　格 / 开 本：787mm×1092mm　1/16
印 张：18.25　字 数：312千字
版　　次 / 2015年8月第1版　2015年8月第1次印刷
书　　号 / ISBN 978-7-5097-7931-6
定　　价 / 75.00元